化 学 工 业 出 版 社
"十四五"普通高等教育规划教材

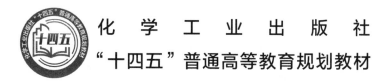

# 果蔬贮藏与加工

GUOSHU ZHUCANG
YU JIAGONG

谭飔　莫言玲　主编

化学工业出版社
·北京·

## 内容简介

本教材介绍了果蔬贮藏和加工两个方面的理论知识和技术。在贮藏保鲜方面不仅兼顾传统经典的方法和技术，还注重介绍目前新方法新技术，如减压贮藏、天然保鲜剂贮藏和涂膜贮藏。在果蔬加工方面，以不同类型产品为主线，详细介绍其加工原理、方法和操作要点。本教材编写过程中突出学科的交叉融合理念，介绍的新技术、新方法是食品、园艺等专业均采用的方法。为了突出地方特色，本教材特别介绍了长江上游一些重要果蔬制品如榨菜、脆李等的贮藏与加工技术。

本书可作为高等院校食品科学与工程、园艺、农学等专业的本科生教材，也适合高等职业技术学院相关专业的学生教学使用，还可作为果蔬贮藏和加工领域相关从业人员的参考或培训用书。

**图书在版编目（CIP）数据**

果蔬贮藏与加工/谭飔，莫言玲主编．—北京：
化学工业出版社，2024.1
**化学工业出版社"十四五"普通高等教育规划教材**
ISBN 978-7-122-44411-0

Ⅰ.①果…　Ⅱ.①谭…②莫…　Ⅲ.①果蔬保藏-高
等学校-教材②果蔬加工-高等学校-教材　Ⅳ.
①TS255.3

中国国家版本馆CIP数据核字（2023）第214583号

责任编辑：傅四周　　　　　　　文字编辑：朱雪蕊
责任校对：边　涛　　　　　　　装帧设计：王晓宇

出版发行：化学工业出版社
　　　　　（北京市东城区青年湖南街13号　邮政编码100011）
印　　装：三河市延风印装有限公司
787mm×1092mm　1/16　印张12¹⁄₂　字数299千字
2024年2月北京第1版第1次印刷

购书咨询：010-64518888　　　　售后服务：010-64518899
网　　址：http://www.cip.com.cn
凡购买本书，如有缺损质量问题，本社销售中心负责调换。

定　　价：45.00元　　　　　　　　版权所有　违者必究

# 编者名单

**主　编：** 谭　飔（长江师范学院）

　　　　莫言玲（长江师范学院）

**副主编：** 柯尊丽（贵州中医药大学）

　　　　王丽霞（长江师范学院）

　　　　杜丽娜（长江师范学院）

**参　编：** 李文峰（长江师范学院）

　　　　秦晓晓（北京农学院）

　　　　杨瑞平（盐城师范学院）

　　　　杨永超（红河学院）

　　　　张瑞敏（山东农业大学）

　　　　张文林（重庆文理学院）

# 前 言

果蔬贮藏与加工是食品科学与工程、园艺等专业的专业拓展课程之一。果蔬贮藏加工业是一个新兴产业，也是我国农业的支柱产业，在我国农业和农村经济发展中地位日趋重要。其发展可有效促进农村剩余劳动力就业，帮助广大农民增收，是全面推进乡村振兴、推动共同富裕的有力抓手。随着果蔬贮藏加工业的发展和技术的不断革新，行业对人才提出了更高的要求。为满足卓越农林人才培养需要和行业参考需要，在我国"四新"建设大背景下，以及长江师范学院食品科学与工程国家一流专业建设支持下，编者编撰了本教材。根据"四新"建设相关文件精神，新工科、新农科建设不仅体现在"提档升级"，还要体现"交叉融合"。本教材编写过程中融合了园艺以及食品科学与工程专业的相关基础知识和前沿信息，以体现两个专业领域的交叉应用。

本书紧扣新工科、新农科融合建设主题，共包含七章：第一章绪论，介绍目前我国果蔬贮藏与加工业的现状、问题、发展策略等；第二章介绍果蔬贮藏相关基础知识，包括果蔬品质、采前和采后因素对果蔬贮藏品质的影响；第三章介绍果蔬商品化处理与运输；第四章介绍果蔬各种贮藏方式以及常见果蔬的贮藏技术；第五章介绍果蔬加工基础知识；第六章按不同的加工产品分类介绍每种加工方法的原理、操作要点等；第七章介绍长江上游特色果蔬制品如榨菜、青脆李等的贮藏与加工。

本书可作为高等院校食品科学与工程、园艺、农学等专业的本科生教材，也适合高等职业技术学院相关专业的学生教学使用，还可作为果蔬贮藏和加工领域相关从业人员的参考或培训用书。

由于编者学识水平有限，书中疏漏在所难免，敬请广大读者提出宝贵意见，以便我们不断完善和提高。

编者

2023 年 7 月

# 目　录

## 第七章　长江上游特色果蔬贮藏及加工　/181

## 参考文献　/191

# 第一章

## 绪论

### 第一节　果蔬贮藏与加工的意义

果蔬含有丰富的营养物质，是人们摄入水分、维生素、矿物质以及膳食纤维的重要来源，在人们日常饮食消费中占有较大的比重。随着经济的发展和人们生活水平的不断提高，果蔬的生产量和消费量呈逐年增加趋势，但果蔬属于易腐产品，采摘后如果得不到妥善的贮藏与加工管理，其含有的营养物质就会流失，甚至引起腐烂，造成经济损失。因此，果蔬的合理贮藏与加工对果蔬业的发展极为重要，已成为我国部分地区农民的主要经济来源和农村新的经济增长点。

#### 一、降低果蔬损失率

果蔬在采收后，虽然离开了母体及原来的生长环境，但仍然是鲜活的有机体，含水量高，生命活动旺盛，代谢酶活性高，且保护组织差，容易受到机械损伤和微生物侵染，属于易腐产品。据国家统计局资料（2021年），我国果蔬年损耗量有1亿多吨，损失率达20%～30%，远高于西方国家的5%。根据果蔬采后的生理特性，创造适宜的贮藏环境条件，可以使果蔬在不产生生理失调的前提下，最大限度地抑制新陈代谢，从而减少果蔬的营养物质消耗，延缓成熟和衰老进程，延长采后寿命和货架期；并有效防止微生物生长繁殖，避免果蔬因侵染而引起的腐烂变质。通过各种加工工艺处理，可解决果蔬采收期的集中供应，最大限度地保留果蔬的营养物质，改变食用口感、口味，增加花色品种，让果蔬达到长期保存、随时取用的目的。

## 二、调节市场，实现周年及区域均衡供应

果蔬生产存在较强的季节性和区域性，各类果蔬都有其固定的收获季节，各地区也具有特定的果蔬资源和产品，而人们对果蔬的需求却是周年性和多样化的。为解决这一供需矛盾，除了在果蔬生产中采取早、中、晚熟品种搭配，利于保护地生产等措施之外，还需要通过良好的商品化处理、运输、贮藏和加工等方法来调节市场余缺，尽可能长时间地保持果蔬产品的天然特性和品质，使得每个季节，不同地区可食用的水果、蔬菜都丰富多样，色彩斑斓。如苹果大多是在秋季成熟，采收期集中在7～10月份，造成市场有近半年多的空缺期，采收后的苹果如果通过冷库贮藏，可使供货期延长半年之久，以弥补市场空缺，使得旺季不烂、淡季不断，保证周年供给。

## 三、提高果蔬产品的附加产值

我国果蔬总产量位居世界之首，但贮藏加工量很小。据相关文献报道，我国果蔬采后贮藏量仅占25%左右，加工量则不及10%，仍以鲜销为主。一般而言，果蔬产品的鲜销价格往往低于经过保鲜或加工处理后的产品价格，如"山农酥梨"鲜果价格为20元/kg，贮藏90天后，依托"年货节"出售时价格则可达36元/kg；鲜食榨菜价格为4～8元/kg，加工后的榨菜价格则为20～50元/kg。此外，某些果蔬除含有丰富的营养物质外，其他非食用部位如果皮、籽粒等（橘皮、葡萄籽等），还含有特殊的功能成分，通过分离、提取、浓缩等加工程序，可将其应用于医药、食品和化工等行业以获得更高的经济价值。因此，采用适当的贮藏加工处理方式，可以显著提高果蔬产品的附加产值，从而实现果蔬产业良好的经济效益。

## 四、促进就业，助推乡村振兴

果蔬贮藏与加工产业的发展，不仅能够大幅度地提高产品附加值，增强国家出口创汇能力，还能够带动相关产业的快速发展，大量吸纳农村剩余劳动力，增加就业机会，促进地方经济和区域性高效农业产业的健康发展；实现农民增收，农业增效，促进农村经济与社会的可持续发展，对实施乡村振兴战略将发挥重要的推动作用。

# 第二节　我国果蔬贮藏与加工产业的现状

我国果蔬的种植历史悠久，资源丰富，素有"世界园林之母"的称誉，是世界上多种果蔬的发源中心之一。长期以来，我国果蔬生产在全世界占有重要地位，特别是改革开放以来，在以经济建设为中心的战略方针的指引下，我国果蔬的种植面积发展很快，产量逐年提高。到2021年，全国蔬菜和水果总产量分别达到77548.78万吨和29970.20万吨，均居世界首位。丰富的果蔬资源为果蔬贮藏与加工产业的发展提供了充足的原料。

## 一、贮藏产业的现状

我国果蔬贮藏业在长期的生产实践探索中，积累了丰富的经验，创造了一系列行之有效的贮藏保鲜技术。改革开放以前，我国广大农村产地主要以沟藏、埋藏、窖藏、土窑洞贮藏等简易方式进行果蔬的贮藏保鲜，而销地则主要以商业、供销部门修建的通风贮藏库和少数的机械冷藏库贮藏为主。改革开放以后，受国民经济的大力发展、国内外市场需求拉动、农业产业建设和出口创汇等因素影响，过去的贮藏保鲜设施及保鲜技术已远远不能满足现代人的需要。为此，国家在"六五"和"七五"期间，设立了重点科技攻关项目"水果蔬菜贮藏保鲜技术研究"，广泛研究探讨了果蔬采后生理和贮藏参数，普及和推广了果蔬冷藏、产地贮藏、塑料薄膜简易气调、硅橡胶薄膜气调、果蔬南北调运、果蔬保鲜防腐处理等技术，制定了主要果蔬的购、销质量标准和贮藏技术标准；不断完善土窑洞、通风库等简易贮藏技术，普遍建设和发展冷库；建成一系列适合于中国国情的产地贮藏设施和相应的技术体系，如山西农业科学院果树研究所研制的土窑洞加机械制冷、土窑洞简易气调贮藏技术，中国农业科学院柑桔研究所开发的"柑橘控温通风库"等。20世纪90年代以来，全国果蔬主产区相继建成一大批库容量从几十吨到几千吨不等的机械冷库和气调库，初步形成了产地与销地以及简易贮藏库、机械冷库与气调贮藏库同步发展的新格局。

随着化学工业的进步，各种化学防腐剂、生物活性调节剂及保鲜剂也相继研制出来，并在果蔬产品保鲜中得到广泛应用，如柑橘采后利用多菌灵、托布津、百菌清以及保鲜纸处理，贮运损失率从20%～40%下降到8%。除此之外，某些前沿高新保鲜技术也正逐步被研究并应用于果蔬保鲜领域，如临界低温高湿保鲜、细胞间水结构化气调保鲜、静电保鲜、低剂量辐射预处理保鲜、臭氧及负氧离子气体保鲜、基因工程保鲜、细胞膨压调控保鲜等。虽然我国果蔬贮藏保鲜业仍是一个发展中的新产业，正处于技术水平不断提高、产业逐步成型的时期，但生产上所应用的各种贮藏保鲜技术仍有效缓解了我国果蔬产品贮藏能力不足的问题。目前，我国果蔬贮藏能力已达到25%以上，果蔬采后损耗率下降，基本实现大宗果蔬商品南北调运与长期供应。

## 二、加工产业的现状

脱水果蔬加工主要分布在东南沿海省份及宁夏、甘肃等西北地区，而果蔬罐头、速冻果蔬加工则主要分布在东南沿海地区。在浓缩汁、浓缩浆和果浆加工方面，我国的浓缩苹果汁、番茄酱、浓缩菠萝汁和桃浆的加工占有突出优势，形成了非常明显的浓缩果蔬加工带，建立了以环渤海地区（山东、辽宁、河北）和黄土高原（陕西、山西、河南）为主的两大浓缩苹果汁加工基地；以新疆、宁夏和内蒙古为主的番茄酱加工基地和以华北地区为主的桃浆加工基地；以及以热带地区（海南、云南等）为主的热带水果（菠萝、芒果和香蕉）浓缩汁与浓缩浆加工基地。而直饮型果蔬及饮料加工则形成了以北京、上海、浙江、天津和广东等省市为主的加工基地。

果蔬加工行业市场中，我国果蔬罐头产品已在国际市场上占据绝对优势和较大市场份额，如橘子罐头占国际贸易量的80%以上，蘑菇罐头占世界贸易量的65%，芦笋罐头占世界贸易量的70%。我国脱水蔬菜也展示出良好的产业前景，出口量位居世界第一，占世界贸易量的近2/3，年出口平均增长率高达18.5%。出口的脱水蔬菜有洋葱、大蒜、胡萝卜、食用菌、姜、花椰菜等20多个品种，主要销往美国、越南、日本、马来西亚、韩国等地。2021年，我国脱水蔬菜出口金额达到21.78亿美元。我国生产的果蔬汁中，浓缩苹果汁、梨汁产量和出口量均居世界第一。番茄酱产量仅次于美国，位居世界第二。速冻果蔬以速冻蔬菜为主（占速冻果蔬总量的80%以上），产品绝大部分销往欧美地区及日本，年出口平均增长率高达31%，年创汇近3亿美元。

我国果蔬加工业不断引进和研制先进的生产线，研制了适合我国的果汁、果酱、果酒生产线，并输出前景广阔的速冻蔬菜、脱水蔬菜、保鲜蔬菜、野菜罐头生产线，也对现有生产工艺进行了创新和改造；先进技术不断渗透融合，如计算机、生物技术、新包装材料、纳米技术等在加工业中得到了有效利用；建立了一批加工用果蔬生产基地；培育了专门适合加工的果蔬品种，如专用番茄、桃、柑橘等。果蔬汁、果蔬罐头等精深加工业也得到了长足的发展。目前，我国果品加工转化能力约为6%，蔬菜加工转化能力约为10%。

# 第三节　我国果蔬贮藏与加工产业存在的问题及发展策略

## 一、存在的问题

尽管我国果蔬贮藏与加工产业在贮藏与加工能力、技术水平、硬件装备以及国内外市场占有率方面都取得了较大的进步和快速的发展，但是与国外发达国家相比，仍然存在差距。

### （一）果蔬采后处理能力及市场竞争力不足

我国果蔬产量虽然较大，但长期以来人们将重点放在采前栽培、病虫害的防治等环节，却对采后的保鲜与加工不够重视，加上产地基础设施不完善，不能很好地解决产地分选、分级、清洗、预冷、冷藏、运输等问题，导致果蔬在采后流通过程中损失严重。我国果蔬产量虽然很高，但加工比例很小，仍以鲜销为主，速食及半成品品种也较少，加工量不足10%，而发达国家的果蔬加工量达到了70%以上，不仅附加值大幅度提高，所造成的浪费和污染也较小，综合效益明显提高；另一方面，我国果蔬产品缺少规格化、标准化管理，致使高档鲜销水果比例不高，市场售价低，竞争能力差，出口水平低下。此外，品种结构不合理，品种单一，早熟、中熟、晚熟品种比例不当，缺乏适合加工的优质原料品种，这些都严重制约着我国果蔬业的发展。例如，在脱水果蔬、速冻果蔬方面，多数加工企业没有自己的优质蔬菜加工原料基地，如国际贸易中占主导地位的脱水马铃薯、洋葱、胡萝卜、速冻豌豆等品种，我国加工量较少。我国果蔬加工综合利用能力也较低，果蔬加工业每年产生的数亿吨下脚料，如皮渣中果胶等，基本没有得到开发利用。此外，很多优质果蔬资源利用率也不高，野生果蔬资源中还有相当数量没有开发利用，果蔬加工品种少、档次低，不能满足日益增长的社会需求。

## （二）果蔬贮藏加工技术及设备水平低

尽管高新技术在我国果蔬加工业逐步应用，贮藏与加工设备水平也明显提高，但因缺乏具有自主知识产权的关键核心技术与关键制造技术，我国果蔬加工业总体贮藏与加工技术以及加工设备制造技术水平偏低。

### 1. 冷库建设领域

20世纪80年代以来，我国耗资数亿元修建了100多座气调贮藏库，并引进了一批先进的、具有一定规模的果蔬加工生产线。由于不适应我国国情，气调贮藏库空闲率大于60%，一般只当作普通库使用，加工设备利用率不高，加工产品质量也不稳定。尽管我国冷库容量在逐年增加，但和美国、日本等发达国家相比还存在差距，按人均占有冷库容积对比，美国是我国的8.58倍，日本是我国的7.34倍。此外，从全国冷库库容地区分布情况来看，冷库分布还呈现出"东多西少"区域分布不均的特点。

### 2. 果蔬汁加工领域

我国无菌大罐技术、纸盒无菌灌装技术、反渗透浓缩技术等没有突破，关键加工设备的国产化能力差、水平低。

### 3. 果蔬罐头加工领域

我国加工过程中的机械化、连续化程度低，对先进技术的掌握、使用、引进、消化能力不足。例如在泡菜产品方面，沿用老的泡渍盐水的传统工艺，发酵质量不稳定，发酵周期相对较长，生产力低下，难以实现大规模及标准化工业生产。

### 4. 脱水果蔬加工领域

目前我国生产脱水蔬菜大多仍采用热风干燥技术，设备为各种隧道式干燥机，而发达国家基本不再采用隧道式干燥机，采用效率较高、温度控制较好的托盘式干燥机、多级输送带式干燥机和滚筒干燥机。在喷雾干燥设备方面，我国研发的干燥塔的体积蒸发强度和国外同类产品的体积蒸发强度相比差距大。

### 5. 果蔬速冻加工领域

目前我国的速冻设备仍以传统的压缩制冷机为冷源，其制冷效率有很大限制，要达到深冷就比较困难。国外发达国家为了提高制冷效率和速冻品质，大量采用新的制冷方式和制冷装置，如液态氮、液态二氧化碳等喷洒制冷装置，并在速冻蔬菜的解冻上应用微波解冻、远红外解冻、欧姆解冻等新技术。

### 6. 果蔬物流领域

我国果蔬物流中的损耗率远高于国际上发达国家的果蔬物流损失率。国外鲜食水果已基本实现冷链流通，从采后到消费全过程低温，而我国现代果蔬流通技术与体系尚处于起步阶段，预冷技术、无损检测技术等相对落后。进入流通环节的蔬菜商品未实现标准化，基本上是不分等级、规格，卫生质量检测不全面。大部分果蔬以散装、常温或自然形态运输和仓储等传统物流模式进行，流通设施不配套，运输工具和交易方式较落后，导致我国的果蔬物流与交易成本高。我国的果蔬物流成本大于总成本的60%，约占商品总价格的70%，远超国际标准。

## （三）果蔬加工缺乏有效的行业管理和技术监督

尽管我国果蔬加工业已采用国家或行业标准，但标准体系不完善，标准的可操作性和指导性不强，行业标准相互交叉、重叠。产品标准制定不科学难以真实反映产品的质量状况；感官指标中描述性语言过多，缺乏量化指标。危害分析及关键控制点（HACCP）已成为国际公认的食品安全保证体系。国际食品法典委员会（CAC）规定HACCP体系作为食品企业保证食品安全的强制标准，但在我国只有一些出口型或大型企业进行HACCP安全质量体系认证，国家对内销企业还没有强制性要求，部分企业在具体的生产过程中也没有严格按照HACCP体系的要求去做。

## 二、发展策略

针对我国果蔬贮藏与加工产业与发达国家存在的差距，可以从如下几个方面推进果蔬贮藏与加工产业的发展，缩小与发达国家的差距。

### （一）加大政策支持力度

建议政府加强对果蔬贮藏与加工产业的支持。给予果蔬种植户、运营商、加工企业等政策性贷款扶持；鼓励农户发展加工专用品种，建立强制性农业保险，完善政策性农业保险的覆盖；降低企业负担，对促进果蔬流通的纳税人、果蔬加工企业等实行税收优惠政策，特别是对为地区农业发展做出重大贡献的龙头企业给予税收减半或减免政策；加强政府各职能部门之间的沟通与协作，强化行业协会、学会的中介职能。

### （二）优化产业布局，提高果蔬采前质量

良好的果蔬采前质量是提高贮运性与加工性的基础。我国果蔬贮藏与加工业要在保证果蔬供应量的基础上，努力提高果蔬采前品质并调整品种结构，既要重视鲜食品种的改良与发展，又要重视加工专用品种的引进与推广，保证鲜食和加工品种合理布局的形成；还要注意早、中、晚熟果蔬品种的合理搭配，避免供应期过于集中，给企业带来过大的贮运和加工压力；在栽培措施上，实施标准化生产，建立规模化、标准化的优质果蔬生产基地和加工原料生产基地，规范果蔬生产，确保果蔬质量。

### （三）促进果蔬产业化进程

树立现代果蔬生产产业化观念，以产业链为纽带，实行各部门联合，各学科协作，优势互补；通过政府部门调控，扶强扶优，建立生产基地+保鲜加工企业的科工贸（科技研发、工业生产、营销贸易）现代果蔬产业集团和果蔬科技产业化工程，将不同果蔬类别和品种安排在最适宜的地区集中种植，为生产优质的果蔬产品奠定良好的基础；建立完善的包括分选、分级、清洗、预冷、冷藏、包装、冷藏运输的流通保鲜系统；加工产品向多样化和规模化方向发展；加强科技指导，推动我国果蔬业上规模、上水平，实现可持续发展。

### （四）加强科技支撑作用

科技对果蔬贮藏与加工产业具有重要的支撑作用，应加大相关科学技术创新和推广应用的力度。在果蔬贮藏方面，开发天然保鲜剂贮藏保鲜技术，大力发展如制冷、除气、除臭、气调设备等，研究和推广使用降低压力、辐射、高压电场等先进的保鲜技术和设备，发展果蔬贮藏中的病害防治技术，可更好地提高果蔬商品的价值。在果蔬加工

方面，应用信息技术、生物技术等高新技术改造提升果蔬加工业的工艺水平，重点发展果蔬汁、果酒、果蔬粉、切割蔬菜、脱水蔬菜、速冻蔬菜、果蔬脆片等产品加工，可促进果蔬加工产业快速发展。如综合运用无菌生产、高效榨汁、巴氏灭菌、精密调配、无菌灌装、冷链贮运销等新技术生产高品质的鲜冷橙汁；利用膜分离、酶解、微波杀菌和生物覆膜剂技术进行果蔬罐头和最小化加工果蔬产品的开发；用高压杀菌技术逐渐代替超高温瞬时杀菌技术，使维生素等热敏性营养物质几乎不产生损耗；利用抗菌精油和天然植物杀菌素制成的可食性覆膜保鲜去皮全果等。除此之外，还应采用生物技术、生物工程等，开展对果蔬加工综合利用研究，实现多级开发利用，如利用猕猴桃皮提取蛋白质分解酶，用于啤酒澄清，并在医药方面作为消化剂和酶抑制剂等。

### （五）加强人才培养和技术培训推广

我国果蔬产品加工产业超常、快速发展，使果蔬产品专业技术队伍储备不足。为了改变我国果蔬产品保鲜加工产业的不利局面，应培育出一批有能力的科技人才队伍，特别是在果品贮藏、加工、销售领域中的专业技术人员和管理人员。并选派这些科技人才进行技术培训，加强新开发及新引进技术的推广。

### （六）建立果蔬产品信息网络

果蔬产品生产者处在生产经营链的末端，因信息失真或信息传递受阻，往往会造成果农、蔬农利益的严重损失。及时准确的信息是产业运作的依据，以鲜嫩易腐果蔬为原料的果蔬产业更应加强信息工程建设。只有建立起及时、准确的包括果蔬生产、贮藏、加工、流通、销售等在内的信息集成系统，才能使相关人员更便捷地了解产业最新信息和动态，把握市场动向，指导产业运作，赢得产销主动权。

### （七）建立果蔬贮藏加工的标准化体系

制定果蔬贮藏加工的标准化体系，有利于保证贮藏期间果蔬的营养质量，延长果蔬的贮存期，减少果蔬的损耗，提高后续产品的质量。果蔬产品的标准化、规格化是我国果蔬产品进入国际市场的通行证。国外强烈要求果蔬产品标准化，设置层层技术壁垒，限制果蔬产品的进口。我国通过对果蔬产品的标准化调整，可促进我国果蔬产业向国际化发展，提高我国果蔬产业的经济效益。

# 第二章

## 果蔬贮藏基础知识

### 第一节  果蔬的品质

果蔬品质是指果蔬满足某种使用价值全部有利特征的总和，主要是指食用时果蔬外观、风味和营养价值的优越程度。果蔬的品质主要取决于遗传因素，但又受不同发育时期、栽培环境、管理水平和贮藏加工条件的影响而变化很大。对果蔬品质的评价，包括形状、大小、色泽、损伤度等外观品质的评价，味道和香气等风味品质的评价，维生素、矿物质、碳水化合物、脂肪、蛋白质等营养品质的评价，以及有害物残留的安全品质评价等。

果蔬品质的构成主要如下。

外观：形状、大小、色泽、损伤度等。

风味：糖、酸、糖苷、单宁、氨基酸、醛、烯、酯等。

质地：组织的老嫩程度、硬度的大小、汁液的多少、纤维的多少等。

营养：维生素、矿物质、脂类、蛋白质、碳水化合物等。

安全：农药、重金属、亚硝酸盐等有害物质的残留等。

果蔬的化学组成非常复杂，一般分为水和固形物。固形物又分为无机物（各种矿物质）和有机物（碳水化合物、有机酸、脂肪、蛋白质、维生素、色素和芳香物质等）。

### 一、色素类物质

色素构成了果蔬的色泽，是人们感官评价果蔬品质的一个重要因素，也是检验果蔬成熟衰老的依据。果蔬中色素种类很多，有的单独存在，有的几种色素同时存在，或显现或被掩盖。随着生长发育阶段和环境条件的不同，果蔬的颜色也会发生变化。果蔬中的色素类物质主要有叶绿素、类胡萝卜素、花青素和黄酮类色素。其中叶绿素与类胡萝卜素为非水溶性色素，花青素和黄酮类色素为水溶性色素。

## （一）叶绿素

叶绿素广泛存在于植物绿色组织的细胞中，不溶于水，易溶于乙醇、丙酮等有机溶剂中，不耐光、不耐热，很不稳定。果蔬中的叶绿素主要由结构相似的叶绿素a和叶绿素b组成，叶绿素a呈蓝绿色，叶绿素b呈黄绿色，它们通常在植物体内以3∶1的比例存在。叶绿素主要存在于绿色蔬菜中，在未成熟的果实中也含有较多的叶绿素，随着果实成熟，叶绿素在酶的作用下水解生成叶绿醇等溶于水的物质，绿色逐渐消退，而显现出其他色素的黄色或橙色。

## （二）类胡萝卜素

类胡萝卜素是一大类脂溶性的黄橙色素，对热、酸、碱等都较稳定，但遇光和氧容易分解褪色。果蔬中发现的类胡萝卜素达300多种，主要有胡萝卜素、番茄红素及叶黄素等，使果蔬表现为黄、橙黄、橙红等颜色。胡萝卜素在胡萝卜根中含量丰富，呈黄色，在动物体内可转化为有生理活性的维生素A，被称为维生素A原。番茄红素是$\beta$-胡萝卜素的同分异构体，呈红色，主要存在于茄科植物西红柿的成熟果实中，是目前在自然界的植物中被发现的最强抗氧化剂之一。叶黄素也呈黄色，是胡萝卜素的含氧衍生物。苹果绿色褪去所呈现的黄色、秋季叶片转黄时所表现的颜色，都是叶黄素的颜色。

## （三）花青素

花青素为水溶性的植物色素，表现为红、蓝、紫等绚丽色彩，对果蔬的外观品质影响较大。花青素在不同pH下因结构发生变化而显示为不同颜色，酸性介质中呈红色，碱性介质中呈蓝色，中性介质中呈紫色。通常以糖苷的形式存在于果实表层和果肉细胞液中，其含量积累的多寡直接影响果蔬的外观品质。生产上常通过整形修剪、地面铺反光膜、套袋、喷施增色剂等措施促进花青苷的积累，提高果蔬成熟时的着色度。

## （四）黄酮类色素

黄酮类色素又称为花黄素，为水溶性黄色色素。自然条件下，常为浅黄色至无色，偶尔为橙黄色。主要分布于植物的花、果、茎、叶中，已发现的黄酮类色素有约400种，常见的主要有：槲皮素、圣草素和橙皮素等。富含黄酮类色素的果蔬主要有柑橘、葡萄、甜椒、红洋葱等。

# 二、挥发性物质

果蔬香气来源于各种微量的挥发性物质，这些挥发性物质的种类和数量不同，便形成了各种果蔬特定的香气。据报道，苹果含有100多种挥发性物质，香蕉含有200种以上，草莓中分离出150多种，葡萄中鉴定出78种。不同种类果蔬中含有的主要香气成分种类不同（表2-1）。水果的香气较浓郁，主要的香气成分是醇、酯、醛、酮以及挥发性酸等。蔬菜的香气不及水果浓郁，种类上也有很大差别，主要是一些含硫化合物（葱、蒜、韭菜等辛辣气味的来源）和一些高级醇、醛、萜等。多数果蔬只有刚开始成熟时才有足够的香气释放出来，所以芳香程度也是判断果蔬成熟的一种标志。

由于挥发性物质低沸点、易挥发，果蔬贮藏过久，会造成香气含量降低，果蔬风味变差；同时，散发的香气物质会加快果蔬的生理活动过程，具有催熟作用，因此贮藏过程中应及时通风排除。果蔬加工处理时，也应尽量避免香气成分的损失，使产品保持其特定的风味。

表2-1　不同种类果蔬的主要香气成分

| 名称 | 主体成分 | 气味 |
| --- | --- | --- |
| 苹果 | 乙酸异戊酯 | 水果香气 |
| 梨 | 果酸异戊酯 | |
| 香蕉 | 乙酸戊酯，异戊酸异戊酯 | |
| 桃 | 乙酸乙酯，$\gamma$-癸酸内酯 | |
| 柑橘 | 蚁酸，乙醛，乙醇，丙酮 | |
| 萝卜 | 甲基硫醇，异硫氰酸丙烯酯 | 香辛气味 |
| 姜 | 姜酚，水芹烯，姜萜，莰烯 | |
| 黄瓜 | 2,6-壬二烯醛，2-壬烯醛 | 青臭气 |
| 叶菜类 | 叶醇 | 青草臭 |

## 三、呈味物质

各种果蔬具有不同特色的味道，其差异取决于呈味物质的种类、数量和比例。这些物质不仅影响果蔬的味道，也是评价其品质的重要指标，关系果蔬的营养价值、耐贮性和加工适性等。味的分类在世界各国并不一致，如日本习惯上分为甜、酸、苦、咸、辣五味，欧美地区分为甜、酸、苦、咸、辣、金属味六味，我国则通常分为甜、酸、苦、咸、辣、涩、鲜七味，除咸味外，其余六种均与果蔬产品有关。

### （一）果蔬的甜味

果蔬中的甜味物质主要是糖及其衍生物糖醇，包括葡萄糖、果糖、蔗糖、木糖醇、山梨醇等，不同的糖甜度不同。此外，一些氨基酸、胺类等非糖物质也具有甜味，但不是重要的甜味来源。糖分是果蔬中可溶性固形物的主要成分，直接影响果蔬的风味、口感和营养水平。

果蔬甜味的强弱除取决于糖的种类和含量外，还与糖酸比有关。糖酸比越高，甜味越浓；比值适合，则甜酸适度（表2-2）。果实在充分成熟时，甜味达到高峰值，所以生产上常根据含糖量的变化来确定果实的成熟度和采收期。

果蔬的含糖量差异很大，其中水果的含糖量普遍较高，大多在7%～18%，而蔬菜中除个别含糖量稍高外，大多都在5%以下。根据果蔬成熟时所积累的主要糖类成分，可将其分为蔗糖型、果糖型以及葡萄糖型3种类型。一般来说，仁果类以积累果糖为主，如苹果、梨等；核果类和柑橘类以积累蔗糖为主，如桃、橘等；浆果类则主要含葡萄糖和果糖，如番茄、蓝莓等。

表2-2 苹果的糖酸比值与风味的关系

| 糖/（g/100g，以鲜重计） | 酸/（g/100g，以鲜重计） | 糖酸比值 | 风味 |
|---|---|---|---|
| 10 | 0.10～0.25 | 100.0～40.0 | 甜 |
| 10 | 0.25～0.35 | 40.0～28.6 | 甜酸 |
| 10 | 0.35～0.45 | 28.6～22.2 | 微酸 |
| 10 | 0.45～0.60 | 22.2～16.7 | 酸 |
| 10 | 0.60～0.85 | 16.7～11.8 | 强酸 |

## （二）果蔬的酸味

酸味是因舌黏膜受氢离子刺激而引起的，凡是在溶液中能解离出氢离子的化合物都有酸味，包括所有无机酸和有机酸。果蔬中的酸味主要来自一些有机酸，如柠檬酸、苹果酸、酒石酸、草酸、琥珀酸、α-酮戊二酸和延胡索酸等，其中柠檬酸、苹果酸和酒石酸为主要有机酸。不同种类果蔬所含有的有机酸种类和含酸量不同，常见的果蔬产品含有的主要有机酸种类及含量见表2-3和表2-4。果蔬中一般以含量最多的一种有机酸作为该果蔬含酸量的计算标准，如仁果类、核果类以苹果酸表示，葡萄以酒石酸表示，柑橘类以柠檬酸表示。

果蔬酸味的强弱不仅同果蔬含酸量、缓冲效应及其他物质（如糖）的存在有关，更主要的是同其组织中的pH值，即氢离子的解离度有关，pH值越低，酸味越浓。新鲜果实的pH一般在3～4之间，蔬菜在5～6.4之间。多数果实随着成熟和衰老，有机酸含量下降（柠檬除外）。贮藏过程中果实的有机酸含量下降速度比糖快，使得糖酸比增加，这也是为什么有的果实贮藏一段时间后吃起来会更甜。

表2-3 常见果蔬产品中的主要有机酸种类

| 名称 | 有机酸种类 | 名称 | 有机酸种类 |
|---|---|---|---|
| 苹果 | 苹果酸 | 菠菜 | 草酸、苹果酸、柠檬酸 |
| 桃 | 苹果酸、柠檬酸、奎宁酸 | 甘蓝 | 柠檬酸、苹果酸、琥珀酸、草酸 |
| 梨 | 苹果酸，果心含柠檬酸 | 石刁柏 | 柠檬酸、苹果酸 |
| 葡萄 | 酒石酸、苹果酸 | 莴苣 | 苹果酸、柠檬酸、草酸 |
| 樱桃 | 苹果酸 | 甜菜叶 | 草酸、柠檬酸、苹果酸 |
| 柠檬 | 柠檬酸、苹果酸 | 番茄 | 柠檬酸、苹果酸 |
| 杏 | 苹果酸、柠檬酸 | 甜瓜 | 柠檬酸 |
| 菠萝 | 柠檬酸、苹果酸、酒石酸 | 甘薯 | 草酸 |

表2-4 常见水果的有机酸含量

| 种类 | 总酸量/% | pH |
|---|---|---|
| 苹果 | 0.2～1.6 | 3.00～5.00 |
| 葡萄 | 0.3～2.1 | 3.50～4.50 |
| 杏 | 0.2～2.6 | 3.40～4.00 |
| 桃 | 0.2～1.0 | 3.20～3.90 |
| 草莓 | 1.3～3.0 | 3.80～4.40 |
| 梨 | 0.1～0.5 | 3.20～3.95 |

### （三）果蔬的涩味

涩味是因位于舌黏膜上的蛋白质凝固、麻痹味觉神经而引起收敛作用的一种味感。果蔬的涩味主要来源于单宁物质，当果实中含有1%～2%的可溶性单宁时就会有强烈的涩味。单宁在未成熟的果实中含量较多，随着果实成熟，单宁物质含量逐渐减少。蔬菜中含量较少。

单宁为黄色或棕黄色无定形松散粉末，易溶于水、甲醇或乙醇，不溶于乙醚、氯仿等极性小的溶剂。单宁的种类很多，根据结构特性可分为水解型单宁和缩合型单宁两类。水解型单宁分子中都具有酯键或苷键的结构形式，能够在稀酸、酶、煮沸等温和条件下水解为构成其分子的各单体；缩合型单宁多数为儿茶素的衍生物，分子中没有酯键或苷键，与稀酸共热时，不分解为单体，而是进一步缩合为高分子无定形物质，果蔬中的单宁多属于此类。根据在果蔬中的溶解性，单宁又可分为水溶态单宁和不溶态单宁两种形式。水溶态单宁转变为不溶态单宁时，不产生涩味。生产中常采用温水、酒精、$CO_2$来进行脱涩处理，促使果蔬发生无氧呼吸，利用无氧呼吸的不完全氧化产物乙醛与单宁结合使之成为不溶态单宁达到脱涩目的。

### （四）果蔬的苦味

苦味是四种基本味感（酸、甜、苦、咸）中阈值最小的一种，是最敏感的一种味觉。单纯的苦味并不会给人带来愉快的味感，但当它与甜、酸或其他味感恰当组合时，却形成了食品的特殊风味，如茶、咖啡、苦瓜、莲子等。但果蔬中苦味过浓，会给果蔬的风味带来不良影响。

果蔬中的苦味物质主要是一些糖苷类物质，如苦杏仁苷（主要存在于核果类和仁果类的核仁、种仁中，尤以苦扁桃仁含量最多），黑芥子苷（十字花科蔬菜的苦味来源，含于根、茎、叶和种子中），茄碱苷（又叫龙葵苷，存在于马铃薯块茎、番茄、茄子中，含量超过0.01%就会感觉到明显的苦味，0.02%引起中毒），柚皮苷、新橙皮苷和柠碱（主要存在于柑橘类果实中，影响加工产品的品质）。

### （五）果蔬的鲜味

食品中的鲜味物质包括氨基酸、核苷酸、肽和有机酸等。果蔬的鲜味主要来自一些具有鲜味的氨基酸和酰胺，如L-谷氨酸、L-天冬氨酸、L-谷氨酰胺、L-天冬酰胺等。

### （六）蔬菜的辣味

辣味是食物成分刺激口腔黏膜、鼻腔黏膜、皮肤和三叉神经而引起的一种烧痛感。蔬菜中的辣味物质有3种类型。

#### 1.芳香型辣味物质

由C、H、O组成芳香族化合物，其辣味有快感，如生姜中的姜酮、姜酚、姜醇等。

#### 2.无臭性辣味物质

分子中除含有C、H、O外，还含有N。如辣椒中的辣椒素、胡椒中的胡椒碱以及花椒中的花椒素。

#### 3.刺激性辣味物质

分子中含有硫，所以有强烈的刺鼻辣味，其辛辣成分为二硫化物和异硫氰酸酯类。如葱、蒜的辛辣味。

## 四、营养物质

果蔬的营养物质丰富，其成分和含量依果蔬的种类而异，是人类摄取水分、糖类、维生素和矿物质的重要来源，同时，也提供一定的脂肪、蛋白质等。

### （一）水分

水是果蔬生命活动中必不可少的物质。新鲜果蔬中水分含量很高，多在80%以上，有些种类甚至高达90%以上。水分损失会造成果蔬萎蔫，降低果蔬脆度，进而引发色泽和风味发生不良变化。因此，新鲜果蔬采收后，在贮藏、运输和销售等环节需注意保湿。

### （二）糖类

糖类又称碳水化合物，是果蔬中干物质的主要成分。根据在稀酸溶液中的水解情况，可分为单糖、低聚糖和多糖三大类。

单糖是构成各种糖分子的基本单位，不能再水解为更简单的糖。果蔬中常见的单糖有葡萄糖、果糖、甘露糖、半乳糖、木糖等。

低聚糖是水解时能产生2～10个单糖分子的糖。果蔬中以蔗糖最为常见。

多糖是由很多单糖分子缩合形成的高分子化合物，水解后可产生多于10个单糖分子。果蔬中的多糖包括淀粉、纤维素、半纤维素、果胶物质等。

淀粉是以淀粉粒的形态存在于果蔬细胞内。淀粉粒一般由直链淀粉和支链淀粉组成，两种成分的比例因果蔬种类的不同而异。直链淀粉遇碱呈深蓝色，支链淀粉遇碱呈深红色，可作为鉴别淀粉的方法。淀粉在酸或酶的催化作用下，可水解生成一系列的物质，最后生成葡萄糖。一些富含淀粉的水果如香蕉、苹果、梨等，在成熟和后熟期间淀粉不断水解转化为可溶性糖，依据淀粉含量的多少可判定果实的成熟度。大多数水果的淀粉含量都较低，有的在成熟后甚至完全消失。蔬菜中以块根、块茎和豆类含淀粉较多，如藕、马铃薯、芋头、山药等。对于青豌豆、甜玉米等以幼嫩籽粒供食用的蔬菜，淀粉含量的增加会影响其食用品质。

纤维素是由1000～10000个葡萄糖分子通过1,4-糖苷键连接而成的一条没有分支的长链。不溶于水，仅能吸水膨胀，也不溶于稀酸、稀碱和一般的有机溶剂，其性质比较稳定。半纤维素是由木糖、阿拉伯糖、甘露糖、葡萄糖等组成的多糖。纤维素和半纤维素以结合态构成细胞壁的网状结构，是细胞主要的骨架物质，影响着细胞壁的弹性、伸缩强度及可塑性等。果蔬质地的坚硬与松软，粗糙与细嫩等状况同纤维素的性质及含量密切相关。纤维素、半纤维素、木质素等统称为粗纤维，它们不能被人体消化吸收，但能刺激肠壁的蠕动及消化液的分泌，帮助消化。

### （三）脂类

脂类包括脂肪和类脂。脂肪是脂肪酸与甘油生成的酯，类脂包括磷脂、糖脂、固醇和固醇脂等。大多数果蔬中脂肪含量很低，但鳄梨、核桃中含量很高，鳄梨果肉含脂肪8%～30%，干核桃仁含脂肪58%以上。果蔬中含有的类脂物质有卵磷脂、脑磷脂、菠菜固醇等，营养学上最重要的是卵磷脂和脑磷脂。脂类物质在高温、高湿和强光照射的环境下容易分解成游离的脂肪酸和甘油，产生讨厌的臭味，这一过程称为酸败。控制适宜的贮运条件，防止和避免酸败是含脂量高的果蔬产品保鲜的关键。

### （四）蛋白质和氨基酸

蛋白质在人体内消化后的最终产物是20种氨基酸。果蔬中蛋白质、氨基酸的含量远不如谷类、豆类作物高，一般为0.2%～1.0%；但也有含量多的，如核桃、扁桃、巴西栗、鳄梨、榛子、冬菇、紫菜等，含量为11%～23%。谷氨酸、天冬氨酸等是果蔬鲜味的主要来源。

### （五）矿物质

果蔬中矿物质的含量占干重的1%～15%，平均值5%，是人体摄入矿物质的主要来源。果蔬含有的矿物质中，80%是K、Na、Ca等金属成分，P和S等非金属成分只占20%。果蔬中的矿物质不但是营养物质，且对自身品质和耐贮性影响也较大，如钙在苹果果实中具有增加果皮蜡质层厚度以及预防贮藏期出现苦痘病、水心病等症状的作用。

### （六）维生素

维生素是一类维持人体健康必不可少的低分子有机化合物，果蔬中含量丰富。目前已知的维生素有30多种，其中近20种与人体健康和发育有关。按照溶解性，通常把维生素分为脂溶性和水溶性两大类。脂溶性维生素包括维生素A（果蔬中仅含有维生素A原）、维生素D、维生素E、维生素K，水溶性维生素包括B族维生素、维生素C等。果蔬中维生素C含量丰富，常见果蔬中维生素C含量较高的有酸枣、猕猴桃、青椒、柑橘等。

## 五、质地

果蔬的质地常用脆、绵、硬、软、细嫩、粗糙、致密、疏松等术语来形容。果蔬在不同的生长发育阶段，质地会有很大变化，因此，质地也是判断果蔬成熟度、确定加工适性等的重要参考依据。果蔬的质地主要决定于下面三方面的因素。

### （一）果胶物质的质和量

果胶物质是细胞壁的主要成分之一，沉积在细胞初生壁和中胶层中，起连接细胞个体的作用。果蔬中的果胶物质通常以以下三种形式存在。

#### 1. 原果胶

原果胶大量存在于未成熟的果蔬产品中，不溶于水，常与纤维素结合，所以称为果胶纤维素，它使果蔬质地脆而硬。

#### 2. 果胶

果胶易溶于水，存在于细胞液中。随着果蔬成熟度提高，原果胶在原果胶酶作用下与纤维素分离变成果胶，使细胞间失去黏结作用，组织变松散，硬度下降。

### 3. 果胶酸

果胶酸是一组聚半乳糖醛酸，是由半乳糖醛酸组成的多糖聚合物。果胶酸不溶于水。当果蔬向过熟期变化时，果胶在果胶酶作用下转变为果胶酸和甲醇。果胶酸没有黏结能力，果蔬变软发绵。当果胶酸再进一步分解为半乳糖醛时，整个果蔬组织将软烂解体。

由此可见，果胶物质的变化与果蔬质地变化密切相关。三种果胶物质的变化可简单表示如下：

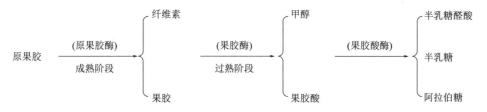

## （二）细胞壁构成物的机械强度

细胞壁由蛋白质、脂质、木质素、纤维素和果胶等物质组成。果胶在细胞壁中含量较多，尤以原果胶为甚，填充于纤维素组成的网状结构中，对维持细胞壁的结构和机械强度作用显著。纤维素是细胞壁中最主要的成分，构成细胞壁的支架，因此，质地坚硬与松软，粗糙与细嫩，与纤维素含量尤其是纤维素的性质有很大的关系。例如，幼嫩的果蔬，其细胞壁多为含水纤维素，老熟时，纤维素多角质化或木质化，故质地变得坚硬粗糙。

## （三）细胞的大小形状和紧张度

细胞壁的机械强度及细胞间的结合力，是以韧性和硬度表现出来的，而另一种质地特征即"脆"，则与细胞的紧张度关系最大。另一方面，细胞的大小和形状也是影响质地的因素，致密的组织中细胞小，细胞间隙小，多呈多面体形状；而粗糙的海绵状组织中细胞大，细胞间隙大，多呈球形或椭圆形。

# 第二节　采前因素对果蔬贮藏的影响

果蔬采收后，合理的商品化处理措施及贮运技术对果蔬贮藏效果的好坏具有重要意义。但果蔬采收时本身的品质是决定贮藏性能的基础，品质受到众多采前因素的影响和制约，包括果蔬的生物因素、生态因素和农业技术因素。本节主要介绍采前相关因素对果蔬耐贮性的影响。

## 一、生物因素

### （一）果蔬的遗传特性

#### 1. 种类

果蔬种类是影响果蔬耐贮性最根本的内在遗传因素，不同种类之间耐贮性差异很大。例如，苹果、梨、柑橘、核桃、马铃薯、萝卜、南瓜等贮藏期可达数月至半年以上；而桃、杏、李、黄瓜、番茄、豆角等则在最佳条件下贮藏期也只有50～60天；草莓、荔枝、樱桃、桑葚、杨梅等更不耐贮藏，低温条件下只能存放数天；叶菜类贮藏时间更短，必须及时销售或者加工。

一般说来，原产在温带地区的果实，生长周期长，营养物质积累多，较耐贮藏；而生长在热带地区或在高温季节成熟的果实，水分含量高，采后呼吸旺盛，组织软而表现为不耐贮藏。仁果类水果较核果类和浆果类水果更耐贮藏，如仁果中的苹果、梨、山楂等较耐贮藏，核果类的桃、杏、李等则不耐贮藏，浆果类的草莓、无花果等也不耐贮藏。但也存在一些例外，如浆果中的葡萄、猕猴桃就较耐贮藏。

蔬菜可食组织部位多种多样，包括根、茎、叶、花、果实、种子等，不同食用组织的蔬菜耐贮性差异很大。一般说来，各食用组织蔬菜耐贮性由大到小可依次排序为：块茎、球茎、鳞茎和根茎类>果菜类>花菜类>叶菜类。

### 2. 品种

同一种类的果蔬，由于品种的不同，耐贮性也会存在很大的差异。一般而言，晚熟品种较耐贮藏，中熟品种次之，早熟品种不耐贮藏。原因是晚熟品种生长周期长，营养物质积累丰富，组织致密、坚实，有一定的硬度和弹性，外部保护结构如蜡质层、蜡粉和茸毛等发育完好，防止微生物侵染和抵抗机械损伤能力强；且晚熟品种一般有较强的抗氧化系统，对低温适应性好，在贮藏时能保持正常的代谢作用。而早熟品种生长迅速，营养积累少，组织相对疏松、柔软，受到机械损伤和微生物侵染时自卫反应弱，低温下贮藏，容易出现生理失调。

例如苹果中的黄魁、红魁、旭光、祝光等早熟品种，不耐贮藏，采收后应及时上市销售；元帅系、金冠、乔纳金、津轻、嘎拉等中熟品种比早熟品种耐贮藏，在常温库可贮藏1～2个月，冷藏条件可贮藏3～4个月；富士系、王林、秦冠、胜利、小国光、青香蕉等晚熟品种，不但品质优良，而且耐贮性普遍较好，在冷藏条件下可贮藏6个月以上。

### 3. 砧木

砧木类型不同，对养分和水分的吸收能力不同，从而对接穗的生长发育进程、环境适应性以及产品的产量、品质、化学成分和耐贮性等方面都有一定影响。如采用日本瓠瓜作西瓜的砧木，就比采用普通瓠瓜作砧木的植株抗病能力强，且果实耐贮性显著提高。因此，在园区规划时，应注意砧穗组合的选择，以提高果蔬产品的品质及贮藏寿命。

## （二）果蔬的田间生长发育状况

### 1. 植株长势

植株长势不同，关系到其营养生长、花芽分化、开花、结果量等，直接影响果实的大小、产量、物理性状、化学成分以及耐贮藏性。

一般盛果期树（中龄树）结的果实较幼龄树和老龄树结的果实更耐贮，树势中庸的树结的果实品质好，耐贮藏。以营养器官为食用部分的果蔬，植株长势旺盛是获得高产优质的前提，而以果实、种子等生殖器官为食用部分的果蔬，植株长势过旺就会影响食用组织的生长和产品的质量，所以需要从栽培技术上加以调节，以获得高产优质的产品。

### 2. 结果部位

受外界因素的影响，同一植株上不同部位着生的果实，其形状、大小、颜色和化学成分乃至耐贮性等都存在较大差异。对于水果而言，一般向阳面或树冠外围和顶部的果实受光量大，着色好，干物质、总糖、还原糖、总酸等成分含量高，风味佳，肉质硬，较内膛果实不易失水萎蔫，耐贮性更好。对于部分蔬菜而言，其可食组织着生部位与品质及耐贮性的关系则和水果相比略有不同，如番茄、辣椒等的果实一般以生长在植株中部的品质最好，生长在植株下部和上部的果实其品质和耐贮性往往较差；生长在瓜蔓基部和顶部的瓜类果实也不如生长在中部的个大、风味好、耐贮藏。由此可见，结果部位与果蔬的品质和耐贮性密切相关，生产实际中，如果条件允许，贮藏用果最好按结果部位分别采摘，分别贮藏。

### 3. 果实大小

在同一种类和品种的果实中，以中等大小的果实最耐贮藏；特大果组织疏松，呼吸旺盛，营养消耗快，不耐贮藏；而特小果生长发育不良，品质低劣，固形物含量低，亦不耐贮藏。

### 4. 植株负载量

植株有合理的负载量，可以保证果蔬有良好的营养供应，强化而又平衡其生长和发育过程，从而有较好的抗病性和耐贮性。负载量过大，果实个小而色泽佳，等级率低；负载量不足时，又会使一些不耐贮藏的特大果实比例增加。因此，生产上，应适当疏花疏果，保证植株有合理的负载量。

### 5. 成熟度

未成熟的果蔬组织幼嫩，细胞间隙较大，呼吸旺盛，体内干物质积累少，保护组织还未发育完全，因此幼嫩的果蔬贮藏性差。随着果蔬产品的成熟，肉质硬度增加，保护组织如蜡质层、角质层加厚并且变得完整，有些果实如葡萄、番茄在成熟时细胞壁中胶层溶解，组织充满汁液而使细胞间隙变小，从而阻碍气体交换而使呼吸水平下降，其生物学保护功能变强，耐贮性增加。但当产品完全达到生理成熟时，内含物的分解代谢增加，质地变软，贮藏性能降低。因此生产上，要根据果蔬产品的生物学特性、产品的用途、贮运条件等因素综合考虑，确定适宜的成熟采收期。

## 二、生态因素

### （一）温度

温度是影响果蔬生长的主要因素之一。每一种果蔬都有其生长发育的适宜温度范围和积温要求，在生长发育过程中，不适当的高温和低温对其生长发育、产量、品质和耐贮性均会产生不良影响。温度过高，生长快，产品组织幼嫩，可溶性固形物含量低，表皮保护组织发育不好，有时还会产生高温伤害。温度过低，特别是在开花期连续出现数日低温，引起授粉受精不良，落花、落果严重，使产量降低，并影响果蔬的品质和耐贮性。如苹果开花期遇到低温，形成的果实易患苦痘病和水心病，番茄则花器发育不良，易出现畸形果。

大量的生产实践和研究证明，采前温度和采收季节也会对果蔬的品质和耐贮性产生影响。如苹果采前6～8周昼夜温差大，则果实着色好，含糖量高，组织致密，品质好，也耐贮藏。梨在采前4～5周气候较凉爽的情况下，可以减少贮藏期间的果肉褐变与黑心。同种蔬菜，秋季收获的比夏季收获的更耐贮藏，如秋末收获的番茄、甜椒就比夏季收获的耐贮性更好。

## （二）光照

绝大多数的果蔬都是喜光植物，特别是它们果实、叶球、鳞茎、块根、块茎等产品器官的形成，都必须有一定的光照强度和充足的光照时间。果蔬的一些最主要的品质，如颜色、含糖量、维生素C含量等，都与光照条件密切相关。光照充足，果蔬的干物质积累充分，着色好，贮藏寿命长；光照不充足，产品器官发育不良，含糖量降低，耐贮性变差。如萝卜在栽培期有50%遮光，则生长发育不良，糖的积累量少，贮藏期糠心增多。

目前很多水果产区，为了提高果实的品质，增加红色品种果实的着色度，在果树行间铺设反光塑料薄膜以改善果实的光照条件，或采用果实套袋方法改善光质都取得了良好的效果。

## （三）降雨

降雨会增加土壤湿度、空气湿度和减少光照时间。降雨量的多少影响着土壤水分、土壤pH值及土壤可溶性盐类的含量，与果蔬的产量、品质和耐贮性密切相关。在潮湿多雨的地区或年份，土壤的pH一般小于7，为酸性土壤。土壤中的可溶性盐类如钙盐几乎被冲洗掉，果蔬就会缺钙，加上阴天光照减少，使果蔬品质和耐贮性降低，贮藏中易发生生理病害和侵染性病害，如苹果易发生虎皮病、苦痘病、轮纹病和炭疽病等病害。此外果实因从果皮吸收较多水分也容易造成裂果。而在干旱少雨的地区或年份，空气的相对湿度较低，土壤水分缺乏，影响果蔬对营养物质的吸收，使果蔬的正常生长发育受阻，表现为个体小、产量低、着色不良、成熟期提前，也易产生生理病害，如大白菜易发生干烧心病，萝卜易出现糠心等。此外，久旱骤雨，果实也容易发生裂果。因此，均衡、适宜的降雨才能保证果蔬具有良好的品质和耐贮性。

## （四）土壤

土壤是作物生长发育的基础，土壤的理化性状、营养状况、地下水位高低等直接影响到果蔬的化学组成、组织结构，进而影响到品质和耐贮性。不同种类或品种的果蔬，对土壤有不同的要求。如西瓜适合在轻沙土壤上栽培，所采收的瓜果果皮坚韧、耐贮运能力强；香蕉种植在黏重土壤上，其风味和品质比沙质土壤上种植的好，而且耐贮藏；苹果适合在质地疏松、通气良好、富含有机质的中性到酸性土壤上生长，在沙土上生长的苹果则容易发生苦痘病。但大多数果蔬适合生长在土质疏松、酸碱适中、养分充足、湿度适宜的土壤中。生产实际中，要针对不同的果蔬种类，选择适宜的土壤条件，并加强土壤管理（如覆盖地膜），才能促进果蔬品质形成，提高耐贮性。

## （五）地理条件

果蔬栽培的地理条件（如经纬度、地势、地形、海拔高度等）不同，生长期间的温度、光照、降雨量等其他生态条件也不同，进而间接影响到果蔬的生长发育、品质和耐贮性。生长在河南、山东一带的苹果，果实耐藏性不如生长在辽宁、山西、甘肃、陕西等高纬度地区的苹果。我国柑橘地理分布在北纬16°～37°之间，同一柑橘品种，自南向北随着纬度增加，果实中含糖量逐渐减少而含酸量逐渐增高，如广东的一些柑橘品种种植在四川，则糖分变少，酸度增加。生长在山地或高原地区的蔬菜，体内碳水化合物、维生素C、蛋白质等营养物质含量均比平原地区生长的高，表面保护组织发达，品质和耐贮性更好。海拔高的地区，日照强，昼夜温差大。对于一些果蔬，种植在高海拔地区有利于其花青素的形成和糖的积累，耐贮性更好，如生长在高海拔的番茄就比生长在低海拔地区的品质好，但生长在高海拔的茎瘤芥则比生长在低海拔的更易发生先期抽薹，造成青菜头空心，品质变劣。由此可见，果蔬生产要因地制宜，充分发挥地理优势，充分表现出果蔬既定的遗传特性。

## 三、农业技术因素

### （一）灌溉

灌溉能够增加土壤的含水量，土壤水分的供给对其生长、发育、品质及耐贮性具有重要影响。果蔬在生长发育期间雨水不足时灌溉是必需的，但灌溉应适当，尤其是产品收获前。采前灌水虽可提高果蔬产量，但会使产品含水量增高，组织细胞液稀释，细胞极度膨胀，易受机械损伤引起腐烂，不耐贮藏。桃在采收前几周缺水，果实难以增大，果肉坚硬，产量下降，品质不佳；但灌水太多，则着色差、含糖量降低，不耐贮藏。温州蜜柑、葡萄采前1周灌水，果实采后腐烂率高，耐贮性降低。此外，灌溉时还应注意适时合理，切忌久旱浇大水。番茄在多雨年份或经历了久旱骤雨，其果肉细胞会迅速膨大，从而引起果实开裂。

### （二）施肥

施肥种类、配合比例、用量、时间等对果蔬的品质和贮藏性有很大影响，只有合理施肥，才能增加果蔬的耐贮性。氮是果蔬生长发育最重要、最活跃的营养元素。增施氮肥可以提高果蔬产量，但氮肥施入量过多，会导致果蔬营养生长旺盛，组织内矿物质营养平衡失调，引起钙缺乏，果蔬采后易发生生理失调，产品的耐贮性和抗病性降低。磷是植物体内能量代谢的主要物质，对细胞膜结构具有重要作用。缺磷会导致果实着色不良，含糖量降低，贮藏中易发生果肉褐变、烂心等生理病害。适量施用钾肥也能使果蔬增产，还能使果实产生鲜红的色泽，增加芳香味，提高果实组织致密度和含酸量，有利于贮藏。但过量施用钾肥会降低植株对钙的吸收率，加重果实苦痘病。镁是组成叶绿素的重要元素，与光合作用关系极为密切。缺镁时，植株矮小，生长缓慢，叶片呈淡绿色或黄绿色。镁与钾一样，影响果蔬对钙的吸收利用，如含镁高的苹果也易发生苦痘病。钙是植物细胞壁和细胞膜的结构物质，缺钙易引起细胞质膜解体。近年来，研究表明，钙对于果蔬品质的影响远比氮、磷、钾、镁都重要，钙离子是防止果实腐烂、保持果实硬度和减少乙烯释放量最有效的阳离子。许多果实采后生理失调症状都与缺钙有密切关系，如缺钙使苹果发生苦痘病、虎皮病、栓化斑点病，番茄发生蒂腐病，鸭梨发生黑心病、黑皮病，大白菜、甘蓝发生干烧心病等。

除上述提到的大量元素和中量元素以外，土壤中某些微量元素（如锌、铜、锰、硼、钼等）的缺乏或含量过多，也会影响果蔬的生长发育，进而影响到其品质和贮藏性能。综合来讲，提高果蔬钙含量，平衡各种元素组成，是提高果蔬品质和耐藏性的重要途径。

## （三）修剪、疏花疏果与套袋

合理修剪可以调节果树营养生长和生殖生长的平衡，减轻或克服果树生产中大小年现象，增加树冠透光面积和结果部位，使果实获得足够的营养，改善果实的化学成分，并间接地提高果实的耐贮性。在番茄、西瓜等果蔬生产中，也要定期地去蔓、打杈，及时摘除多余的侧芽。

合理疏花疏果，可以保证果蔬具有适当的叶、果比例，获得特定大小和优质的果实。生产上，疏花工作应尽量提前，可减少植株体内营养消耗。疏果工作一般在果实细胞分裂高峰期到来之前进行，这样可以增加果实中的细胞数；疏果较晚，只能使细胞膨大有所促进；疏果过晚，则就对果实大小影响不大了。

果实套袋能改善外观品质，使果皮表面光洁且着色均匀全面，避免风雨、药剂和机械摩擦等不良因素对果皮造成刺激与损害，降低农药残留量及采收时的带菌率，能显著提高产品贮藏性能，增强商品性。

## （四）田间病虫害防治

病虫害是造成果蔬采后损失的重要原因之一。许多病害在田间侵染，采后贮藏中当条件适宜时表现出症状甚至扩大发展，从而造成损失。虫害不仅会降低产品的外观品质，某些昆虫蛀食及其排泄物还影响食用，同时，蛀食伤口也为病原菌的侵染打开了通道。由此可见，田间病虫害防治对预防采后损失、延长果蔬贮藏寿命至关重要。

目前，杀菌剂和杀虫剂种类很多，常见的有苯并咪唑类、有机磷类、有机硫类、有机氯类等，都是生产上使用较多的高效低毒农药，对防治多种果蔬病虫有良好的效果。

## （五）植物生长调节剂处理

果蔬生产上使用的生长调节剂种类很多，根据其使用效果，可概括为以下四种类型。

### 1. 促进生长、促进成熟

包括生长素类的吲哚乙酸、萘乙酸、2,4-D（2,4-二氯苯氧乙酸）等。能促进果蔬的生长，防止落花落果，同时也促进果实的成熟。例如，使用萘乙酸20～40mg/kg，于苹果采前一个月喷布，可以有效地防止采前落果，使果实留在树上，红色增加，但果实容易过熟而不利于贮藏；2,4-D用于番茄，可防止早期落果，形成无籽果实，促进成熟，但也不利于贮藏。

### 2. 促进生长、抑制成熟

包括赤霉素、细胞分裂素等。赤霉素可以促进细胞伸长，细胞分裂素可以促进细胞分裂，诱导细胞膨大，二者都具有促进果蔬生长和抑制成熟衰老的作用。喷过赤霉素的柑橘、苹果、山楂等，果皮着色晚，成熟减慢，某些生理病害也得到减轻。结球莴苣采前喷洒10mg/kg的苄基腺嘌呤（BA），采后在常温下贮藏，可明显延缓叶片变黄。

### 3. 抑制生长、促进成熟

主要是乙烯利等乙烯发生剂，也包括比久（$B_9$）等其他调节剂。乙烯利是一种人工合成的乙烯发生剂，一般生产的乙烯利为40%的水溶液。对苹果、梨、桃等于采前1～4周喷布200～500mg/kg的乙烯利，可促进果实着色和成熟，使果实呼吸高峰提前出现，但这些果实均不耐贮藏。$B_9$对于苹果具有延缓成熟的作用，但对于桃、李、樱桃等则可促进果实内源乙烯的生成，加速果实成熟，使果品提早2～10天上市，并可改善黄桃果肉的颜色。

### 4. 抑制生长、延缓成熟

包括B₉、矮壮素（CCC）、青鲜素（MH）、整形素、多效唑（PP₃₃₃）等一类生长延缓剂。目前使用较普遍的为B₉、CCC、PP₃₃₃。B₉对果树生长有抑制作用，喷布了1000～2000mg/kg B₉的苹果，果实硬度大，着色好，对红星、元帅等采前落果严重且果肉易绵的一类苹果品种，有延缓成熟的良好作用。西瓜喷洒CCC后所结果实的可溶性固形物含量高，甜度变高，贮藏寿命延长。洋葱、大蒜在采前两周喷洒0.25%的MH后，可明显延长采后的休眠期。

# 第三节　果蔬采后生理与病害控制

果蔬采收后脱离了母体，失去了土壤和母体的水分及养分供应，其同化作用基本结束，但它仍然是一个有生命的有机体，在贮藏过程中进行着一系列复杂的生理生化变化，包括呼吸生理、蒸腾生理、生长与休眠生理、成熟衰老生理、低温伤害生理等，这些生理活动大多对果蔬产品的品质产生不利影响，必须进行有效的调控，以最大限度地延缓果蔬的成熟和衰老，延长贮藏寿命。果蔬采后的生命活动与采前有着必然的联系，但生存环境发生变化，使得其又不同于采前，有着自己的规律和特征，这些规律和特征正是其采后生理的基本内容。

## 一、采后呼吸生理

果蔬采收后，光合作用基本停止，呼吸作用成为新陈代谢的主导过程，也是果蔬贮藏中最重要的生理活动，它制约和影响着其他生理过程。

### （一）呼吸作用

呼吸作用是指在果蔬体内各种酶系统的参与下，经由许多中间反应环节进行的生物氧化-还原过程，把复杂的有机物逐步分解为较简单的物质，同时释放出能量。依据呼吸过程中是否有氧的参与，可将呼吸作用分为有氧呼吸和无氧呼吸两大类型。

### 1. 有氧呼吸

有氧呼吸是指植物细胞在$O_2$参与下，使有机物彻底分解成$CO_2$和$H_2O$，同时释放出大量能量的过程。细胞中最容易利用的有机物质为葡萄糖（$C_6H_{12}O_6$），以葡萄糖作为呼吸底物为例，该过程可表示为：

$$C_6H_{12}O_6 + 6O_2 \longrightarrow 6CO_2 + 6H_2O + 673kcal \text{❶}$$

有氧呼吸释放的能量，少部分以ATP（三磷酸腺苷）、NADH（烟酰胺腺嘌呤二核苷酸）和NADPH（烟酰胺腺嘌呤二核苷酸磷酸）的形式贮藏起来，供给各种生命活动之需，大部分则以热能的形式释放到体外，对果蔬的贮藏品质有一定影响，贮藏过程中应注意尽快排除。

---

❶ 1kcal=4.186kJ。

### 2. 无氧呼吸

无氧呼吸是指在缺氧条件下，活细胞将有机物分解成不彻底的氧化产物，如乙醇、乙醛、乳酸等，同时释放出少量能量的过程。以葡萄糖作为呼吸底物为例，葡萄糖经糖酵解，形成丙酮酸后，在缺 $O_2$ 条件下，丙酮酸脱羧为乙醛，再被还原为乙醇，或者丙酮酸直接还原为乳酸，该过程可表示为：

$$C_6H_{12}O_6 \longrightarrow 2C_2H_5OH+2CO_2+24kcal$$

$$C_6H_{12}O_6 \longrightarrow 2CH_3CHOHCOOH+18kcal$$

无氧呼吸释放的能量很少，为了获得同等数量的能量，要消耗远比有氧呼吸更多的呼吸底物。无氧呼吸的最终产物为乙醛和乙醇，这些物质对细胞有毒性，浓度高时甚至杀死细胞。因此，无氧呼吸对贮藏是不利的。但有些果蔬产品的体积较大，内层组织气体交换差，经常缺氧，如某些地下根茎器官，这种情况下为了获得生命活动所必需的能量，就需要进行部分无氧呼吸，这是对环境的适应。但无论何种原因引起的无氧呼吸的加强，都会干扰和破坏果蔬正常的生理代谢，是有害的。

### （二）与呼吸作用相关的基本概念

#### 1. 呼吸强度

呼吸强度（RI）定义为在一定的温度下，单位时间内一定质量的果蔬产品吸收 $O_2$ 或放出 $CO_2$ 的量，或者释放呼吸热的量，也称为呼吸速率。其单位常用3种方法表示：$mg/(kg \cdot h)$（以 $O_2$ 计）、$mg/(kg \cdot h)$（以 $CO_2$ 计）或 $kcal/(t \cdot d)$。

呼吸强度是衡量呼吸作用强弱的一个指标，表明了组织内营养物质消耗的快慢，是估计果蔬贮藏能力的依据。呼吸强度越大，说明呼吸作用越旺盛，营养物质消耗得越快，会加速果蔬衰老，缩短贮藏寿命。其测定方法很多，常用的有酸碱滴定法、pH比色法、红外气体分析法、气相色谱法等。

#### 2. 呼吸商

呼吸商（RQ）定义为在一定时间内，进行呼吸作用时释放的 $CO_2$ 与吸入的 $O_2$ 的容量比或物质的量之比，也称为呼吸系数。

呼吸商能粗略反映出呼吸底物的种类和呼吸时的供氧状态。当进行有氧呼吸时，以葡萄糖作为呼吸底物，RQ=1；以蛋白质、脂肪作为呼吸底物，RQ为 $0.2 \sim 0.7$；以有机酸作为呼吸底物，RQ>1。同样，以葡萄糖为呼吸底物，当RQ>1时，则可以判断出现了无氧呼吸，这是因为无氧呼吸只释放 $CO_2$，而不吸收 $O_2$，因此整个呼吸过程的RQ值就要增大。

#### 3. 呼吸热

呼吸热是指呼吸过程中产生的、除了维持生命活动以外而散发到环境中的那部分热量。由于测定呼吸热的方法极其复杂，常采用测定呼吸强度的方法间接计算果蔬的呼吸热。以下是呼吸热的计算公式：

呼吸热 $[J/(kg \cdot h)]$=呼吸强度 $[mg/(kg \cdot h)] \times 10.87(J/mg)$

#### 4. 呼吸温度系数

呼吸温度系数（$Q_{10}$）是指在生理范围内，温度每提高10℃时的呼吸强度与原来温度下呼吸强度的比值。它能反映呼吸强度随温度而变化的程度，该值越高，说明该产品呼吸受温度影响越大。果蔬的 $Q_{10}$ 值与温度、果蔬种类有关。一般而言，果蔬在低温下

$Q_{10}$较大，说明在低温下温度的波动对呼吸强度的影响更大。

### （三）果蔬产品的呼吸类型

#### 1. 呼吸跃变

果蔬在生命过程中，呼吸作用的强弱并不是始终如一的，而是高低起伏的，这种呼吸强度的总的变化趋势称为呼吸趋势或呼吸漂移，也即果蔬在不同生长发育阶段呼吸强度起伏变化的总趋势。

不同果实呼吸趋势不同。有的果实呼吸强度在其生长发育过程中逐渐下降，到达一定成熟度时又显著上升，然后再度下降，直至果实衰老死亡，这种现象由 Kidd 于 1922 年发现，并于 1925 年将此现象命名为呼吸跃变。跃变的最高点叫作呼吸高峰或跃变高峰。这是因为这类果实在达到完熟即最佳可食状态前将发生贮藏物质的强烈水解，不论在植株上完熟或是采后后熟，都表现出相似的呼吸高峰。习惯上把开始成熟时出现呼吸上升的果实称为跃变型果实，而把没有跃变现象、呼吸强度在采后一路下降不再出现上升的这类果实称为非跃变型果实（图2-1）。一些常见果蔬的呼吸类型如表2-5所示。

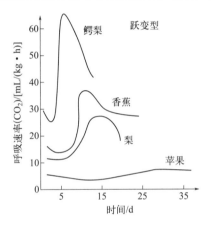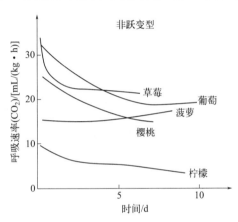

**图2-1　跃变型和非跃变型果实的呼吸速率曲线**

（引自董建华，1991）

表2-5　一些常见果蔬的呼吸类型

| 跃变型果实 | 非跃变型果实 |
|---|---|
| 苹果、梨、油梨、香蕉、杏、桃、李、蓝莓、番茄、猕猴桃、柿子、无花果、番石榴、芒果、甜瓜、西瓜、菠萝蜜、木瓜、番荔枝、人心果、鳄梨、榴莲、红毛丹 | 柑橘类、石榴、树莓、葡萄、草莓、荔枝、龙眼、凤梨、山苹果、枇杷、杨桃、菠萝、枣、甜樱桃、酸樱桃、橄榄、刺梨、罗望子、可可、腰果、黄瓜、茄子、豌豆、葫芦、西葫芦、辣椒、甜椒、南瓜、树番茄、秋葵 |

#### 2. 跃变型果实与非跃变型果实的区别

跃变型果实与非跃变型果实的区别，不仅在于成熟时期是否出现呼吸跃变，而且在内源乙烯的产生和对外源乙烯的反应上也存在明显差异。

（1）内源乙烯含量不同

所有的果实在发育期间都产生微量的乙烯。然而在完熟期内，跃变型果实所产生乙烯的量比非跃变型果实多得多，而且跃变型果实在跃变前后其内源乙烯含量的变化幅度很大。非跃变型果实的内源乙烯一直维持在很低的水平，没有出现上升现象。例如，用500mg/kg的丙烯（相当于5mg/kg乙烯）处理跃变型果实香蕉，成功地诱导出典型的呼吸跃变和内源乙烯的上升；而非跃变型果实柠檬和甜橙用丙烯处理，虽能提高呼吸强度，但不能增加乙烯的产生。表明跃变型果实有自身催化乙烯产生的能力，非跃变型果实则没有这个能力。有学者由此提出了植物体内存在两套乙烯合成系统的理论，认为所有植物组织在生长发育过程中都能合成并释放微量乙烯，这种乙烯的合成系统称为系统Ⅰ。就果实而言，非跃变型果实或未成熟的跃变型果实所产生的乙烯，都是来自乙烯合成系统Ⅰ。而跃变型果实在完熟前期合成并大量释放的乙烯，则是由另一个系统产生的，称为乙烯合成系统Ⅱ，它既可以随果实的自然完熟而产生，也可被外源乙烯所诱导。当跃变型果实的内源乙烯或外源乙烯的量达到一定阈值时，便出现乙烯的自动催化作用，产生大量内源乙烯，从而诱导呼吸跃变和完熟期生理生化变化的发生。系统Ⅱ引发的乙烯自动催化作用一旦开始即可自动催化下去，即使停止施用外源乙烯，果实内部的各种完熟反应仍然继续进行。非跃变型果实只有乙烯合成系统Ⅰ，缺少乙烯合成系统Ⅱ，各种完熟反应受内源乙烯的影响小，若将外源乙烯除去，则各种完熟反应便停止了。跃变型果实则两者都有，这是两种类型果实内源乙烯含量不同的本质所在。几种跃变型果实和非跃变型果实的内源乙烯含量见表2-6。

表2-6　几种跃变型果实和非跃变型果实的内源乙烯含量

| 跃变型果实 | 乙烯含量/（μL/L） | 非跃变型果实 | 乙烯含量/（μL/L） |
| --- | --- | --- | --- |
| 苹果 | 25.00～2500.00 | 柠檬 | 0.11～0.17 |
| 桃 | 0.90～20.70 | 酸橙 | 0.30～1.96 |
| 李 | 0.14～0.23 | 橙 | 0.13～0.32 |
| 梨 | 80.00 | 菠萝 | 0.16～0.40 |
| 油梨 | 28.90～74.20 | | |
| 油桃 | 3.60～602.00 | | |
| 香蕉 | 0.05～2.10 | | |
| 芒果 | 0.04～3.00 | | |
| 西番莲 | 466.00～530.00 | | |
| 番茄 | 3.60～29.80 | | |

（2）对外源乙烯的刺激反应不同

对跃变型果实来说，外源乙烯只有在呼吸跃变前期施用才有效果，它可引起呼吸作用上升和内源乙烯的自动催化作用，这种反应是不可逆的，一旦反应发生即可自动进行下去，在呼吸高峰出现以后，果实就到达完熟阶段。非跃变型果实在任何时候都可以对外源乙烯发生反应，但如果将外源乙烯去除，则由外源乙烯所诱导的各种生理生化反应便停止了，呼吸作用又恢复到未处理时的水平。对于非跃变型果实，呼吸高峰的出现并不意味着果实已完全成熟。

（3）对外源乙烯浓度的反应不同

提高外源乙烯浓度，可使跃变型果实呼吸跃变出现的时间提前，但不改变呼吸跃变的高度，乙烯浓度的改变与呼吸跃变的提前时间大致呈对数关系；对于非跃变型果实，提高外源乙烯浓度，可提高呼吸强度，但不能提早呼吸高峰出现的时间。

### （四）呼吸作用与果蔬贮藏的关系

呼吸作用是果蔬采后生命活动所需物质和能量的基本来源，然而呼吸作用又以消耗同化产物为前提。所以，呼吸作用对果蔬贮藏既有积极意义又有消极意义。

#### 1. 积极意义

呼吸作用为各类生理活动提供必需的能量，通过产生的中间产物将各种代谢联系在一起，维持果蔬产品生命活动正常有序地进行；可防止有害中间产物在组织的积累，将其氧化或水解为最终产物，进行自身平衡保护；能提高果蔬的抗病能力，当植物受到病原微生物等侵袭时，能通过激活氧化系统，加强呼吸而起到自卫作用。

#### 2. 消极意义

呼吸作用分解消耗营养物质，加速衰老，使贮藏中发生失重和变味；产生呼吸热，使贮藏环境温度升高，容易造成腐烂，对产品保鲜不利；呼吸作用异常时会引发呼吸生理失调。

因此，在果蔬贮藏过程中，首先应保持产品有正常的生命活动，不发生生理障碍，能够正常发挥耐藏性和抗病性的作用；在此基础上，则应采取一切可能的措施降低呼吸强度，从而延长贮藏寿命。

### （五）影响呼吸作用的因素

#### 1. 果蔬自身的因素

（1）种类和品种

不同种类和品种的果蔬呼吸强度相差很大，这是由遗传特性决定的。一般说来，热带、亚热带果实的呼吸强度比温带果实的呼吸强度大；果品中，浆果类（葡萄除外）呼吸强度最大，核果类次之，仁果类较低；蔬菜中，花菜类呼吸强度最大，叶菜类次之，果菜类再次，而充分长成了的直根、块茎、鳞茎类则相对较小。同一种类不同品种之间，晚熟品种的呼吸强度比早熟品种大。

（2）发育年龄和成熟度

在果蔬的个体发育和器官发育过程中，幼嫩组织呼吸强度较高，随着生长发育，呼吸强度逐渐下降，而到成熟期，跃变型果实呼吸强度升高，而非跃变型果实继续降低。老熟的瓜果和其他蔬菜，新陈代谢变慢，表皮组织、蜡质和角质保护层加厚并变得完整，呼吸强度降低，较耐贮藏。

（3）同一器官不同部位

果蔬的皮层组织呼吸强度高，果皮、果肉、种子的呼吸强度均不同。例如，柑橘果皮的呼吸强度大约是果肉的10倍，柿的蒂端比果顶的呼吸强度高5倍。这是由于不同部位的物质基础不同，氧化还原系统的活性以及组织的供氧情况不同而造成的。

## 2. 环境因素

### （1）温度

温度是影响呼吸作用最重要的外界环境因素，它也是影响果蔬采后贮藏的最重要因素。在一定温度范围（一般 5～35℃）内，温度升高，酶活性增强，呼吸强度增大。呼吸与温度的关系常用呼吸温度系数（$Q_{10}$）来表示。在多数情况下，果蔬的 $Q_{10}$=2～2.5。适宜的低温可降低呼吸强度，并使呼吸高峰延迟出现，峰值降低，甚至不出现高峰。如西洋梨在 21℃时高峰出现最早，0.7℃时出现最晚。但为了抑制果蔬在贮藏期间的呼吸作用，不能简单地认为贮藏温度越低越好，如一些喜温果蔬如香蕉、菠萝、番茄、辣椒、柑橘等，最佳贮藏温度为 10℃左右，过低温度会造成产品低温生理病害。

### （2）相对湿度

湿度对呼吸的影响还缺乏较系统深入的研究。湿度对不同果蔬呼吸强度的影响不尽相同。如大白菜、菠菜、温州蜜柑、红橘等采后稍经晾晒，蒸发掉一小部分水分，有利于降低呼吸强度，增强耐贮性。洋葱、大蒜等贮藏时要求低湿，低湿可抑制呼吸强度，保持休眠状态。但薯芋类蔬菜贮藏时要求高湿，干燥反而促进呼吸，产生生理病害。香蕉在相对湿度低于 80% 时不能正常成熟，并且不发生呼吸跃变现象，如相对湿度在 90%以上时，呼吸表现正常的跃变模式。

### （3）气体成分

贮藏环境中影响果蔬的气体主要是 $O_2$、$CO_2$ 和乙烯。在不干扰组织正常呼吸代谢的前提下，适当降低贮藏环境中的 $O_2$ 浓度并增加 $CO_2$ 浓度，可抑制果蔬呼吸作用的进行，并抑制内源乙烯的生物合成，有利于延长贮藏寿命。$O_2$ 浓度的调节以不产生无氧呼吸、不导致低氧伤害为原则，贮藏中一般将 $O_2$ 保持在 2%～5%，一些热带、亚热带产品需要提高到 5%～9%。多数果蔬适宜的 $CO_2$ 浓度为 1%～5%，$CO_2$ 浓度过高会使细胞中毒。不同的果蔬产品，$O_2$ 和 $CO_2$ 的临界浓度有所差异。乙烯是一种植物激素，有提高呼吸强度、促进果蔬成熟的作用。乙烯含量在 0.1mg/L 以上时，即可刺激果实呼吸作用，还可使跃变型果实的呼吸高峰提前，因此贮藏中应尽量排除乙烯。

### （4）机械损伤和病虫害

任何机械损伤，即使是轻微的挤压或摩擦都会不同程度地加强呼吸。由于机械损伤而造成的呼吸加强称为愈伤呼吸，也称创伤呼吸或伤呼吸。试验证明，表面受伤的果实比完好的果实的氧消耗高 63%。摔伤了的苹果中的乙烯含量比完好的果实高得多，促进呼吸高峰提早出现，不利于贮藏。果蔬表皮的伤口，给微生物的侵染提供了入口，微生物在产品上生长发育，也促进了呼吸作用，不利于贮藏。虫蚀的影响与机械损伤是一样的。

### （5）植物生长调节剂的作用

植物生长调节剂可促进或抑制呼吸作用。乙烯、乙烯利、萘乙酸甲酯等均具有增强果蔬呼吸的作用，促进果蔬成熟。青鲜素（MH）、矮壮素（CCC）、6-苄基腺嘌呤（6-BA）、赤霉素（$GA_3$）、2,4-D 等均具有抑制果蔬呼吸的作用。

### （6）其他

对果蔬采取涂膜、包装、避光等措施，以及辐照等处理，均可不同程度地抑制产品的呼吸作用。

综上所述，影响呼吸强度的因素是多方面、复杂的。这些因素之间不是孤立的，而是相互联系、相互制约的。因此，在贮藏中不能片面强调某个因素，而要综合考虑各种因素的影响，采取正确的保鲜措施，才能达到理想的贮藏效果。

## 二、采后蒸腾生理

新鲜果蔬含水量高（85%～95%），无论是采前还是采后，总会不断蒸腾失水。采前果蔬蒸发的水分可以由根部吸水补偿，但采后果蔬由于离开了母体，便失去了水分的补给，而失水仍在继续，使果蔬鲜度下降，并带来一系列的不良影响。

### （一）蒸腾失水对采后果蔬的影响

#### 1. 失重和失鲜

采收后，果蔬不断蒸腾失水所引起的最直观的现象是失重和失鲜。失重即"自然损耗"，包括水分和干物质两方面的损失。伴随失重而来的是失鲜，失鲜表现为形态、结构、色泽、质地、风味等多方面的变化，会降低产品的食用品质和商品品质。一般失水5%以上为失鲜，失水10%不能食用。

#### 2. 破坏正常的代谢过程

果蔬采收后，蒸腾失水直接影响到细胞脱水。如果仅轻度脱水，可使冰点降低，提高抗寒能力，并且细胞脱水使细胞膨压下降，组织较为柔软，韧性增加，有利于减少贮运中的机械损伤。如大白菜、菠菜等采后适度晾晒利于其贮藏。但若失水严重，细胞液浓度增高，有些离子如$NH_4^+$、$H^+$浓度过高，导致细胞中毒，甚至破坏原生质的胶体结构，呼吸强度增加，乙烯、脱落酸含量增多，加速产品衰老、脱落。如大白菜失水严重，脱落酸含量增加，将导致严重脱帮发生。

#### 3. 降低耐贮性和抗病性

失水萎蔫破坏了正常的新陈代谢，水解过程加强，细胞膨压下降造成机械结构改变，直接影响果蔬的耐贮性和抗病性。将灰霉菌接种在萎蔫程度不同的甜菜根上，其结果说明组织脱水萎蔫程度越大，腐烂率越高，抗病性下降得越快，耐贮性下降得也越快，贮藏期限缩短（表2-7）。

表2-7 失水萎蔫对甜菜染病的影响

| 失水处理 | 腐烂率 /% |
| --- | --- |
| 新鲜材料 | — |
| 萎蔫 7% | 37.2 |
| 萎蔫 13% | 55.2 |
| 萎蔫 17% | 65.8 |
| 萎蔫 28% | 96.0 |

注：引自王丽琼和徐凌，2018。

## （二）蒸腾途径

果蔬组织表面的蒸腾途径有两个，一个是自然孔道，包括气孔（常分布在叶片和花朵上）和皮孔（常分布在根、茎、果实等组织上），气孔可自由开闭，而皮孔不能自由开闭，经常是开放的，使内层组织的胞间隙直接与外界相通；另一个是角质层，角质层本身不透水，但角质层在形成过程中有些区域夹杂有果胶，同时角质层也有间隙，可以使水汽通过。角质层蒸腾在蒸腾中所占的比重与角质层的厚薄有关，还与角质层中有无蜡质及其结构等有关。果蔬水分蒸腾主要是通过表皮层上的气孔和皮孔等自然孔道进行的，极少量是通过表皮直接扩散蒸腾。

## （三）影响蒸腾失水的因素

果蔬失水的快慢主要受果蔬的自身因素和环境因素的影响。

### 1. 自身因素

（1）表面积比

单位质量或单位体积的果蔬组织所具有的表面积称为表面积比，即产品表面积与其质量或体积的比值（cm²/g 或 cm²/cm³）。果蔬失水是从其表面进行的，表面积比越大，蒸腾失水就越强。这就是为什么叶菜类蔬菜往往要比根、茎类蔬菜失水要快。

（2）表面组织结构

表面组织结构对果蔬组织的水分蒸腾有很大影响。果蔬水分蒸腾主要通过气孔、皮孔等自然孔道和角质层进行。表皮气孔发达的组织容易蒸腾失水；根菜类和茄果类蔬菜无气孔，蒸腾作用就很少。果皮薄、角质层不发达，保护组织差，极易失水；角质层厚，表面有蜡质、果粉的则有利于保持水分。

（3）细胞持水力

果蔬中原生质亲水胶体多，可溶性固形物含量高，可使细胞具有较高的渗透压，阻碍水分向细胞壁和细胞间隙渗透，有利于保持水分。此外，细胞间隙小，水分移动阻力大，也有利于保持水分。

### 2. 环境因素

（1）湿度

空气湿度是影响果蔬表面水分蒸腾的直接因素，分为绝对湿度和相对湿度。绝对湿度指水蒸气在空气中所占比例的百分数；相对湿度是指空气中实际所含的水蒸气量（绝对湿度）与当时温度下空气所含饱和水蒸气量（饱和湿度）之比。果蔬产品贮藏上，常用相对湿度来表示环境空气的干湿程度。在一定的温度下，相对湿度越小，果蔬中的水分就越容易蒸发，果蔬越易萎蔫。

（2）温度

温度越高，蒸散作用越强，这是因为温度高，水分子移动速度快。另一方面，环境中温度升高，饱和湿度将增大，若绝对湿度不变，那么相对湿度将变小，果蔬蒸腾作用加强。反之，当环境中温度降低，由于饱和湿度降低，同一绝对湿度下，相对湿度增大，果蔬蒸腾减少甚至发生结露。

（3）空气流速

空气流速越大，空气中水蒸气被带走得越快，空气的绝对湿度越小，果蔬水分损失越大。

（4）光照

光照可使气孔张开，进而促进蒸腾；光照还使产品温度上升，提高组织内蒸气压而加快蒸腾。

（5）气压

气压越低，液体沸点越低，越易蒸发。在一般的贮藏条件下，气压是正常的一个大气压，对产品影响不大。但在采用真空冷却、真空干燥、减压预冷等减压技术时，水分沸点降低，会显著促进蒸腾，要注意采取加湿措施以防止果蔬失水萎蔫。

（6）物理与机械损失

物理与机械损伤破坏了表皮组织的结构，果蔬失去了原有的保护组织，会加剧水分从细胞向外散失。

### 3. 控制果蔬采后失水的措施

① 包装、涂膜。对果蔬产品进行适当的包装，有利于减缓库房温湿度变化给产品带来的不利影响，减少水分蒸失；在产品表面人为地涂一层薄膜，堵塞产品表面部分皮孔、气孔，可以有效地阻止产品失水。

② 适当低温高湿。适当的低温高湿可以最大限度地减少产品失水，有利于贮藏。

③ 适当通风。适当通风可以将贮藏库内的热量带走，并且防止库内温度不均匀，但要尽量控制风速，0.3 ～ 3m/s 的风速对产品水分蒸发的影响不大。

④ 保持库温的恒定。库温波动，库房内的相对湿度会发生变化，促使产品失水加快，不利于贮藏。

## （四）结露现象

结露（又叫"出汗"），是露点温度下过多的水蒸气从空气中析出而造成的。果蔬在贮运中，常常见到表面出现潮润或凝结水珠等结露现象。用塑料薄膜封闭贮藏时，薄膜内侧也总有水珠凝结。这是因为空气温度下降到露点以下，过多的水汽从空气中析出而在物体表面凝结成水珠而造成的。比如，温度为1℃，相对湿度为94.2%的空气，当温度降为0℃时，湿度即达饱和，则0℃就是露点。如温度继续下降到-1℃，则每立方米空气就要析出0.5g水，此时相对湿度仍为100%。

在果蔬表面凝结的水本身是微酸性的，利于微生物的生长繁殖，造成果蔬腐烂。为延长果蔬的贮藏寿命，应避免结露。防止果蔬结露的有效措施有预冷、维持稳定的低温、适宜通风、在果蔬包装容器周围设置有吸水性的"发汗层"、控制堆积大小和出库升温。

# 三、采后生长与休眠

## （一）采后生长

采后生长就是指部分果蔬采收以后，其分生组织利用体内的营养继续生长和发育的过程。如采收后的萝卜在叶基部长出新叶，竹笋、芦笋等在贮藏期间继续伸长并木质化等。果蔬采后的生长现象主要有幼叶生长、幼茎伸长、种子发育、种子发芽和抽薹开花等几种类型。采后生长会导致产品内部的营养物质由食用部分向非食用部分转移，造成品质下降，并缩短贮藏期。

### 1. 引起采后生长的原因

采后生长现象的产生与果蔬自身生长发育的继续、体内营养物质的再分配以及新的生命周期开始有关。当贮藏期间遇到高温、高湿、光照等适宜的外界条件时，就会出现生长现象。其中以高温的影响最为明显。

### 2. 采后生长的控制

（1）低温

在不导致出现低温伤害的前提下给予一定的低温，可以抑制果蔬的生长。例如，在0～3℃，相对湿度95%条件下贮藏萝卜和胡萝卜，可有效防止其幼叶生长和抽薹开花现象的发生。

（2）避光

由于光照可以促进生长，因此需要降低贮藏环境中可见光对产品的影响，如采取避光、遮盖和使用流动照明等措施。

（3）气调贮藏

气调贮藏对抑制果蔬采后生长现象的发生也有很好的效果。例如，气调可抑制大白菜的抽薹开花，番茄、苹果和梨的种子发芽，蒜薹薹苞膨大和花椰菜采后的散花，以及黄瓜和豆类的种子发育等采后生长现象。

（4）控制湿度

通常，相对湿度较高的贮藏环境有利于果蔬的采后生长。所以，要根据不同种类和品种的果蔬有效控制贮藏环境中的湿度，既不能使产品过度失水，也不能促进生长。

（5）去除生长点

将果蔬的生长点切除，能抑制营养物质转移并保持果蔬品质。例如，胡萝卜和萝卜切头去掉芽眼后，会减轻糠心，也可有效避免采后幼叶生长的发生。

（6）生长调节剂处理

一些生长调节剂处理可以在一定程度上抑制采后生长。例如，采用茉莉酸甲酯浸泡和熏蒸处理萝卜，可有效抑制其根顶部新叶的生长。

（7）其他措施

对于一些不容易避免的采后生长现象，可通过扩大采收部位来抑制采后生长造成的损失。例如，花椰菜采收时保留2～3片叶，贮藏期间外叶中营养成分向花球转移，使其继续长大，充实或补充花球的物质消耗，保持品质。

## （二）休眠

休眠是果蔬植物的整体或某部分器官暂时停止生长的现象。休眠器官包括种子、花芽、腋芽和一些蔬菜的块茎、鳞茎、球茎和根茎等。休眠是果蔬在长期的自然进化中形成的一种对不良环境的适应能力，以此度过高温、干旱和严寒等不利的环境条件，达到保持生命力和繁殖力的目的。在此期间，果蔬仍然保持生命活力，但一切生理活动都降低到最低水平，营养物质消耗和水分蒸发都很少。对果蔬贮藏来说，休眠是一种有利的生理现象。

### 1. 休眠的种类

休眠可分为生理休眠和被迫休眠两种类型。

（1）生理休眠

由植物内在因素引起的休眠，主要受基因的调控，即使给予适宜的条件仍要休眠一段时间，暂不发芽，这种休眠称为生理休眠。如洋葱、大蒜、马铃薯等，它们在休眠期内，即使有适宜的生长条件，也不能脱离休眠状态，暂时不会发芽。

（2）被迫休眠

由不适合环境条件造成的暂停生长的现象叫作被迫休眠。当不适因素得到改善后，生长便可恢复。如结球白菜和萝卜的产品器官形成以后，冬天来临，它们因外界环境不适宜生长而进入休眠。

### 2.休眠的时期及特点

（1）休眠前期

休眠前期即休眠诱导期，是从生长到休眠的过渡阶段。此期果蔬产品器官刚采收，呼吸作用等生命活动还很旺盛，为了适应新的环境，往往加厚自己的表皮和角质层，或形成膜质鳞片，或形成木栓组织和周皮层，以增强对自身的保护，体内的小分子物质向大分子转化，处于休眠的准备阶段。若环境条件适宜可迫使其不进入休眠，如提早收获的马铃薯进行湿沙层积处理，可使其不进入休眠而很快发芽。

（2）生理休眠期

生理休眠期也叫真休眠期或深休眠期。这个时期果蔬的新陈代谢下降至最低水平，生理活动处于相对静止状态，产品的外层保护组织完全形成，水分蒸腾减少。即使给予适宜的外界条件，产品也难以发芽，是贮藏的安全期。

（3）休眠后期

休眠后期也叫强（被）迫休眠期，这一时期产品由休眠向生长过渡，体内大分子物质向小分子转化，可利用的营养物质增加，为发芽提供物质基础。若遇到适宜的外界条件，产品可终止休眠；若在此阶段利用低温和气调等措施控制环境条件，则可延长强（被）迫休眠期。

### 3.休眠的调控

（1）适时收获

用于二季作的土豆，早收易打破休眠，所以用于贮藏的话要晚收；而洋葱如果晚收，则易缩短休眠期，提早发芽，所以要适时采收。

（2）调节贮藏环境条件

适当低温、低$O_2$、高$CO_2$及合适的相对湿度均可延长休眠，抑制发芽。其中，低温贮藏是最安全、最有效、应用最广泛的一种措施。

（3）化学药剂处理

目前使用的具有明显的抑芽效果的药物主要有青鲜素（MH）、萘乙酸甲酯（NNA）、脱落酸（ABA）等。MH对块茎、鳞茎类蔬菜以及大白菜、萝卜、甜菜的块根有一定的抑芽作用，对洋葱、大蒜效果最好。采收后的马铃薯用0.003%萘乙酸甲酯粉拌撒，也可抑制萌芽。植物组织内的脱落酸是一种强烈的生长抑制物质，若脱落酸水平低，可解除休眠。

（4）辐照处理

辐照处理对抑制马铃薯、洋葱、大蒜和鲜姜都有效，一般选择在产品休眠期间进行辐照处理。辐照的剂量因产品种类而异，生产上抑制洋葱发芽的γ射线辐照剂量为

40 ～ 100Gy，抑制马铃薯发芽的辐照剂量为80 ～ 100Gy。

## 四、采后成熟衰老生理

### （一）成熟和衰老的概念

果蔬作物整个生长发育过程可分为生长、成熟和衰老三个阶段，这三个阶段没有明显的界线，是紧密联系的连续过程。

在生长阶段，果蔬不断地通过同化作用使细胞分生、增长，细胞数目增多、体积增大，细胞组织由小变大，由少变多，组织结构不断完善，这个过程称为"生长"，也即果蔬作物的营养生长阶段。营养生长阶段完成后，就伴随着生殖生长的开始，如花芽分化、开花、结果、形成种子，这个质上变化的时期称为"发育"。

我们通常将果实生理成熟到完熟达到最佳食用品质的过程叫作成熟。成熟是果实特有的生理过程，分为生理成熟和完熟两个阶段。生理成熟是完熟的前期阶段，也是指果实生长的最后阶段，在此阶段，果实生长定形，细胞体积、质量增大等基本结束，果实出现本品种的基本特征，达到可食用状态，也称为"绿熟"或"初熟"；完熟是成熟的最后阶段，是指果实停止生长后还要进行一系列生物化学变化，逐渐形成本产品固有的色、香、味和质地特征，达到最佳的食用状态。有些果实，如巴梨、猕猴桃等，其果实虽然已完成发育达到生理成熟，但果实很硬，风味不佳，并没有达到理想的食用阶段，等到完熟时，果肉才变软，色香味达到最佳状态，才能食用。达到食用标准的完熟过程既可以发生在植株上，也可以发生在采摘后，采后获得完熟的过程称为后熟。生理成熟的果实在采后可以自然后熟，达到可食用品质，而未达到生理成熟的幼嫩果实则不能后熟。如绿熟期番茄采后可达到完熟以供食用，但若采收过早，果实未达到生理成熟，则不能后熟着色而达到可食用状态。

果实最佳食用阶段以后的品质劣变或组织崩溃阶段称为衰老。衰老是果蔬作物的器官或整体生命的最后阶段，是由合成代谢的生化过程转为分解代谢的过程，从而导致组织老化、细胞崩溃及整个器官死亡。成熟是衰老的开始，两个过程是连续的，二者不可分割。根、茎、叶及变态器官不涉及成熟现象，只有衰老过程。

### （二）果蔬在成熟和衰老期的变化

#### 1. 颜色的变化

果蔬在成熟和衰老时发生的最明显的外观变化就是颜色的变化。果实未成熟时叶绿素含量高，外观呈现绿色；成熟期间，叶绿素含量下降，其他色素物质（如花青素和胡萝卜素）不断积累，果实底色显现，使产品呈现其固有的特色。茎、叶菜衰老时与果实一样，叶绿素分解，色泽变黄并萎蔫。

#### 2. 质地的变化

果肉硬度下降是许多果实成熟时的明显特征。此时，一些能水解果胶物质和纤维素的酶类活性增加，水解作用使中胶层溶解，纤维分解，细胞壁发生明显变化，结构松散失去黏结性，造成果实软化。引起果实软化的酶主要是果胶甲酯酶（PE）、多聚半乳糖醛酸酶（PG）和纤维素酶。PE能从酯化的半乳糖醛酸多聚物中除去甲基。PG水解果胶酸中非酯化的 $\alpha$-1, 4-D-半乳糖苷键，生成低聚的半乳糖醛酸。根据PG作用于底物的部位不同，可分为内切酶和外切酶。内切酶可随机分解果胶酸分子内部的糖苷键；外切酶只能从非还原性末端水解多聚半乳糖醛酸。由于PG作用于非甲基化的果胶酸，故在PE、PG共同作用下，能将中胶层的果胶水解。纤维素酶即$\beta$-1, 4-D-葡聚糖酶，能水解纤维素、一些木葡聚糖和交错连接的葡聚糖中的$\beta$-1, 4-D-葡萄糖苷键。近来还发现一些其他相关的水解酶，但果实的软化机理仍不是十分清楚。

果蔬产品如茄子、桃、萝卜、蒜薹等衰老时，组织将发生软烂、发糠现象。茎、叶菜衰老时，主要表现为组织纤维化。

### 3. 口感风味的变化

果蔬产品达到一定的成熟度，就会出现特有的风味。而大多数产品由成熟到衰老过渡时会逐渐丧失其风味。例如，幼嫩的黄瓜，稍带有涩味并散发出浓郁的清香，当它向衰老过渡时，单宁物质被氧化或凝结成不溶性物质，涩味消失，然后变甜，表皮逐渐脱绿变黄，到最后果肉发酸而失去食用价值，此时黄瓜种子逐渐饱满达到成熟。采收时不含淀粉或淀粉含量较少的产品，如甜瓜和番茄等，随着贮藏时间延长，含糖量逐渐减少。而对于采收时淀粉含量较高（1% ～ 2%）的果蔬，如苹果和香蕉等，采后淀粉水解，含糖量暂时增加，果实变甜，达到最佳食用阶段后，含糖量因呼吸作用消耗而下降。通常果实发育完成后，含酸量最高，随着成熟或贮藏期的延长逐渐下降。这是因为果蔬贮藏时更多的是利用有机酸为呼吸底物，对有机酸的消耗大于可溶性糖，从而使贮藏后的果蔬糖酸比增加，风味变淡。

### 4. 呼吸跃变

呼吸强度在果实生长初期细胞分裂的旺盛期最大，然后随果实的生长而急剧下降，逐渐趋于缓慢，生理成熟时呼吸强度平稳，并因果实类型不同而不同。有呼吸高峰的果实当达到完熟时呼吸强度急剧上升，出现跃变现象，果实就进入完全成熟阶段，品质达到最佳可食状态。跃变期是果实发育过程中的一个关键时期，对果实贮藏寿命有重要影响。其既是成熟的后期，也是衰老的开始，之后果蔬产品就不能继续贮藏了。生产中要采取各种手段来推迟跃变型果实的呼吸高峰以延长贮藏期（图2-2）。

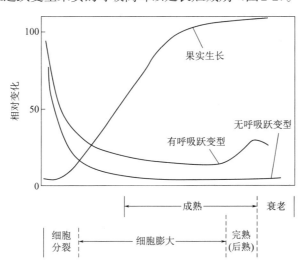

**图2-2　跃变型和非跃变型果实的生长和呼吸曲线**

（引自Biale，1964）

不同种类跃变型果实的呼吸高峰出现的时间和峰值不完全相同。一般原产于热带和亚热带的果实如鳄梨和香蕉，跃变顶峰的呼吸强度分别为跃变前的3～5倍和10倍，且跃变时间维持很短，很快完熟而衰老。原产于温带的果实如苹果、梨等，跃变顶峰的呼吸强度只比跃变前增加1倍左右，跃变维持时间也长，成熟比前一类型慢，因而更耐贮藏。有些果实如苹果，留在树上也可以出现呼吸跃变，但比采摘果实出现得晚，峰值高。另外一些果实如鳄梨，只有采后才能成熟而出现呼吸跃变，若留在植株上可以维持不断地生长而不能成熟，当然也不会出现呼吸跃变。某些未成熟的幼果如苹果、桃、李，采摘或脱落后也可发生短期的呼吸高峰。甚至某些非跃变型果实如甜橙的幼果，采后会出现呼吸强度上升的现象，而长成的果实反而没有。此类果实的呼吸强度上升不伴有成熟过程，因此称为伪跃变现象。

某些蔬菜在衰老过程中，也发现有类似果实呼吸跃变的现象。例如花椰菜采后的呼吸漂移呈现高峰型变化；某些叶菜的幼嫩叶片呼吸快，长成后呼吸强度降低，衰老变黄阶段重新上升，然后又降低。

### 5. 乙烯合成

几乎所有高等植物的器官、组织和细胞都具有产生乙烯的能力，一般生成量很少，不超过0.1mg/kg。在某些发育阶段（如果实成熟期）乙烯含量会急剧增加，对植物的生长发育起着重要的调节作用。乙烯对果蔬保鲜的影响极大，主要是它能促进成熟和衰老，使产品贮藏寿命缩短。

### 6. 细胞膜的变化

产品采后劣变的重要原因是组织衰老或遭受环境胁迫时，细胞的膜结构和特性发生了改变，导致代谢失调，最终导致产品死亡。细胞衰老时普遍的特点是正常膜的双层结构转向不稳定的双层和非双层结构，膜的液晶相趋向于凝胶相，膜透性和微黏度增加，流动性下降，膜的选择性和功能受损，最终导致死亡。这些变化主要是由于膜的化学组成发生了变化造成的，多表现在总磷脂含量下降，固醇/磷脂、游离脂肪酸/酯化脂肪酸、饱和脂肪酸/不饱和脂肪酸等几种物质比上升，过氧化脂质积累和蛋白质含量下降等方面。衰老中膜损伤的重要原因之一就是磷脂的降解。细胞衰老中，约50%以上的膜磷脂被降解，积累各种中间产物。

## （三）乙烯与采后成熟衰老

### 1. 乙烯对成熟和衰老的影响

果蔬在生长、发育、成熟、衰老过程中，生长素、赤霉素、细胞分裂素、脱落酸、乙烯等激素含量有规律地增加或减少，保持一种自然平衡状态，控制产品的成熟与衰老。其中生长素、赤霉素、细胞分裂素能抑制产品的成熟与衰老，而脱落酸和乙烯促进产品的成熟与衰老，在这当中乙烯对产品的成熟促进作用最大，被称为"成熟激素"。

（1）乙烯提高果蔬的呼吸强度

乙烯能提高果蔬的呼吸强度，促进果蔬产品成熟。果蔬在成熟时自身也可以产生乙烯并且释放到空气中，反过来促进果蔬呼吸代谢，加速后熟。不同果蔬自身内源乙烯的生成及对外源乙烯的反应不同。乙烯促进跃变型果实呼吸高峰提早到来，并引发相应的成熟变化，但乙烯浓度提高对呼吸高峰的高度没有显著影响。乙烯对跃变型果实呼吸作用的影响只有一次，且只有在呼吸跃变前处理起作用。非跃变型果实的呼吸强度也受乙烯的影响，施用外源乙烯时，在很大浓度范围内乙烯的浓度与呼吸强度呈正比，在果实的整个发育过程中呼吸强度对外源乙烯都有反应，每施用一次都有一个呼吸高峰，乙烯除去后，呼吸下降至原有水平（图2-3）。

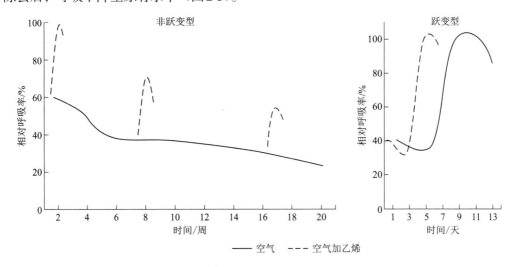

**图2-3 乙烯对跃变型和非跃变型果实呼吸的影响**

（引自程运江，2011）

（2）乙烯的其他生理作用

伴随对果蔬呼吸强度的影响，乙烯还促进果蔬成熟和衰老过程的一系列其他变化，包括使果实硬度下降，加快叶绿素的分解，使产品失绿黄化，以及促进产品器官的脱落等。例如，仅0.02mg/kg乙烯就能使猕猴桃在冷藏期间的硬度大幅度降低；25°C下0.5～5.0μL/L的乙烯处理会使黄瓜退绿变黄，膜透性增加，瓜皮呈水浸状斑点；0.1～1.0μL/L的乙烯可以引起大白菜和甘蓝脱帮。

### 2. 乙烯的生物合成途径

乙烯的生物合成途径是：蛋氨酸（Met）→S-腺苷蛋氨酸（SAM）→1-氨基环丙烷-1-羧酸（ACC）→乙烯。

乙烯来源于蛋氨酸分子中的C2和C3，Met与ATP通过腺苷基转移酶催化形成SAM，这并非限速步骤，体内SAM通过蛋氨酸循环（也称杨氏循环，以纪念美籍华人杨祥发在此方面的突出贡献）一直维持着一定水平。SAM——→ACC是乙烯合成的限速步骤，由ACC合成酶（ACS）催化这个反应，该酶在组织中浓度非常低，为总蛋白量的0.0001%，存在于细胞质中，专一地以SAM为底物，是一种以磷酸吡哆醛为辅基的酶，它强烈地受到磷酸吡哆醛酶类抑制剂，如氨基乙氧基乙烯基甘氨酸（AVG）和氨基氧乙酸（AOA）的抑制。ACC合成酶的合成或活化，是果实成熟时乙烯产量增加的关键。果蔬成熟、机械受伤、病原菌感染、吲哚乙酸（IAA）和乙烯本身都能刺激ACC合成酶的活性增强。前一步反应生成的ACC是乙烯合成的直接前体。乙烯合成最后一步是ACC在乙烯形成酶/ACC氧化酶（ACO/EFE）的作用下，在有$O_2$条件下参与完成的，最终形成乙烯，一般不能成为限速步骤。EFE是膜依赖的，其活性不仅需要膜的完整性，且需要组织的完整性，组织细胞结构破坏（匀浆时）时乙烯合成停止。因此，跃变后的过熟果实细胞内虽然ACC大量积累，但由于组织结构瓦解，乙烯的生成降低了。多胺、低氧、解偶联剂（如氧化磷酸化解偶联剂二硝基苯酚）、自由基清除剂和某些金属离子（特别是$Co^{2+}$）都能抑制ACC转化成乙烯。

ACC除了氧化生成乙烯外，另一个代谢途径是在丙二酰基转移酶的作用下与丙酰基结合，生成无活性的末端产物丙二酰基-ACC（MACC）。此反应是在细胞质中进行的，MACC生成后，转移并贮藏在液泡中。果实遭受胁迫时，因ACC含量升高而形成的MACC在胁迫消失后仍然积累在细胞中，成为一个反映胁迫程度和进程的指标。果实成熟过程中也有类似的MACC积累，成为成熟的指标。

### 3. 影响乙烯合成和作用的因素

乙烯是果实成熟和植物衰老的关键调节因子。贮藏中控制产品内源乙烯的合成和及时清除环境中的乙烯气体都很重要。乙烯的合成能力及其作用受自身种类和品种特性、发育阶段、外界贮藏环境条件的影响（图2-4），了解了这些因素，才能从多途径对其进行控制。

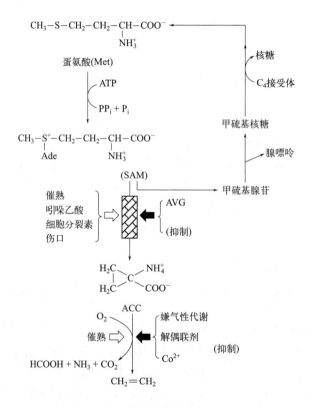

**图2-4 乙烯生物合成的控制**

（引自刘会珍和刘桂芹，2015）

（1）果实的成熟度

跃变型果实中乙烯的生成有两个调节系统：系统Ⅰ负责跃变前果实中低速率合成的基础乙烯；系统Ⅱ负责成熟过程中跃变时自我催化大量生成乙烯。有些果蔬种类在短时间内由系统Ⅱ合成的乙烯可比系统Ⅰ合成的增加几个数量级。两个系统的合成都遵循蛋氨酸途径。不同成熟阶段的组织对乙烯作用的敏感性不同。跃变前的果实对乙烯作用不敏感，系统Ⅰ生成的低水平乙烯不足以诱导成熟；随果实发育，在基础乙烯不断作用下，组织对乙烯的敏感性不断上升，当组织对乙烯敏感性增加到能对内源乙烯（低水平的系统Ⅰ）作用起反应时，便启动了成熟和乙烯的自我催化（系统Ⅱ），乙烯便大量生成，长期贮藏的产品一定要在此之前采收。采后的果实对外源乙烯的敏感程度也是如此，随成熟度的提高，对乙烯越来越敏感。非跃变型果实中乙烯生成速率相对较低，变化平稳，整个成熟过程只有系统Ⅰ活动，缺乏系统Ⅱ的活动。这类果实只能在树上成熟，采后呼吸强度一直下降，直到衰老死亡，所以应在充分成熟后采收。

（2）伤害

贮藏前要严格去除有机械损伤、病虫害的果实，这类产品不但呼吸旺盛，传染病害，还由于其产生伤乙烯（机械损伤刺激果实组织产生的乙烯称为伤乙烯），会刺激成熟度低且完好的果实很快成熟衰老，缩短贮藏期。高温、低温、高湿、低湿等胁迫条件以及运输中的震动都会使产品形成伤乙烯。

（3）贮藏温度

乙烯的合成是一个复杂的酶促反应，一定范围内的低温贮藏会大大降低乙烯合成。一般在0℃左右，乙烯合成很弱，后熟得到抑制，随温度上升，乙烯合成加速。如苹果在$10 \sim 25$℃之间，乙烯增加的$Q_{10}$为2.8；荔枝在5℃下，乙烯合成只有常温下的1/10左右；许多果实的乙烯合成在$20 \sim 25$℃最快。因此，采用低温贮藏是控制乙烯的有效方式。一般低温贮藏产品的EFE活性下降，乙烯产量少，ACC积累；回到室温下，乙烯合成能力恢复，果实能正常后熟。但冷敏感果实于临界温度下贮藏时间较长，如果受到不可逆伤害，细胞膜结构遭到破坏，EFE活性就不能恢复，乙烯产量少，果实则不能正常成熟，使口感、风味或色泽受到影响，甚至失去实用价值。

此外，多数果实在35℃以上时，因高温抑制了ACC向乙烯的转化，乙烯合成也受阻，有些果实如番茄则不出现乙烯峰。近年来发现，用$35 \sim 38$℃热处理能抑制苹果、番茄、杏等果实的乙烯合成和后熟衰老。

（4）贮藏气体条件

① $O_2$。乙烯合成的最后一步是需氧的，低浓度$O_2$可抑制乙烯产生。一般$O_2$浓度低于8%，果实乙烯的合成和对乙烯的敏感性下降；一些果蔬在浓度为3%的$O_2$中乙烯合成能降到空气中的5%左右。如果$O_2$浓度太低或在低浓度$O_2$中放置太久，果实就不能合成乙烯，或丧失合成能力。例如，香蕉在$O_2$浓度为$10\% \sim 13\%$时乙烯合成量开始降低，在$O_2$浓度$<7.5\%$时，便不能合成乙烯；从浓度为5%的$O_2$中移至空气中后，乙烯合成恢复正常，能后熟；若在浓度为1%的$O_2$中放置11天，移至空气中后乙烯合成能力不能恢复，丧失原有风味。

② $CO_2$。提高$CO_2$浓度能抑制ACC的合成和ACC向乙烯的转化，$CO_2$还被认为是乙烯作用的竞争性抑制剂，因此，适宜的高浓度$CO_2$从抑制乙烯合成及乙烯的作用两方面都可推迟果实后熟。但这种效应在很大程度上取决于果实种类和$CO_2$浓度。$3\% \sim 6\%$的$CO_2$抑制苹果乙烯合成的效果最好，$CO_2$浓度在$6\% \sim 12\%$时效果反而不好。在鳄梨、番茄、辣椒上也有此现象。高浓度$CO_2$做短期处理，也能大大抑制果实乙烯合成，如对苹果用高浓度$CO_2$（$15\% \sim 21\%$ $O_2$，$10\% \sim 20\%$ $CO_2$）处理4天，回到空气中后乙烯合成能恢复；处理10天或15天，回到空气中后乙烯合成回升变慢。

在贮藏中，需创造适宜的温度、$O_2$和$CO_2$浓度，既要抑制乙烯的生成和作用，也要使果实产生乙烯的能力得以保存，才能使贮藏后的果实正常后熟，保持特有的品质和风味。

③ 乙烯。产品一旦产生少量乙烯，会诱导ACC合成酶活性，造成乙烯迅速合成，因此，贮藏中要及时排出已经生成的乙烯。采用高锰酸钾等作乙烯吸收剂，方法简单、价格低廉。一般采用活性炭、珍珠岩、砖块和沸石等小碎块为载体，以增加反应面积，将它们放入饱和的高锰酸钾溶液中浸泡15～20min，自然晾干。制成的高锰酸钾载体暴露于空气中会氧化失效，晾干后应及时装入塑料袋中密封，使用时放到透气袋中。乙烯吸收剂现用现配更好，一般生产上采用碎砖块更为经济，用量约为果蔬的5%。适当通风，特别是贮藏后期要加大通风量，可减弱乙烯的影响。使用气调库时，焦炭分子筛气调机进行空气循环可脱除乙烯，效果更好。

对于自身产生乙烯少的非跃变果实或其他蔬菜等产品，绝对不能与跃变型果实一起存放，以避免受到这些果实产生的乙烯的影响。同一种产品，特别对于跃变型果实，贮藏时要保证成熟度一致，以防止成熟度高的产品释放的乙烯刺激成熟度低的产品，加速后熟和衰老。

（5）化学物质

① 影响乙烯生产的化学物质。一些化学药物处理可抑制内源乙烯的生成。如氨基乙氧基乙烯基甘氨酸（AVG）和氨基氧乙酸（AOA）可抑制SAM向ACC的转化，解偶联剂、自由基清除剂、钴离子可抑制ACC转化成乙烯。

② 影响乙烯作用的化学物质。银离子（$Ag^+$）能阻止乙烯与酶结合，抑制乙烯的作用，在花卉保鲜上常用硫代硫酸银等银盐处理。研究表明，一些环丙烯类化合物可以通过与乙烯受体的结合而表现出对乙烯效应的强烈抑制，这些化合物包括1-甲基环丙烯（1-MCP）、环丙烯（CP）、3, 3-二甲基环丙烯（3, 3-DMCP），其中1-MCP对乙烯的抑制效果最佳。1-MCP与乙烯分子结构相似，它通过金属原子与受体紧密结合，从而阻碍乙烯的正常结合，但不会导致产品成熟。大量试验结果表明，1-MCP处理可显著抑制苹果、梨、桃、油桃、李、杏、猕猴桃、柿子、鳄梨、葡萄、草莓、香蕉、荔枝、芒果、柑橘、番茄、青花菜、胡萝卜、香菜、莴苣等果蔬的成熟和衰老过程。现在1-MCP已被商业合成，其无明显难闻气味，所需浓度极低，易于合成，展现出良好的商业应用前景。

## （四）成熟与衰老的调控

### 1. 创造适宜的贮藏环境

（1）温度

控制温度是延长果蔬采后寿命的重要措施，主要从两方面加以调控，一是采用适宜的低温贮藏，二是保持稳定的贮藏温度。

（2）湿度

果蔬贮藏要求适宜的相对湿度。不同果蔬要求不同，多数果蔬适宜的相对湿度为90%～95%，少数产品如洋葱、大蒜适宜的相对湿度为65%～75%。

（3）气体成分

一定范围内，降低$O_2$浓度、升高$CO_2$浓度都有抑制果蔬呼吸，延缓后熟老化过程的作用，气调贮藏作为一种行之有效的果实贮藏保鲜方法在全世界得到了应用和推广。贮藏环境中的乙烯浓度对果实的成熟与衰老影响很大，应及时加以控制。

### 2. 化学药剂的应用

化学药剂是控制成熟与衰老的辅助措施之一。果蔬贮藏中常用的化学药剂有两大类：一类是杀菌防腐化合物，在果蔬采后使用可以减少或预防微生物引起的病害；另一类是调节成熟、衰老的化合物，主要是植物激素和人工合成的植物生长调节剂，在生理上可以起参与和干扰代谢的作用，对控制果实成熟与衰老有明显的效果。

### 3. 物理技术的应用

物理技术也是控制果蔬成熟与衰老的辅助措施之一。经过涂膜或辐射等物理技术处理后，能够延缓果蔬的成熟与衰老。

### 4. 生物技术的应用

果蔬采后生物技术的建立，为探索果蔬成熟衰老的本质以及有效调控这些产品采后成熟衰老过程，最终达到贮藏保鲜的目的展示出极大的前景。果蔬采后发生的一系列复杂的生理生化变化，都与成熟衰老相关基因的表达紧密相关。这些基因包括乙烯生物合成相关基因（如 *ACS*、*ACO* 基因）、乙烯受体蛋白（*ETR*）基因、果实软化相关基因（如 *PG*、*PE*、*EXP* 基因）等。采后生物工程中，常通过反义基因技术专一抑制上述成熟衰老相关基因的表达，从而定向改造果蔬产品的耐贮能力。如有学者将 *ACO* 反义基因转入番茄中，乙烯的生物合成大大降低，转基因番茄纯合子后代中乙烯合成仅为对照的 0.5%，果实不能正常成熟，不出现呼吸高峰，在室温下放置 90 ~ 120 天不变红、不变软，只有通过外源乙烯或丙烯处理后才能诱导呼吸高峰出现和果实成熟。

## 五、采后侵染性病害与控制

果蔬采收以后发生的病害可分为两大类：一类是由病原微生物侵染引起的侵染性病害；另一类是由非生物因素造成的生理性病害。其中侵染性病害是导致果蔬采后变质最重要的因素。

侵染性病害是由病原微生物侵染引起的病害，即通常所说的腐烂。被病原微生物侵染的产品定义为寄主，包括各类水果和蔬菜。只有病原微生物、寄主和适宜环境共存的情况下，侵染性病害才会发生。

### （一）病原菌种类

引起果蔬腐烂的病原菌包括真菌、细菌和病毒，但采后引起发生病害的病原菌绝大多数是真菌和细菌。其中，水果采后的侵染性病害大多由真菌引起，一般认为这与水果组织多呈酸性不利于细菌生长有关；而大多数蔬菜的腐烂则多由细菌引起。

许多引起采后病害的真菌和细菌来源于田间。每种果蔬可受到十几乃至几十种病原真菌的侵染，但只有少数几种最为典型。例如，由扩展青霉引起的苹果和梨的青霉病，由匍枝根霉引起的桃和杏的软腐病，由灰霉葡萄孢造成的葡萄和草莓的灰霉病，由指状青霉引起的柑橘绿霉病，由芭蕉刺盘孢引起的香蕉炭疽病，等。常见果蔬的采后真菌性病害见表2-8。

引起采后病害的细菌主要分属欧氏杆菌属（*Erwinia*）和假单胞杆菌属（*Pseudomonas*）。欧氏杆菌菌体为短杆状，不产生芽孢，革兰氏染色呈阴性反应，在有氧或无氧条件下均可生长。该属中可引起采后腐烂的有胡萝卜欧氏杆菌和菊欧氏杆菌两个种，主要引起大白菜、萝卜、辣椒、生姜等多种蔬菜发生软腐病。感病组织初为水浸状斑点，在适宜的条件下，病斑面积迅速扩大，最后导致组织全部软化溃烂，伴随产生不愉快的脓臭味。假单胞杆菌也不产生芽孢，革兰氏染色呈阴性反应，是好气性病原菌。该属中可引起采后腐烂的主要为边缘假单胞菌，可引起大多数叶菜类的软腐病，该属的致病症状与欧氏杆菌属的基本相似，但气味较弱。

表2-8　常见果蔬的采后真菌性病害

| 病原物 | 病害 | 寄主 |
| --- | --- | --- |
| 青霉属（*Penicillium*） | | |
| 指状青霉（*P. digitatum*） | 绿霉病 | 柑橘 |
| 扩展青霉（*P. expansum*） | 青霉病 | 仁果类、核果类、葡萄 |
| 意大利青霉（*P. italicum*） | 青霉病 | 柑橘 |
| 草酸青霉（*P. oxalicum*） | 青霉病 | 甜瓜 |
| 链格孢属（*Alternaria*） | | |
| 互隔交链孢（*A. alternata*） | 黑斑病 | 核果类、仁果类、葡萄、柿子、番木瓜、茄果类、瓜类、豆类、甘蓝、花椰菜、玉米、胡萝卜、马铃薯、甘薯、洋葱 |
| | 蒂腐病 | 鳄梨、芒果、番木瓜 |
| | 心腐病 | 苹果、梨 |
| 柑橘链格孢（*A. citri*） | 蒂腐病 | 柑橘 |
| 葡萄孢属（*Botrytis*） | | |
| 葱腐葡萄孢（*B. allii*） | 颈腐病 | 洋葱 |
| 灰霉葡萄孢（*B. cinerea*） | 灰霉病 | 仁果类、核果类、葡萄、柿子、柑橘、草莓、悬钩子、枇杷、茄果类、瓜类、豆类、甘蓝、大白菜、花椰菜、莴苣、胡萝卜、洋葱、蒜薹、马铃薯、甘薯、绿叶蔬菜 |
| 镰刀菌属（*Fusarium*） | | |
| 串珠镰刀菌（*F. verticillioides*） | 软腐病 | 火龙果、猕猴桃 |
| 尖孢镰刀菌（*F. oxysporum*） | 干腐病 | 洋葱、马铃薯 |
| 粉红镰刀菌（*F. roseum*） | 冠腐病 | 香蕉 |
| 串珠镰孢（*F. moniliforme*） | 霉心病 | 苹果、梨 |
| 地霉属（*Geotrichum*） | | |
| 白地霉（*G. candidum*） | 酸腐病 | 核果类、柑橘、荔枝、龙眼、甜瓜、番茄、辣椒 |
| 盘长孢属（*Gloeosporium*） | | |
| 白盘长孢（*G. album*） | 皮孔腐 | 仁果类 |
| 香蕉盘长孢（*G. musarum*） | 炭疽病 | 香蕉 |
| 多年生盘长孢（*G. perennans*） | 皮孔腐 | 仁果类 |

| 病原物 | 病害 | 寄主 |
|---|---|---|
| 刺盘孢属（*Colletotrichum*） | | |
| 葫芦科刺盘孢（*C. lagenarium*） | 炭疽病 | 瓜类 |
| 盘长孢状刺盘（*C. gloeosporioides*） | 炭疽病 | 鳄梨、芒果、番木瓜 |
| | 皮孔腐 | 番石榴、柑橘 |
| | 苦腐病 | 核果类、仁果类 |
| 芭蕉刺盘孢（*C. musae*） | 炭疽病 | 香蕉 |
| 腐霉属（*Pythium*） | 软腐病 | 茄果类 |
| 疫霉属（*Phytophthora*） | | |
| 柑橘褐腐疫霉（*P. citrophthora*） | 褐腐病 | 柑橘 |
| 致病疫霉（*P. infestans*） | 晚疫病 | 马铃薯、番茄 |
| 恶疫霉（*P. cactorum*） | 疫霉病 | 苹果、梨、草莓 |
| 丁香疫霉（*P. syringae*） | 疫霉病 | 苹果、梨 |
| 棕榈疫霉（*P. palmivora*） | 疫霉病 | 枇杷 |
| 根霉属（*Rhizopus*） | | |
| 匍枝根霉（*R. stolonifer*） | 软腐病 | 核果类、仁果类、葡萄、鳄梨、番木瓜、草莓、悬钩子、枣、茄果类、瓜类、豆类、胡萝卜、马铃薯、甘薯、洋葱、大蒜、绿叶蔬菜 |
| 米根霉（*R. oryzae*） | 软腐病 | 甜瓜 |
| 毛霉属（*Mucor*） | | |
| 高大毛霉（*M. mucedo*） | 软腐病 | 甜瓜 |
| 冻土毛霉（*M. hiemalis*） | 软腐病 | 番茄、草莓、悬钩子、甜瓜、玉米 |
| 梨形毛霉（*M. piriformis*） | 软腐病 | 番茄、草莓 |
| 核盘菌属（*Sclerotinia*） | | |
| 向日葵核盘菌（*S. sclerotiorum*） | 绵腐病 | 柑橘、悬钩子、茄果类、瓜类、豆类、绿叶蔬菜类、地下根茎类、结球蔬菜类 |
| 链核盘菌属（*Monilinia*） | | |
| 美澳型核果褐腐菌（*M. fructicola*） | 褐腐病 | 核果类、仁果类 |
| 果生链核盘菌（*M. fructicola*） | 褐腐病 | 核果类、仁果类 |
| 核果链核盘菌（*M. laxa*） | 褐腐病 | 核果类 |
| 枝孢霉属（*Cladosporium*） | | |
| 草本枝孢（*C. herbarum*） | 绿霉病 | 仁果类、核果类、葡萄、枣、番木瓜、无花果、番茄、辣椒、甜瓜 |

| 病原物 | 病害 | 寄主 |
|---|---|---|
| 拟茎点霉属（*Phomopsis*）<br>柑橘拟茎点霉（*P. citri*） | 茎端腐 | 柑橘 |
| 曲霉属（*Aspergillus*）<br>黑曲霉（*A. niger*） | 黑腐病 | 葡萄、番茄、甜瓜、玉米、洋葱、大蒜 |
| 单端孢属（*Trichothecium*）<br>粉红单端孢（*T. roseum*） | 粉霉病 | 核果类、仁果类、香蕉、鳄梨、番茄、甜瓜 |

注：引自饶景萍，2009。

### （二）病原菌侵染过程

病原菌从接触、侵入到引致寄主发病的过程称为侵染过程（简称病程）。病程一般分为四个阶段：侵入前期、侵入期、潜育期和发病期。

#### 1. 侵入前期

侵入前期是从病原菌与寄主接触，到病原菌向侵入部位生长或活动，并形成侵入前的某种侵入结构为止。病原菌通过各种途径（如振动、露珠等）进行传播，与寄主接触，并通过生长活动（如真菌休眠结构或孢子的萌发、芽管或菌丝体的生长、细菌的分裂繁殖等）进行侵入前的准备，到达侵入部位，侵入前期即完成。

这一时期病原菌除受寄主的影响外，还受到生物的和非生物的环境因素的影响。生物因素如果蔬表面存在的拮抗微生物、寄主分泌物、渗出物等可以明显抑制病原菌的活动；非生物因素中以湿度、温度对侵入前期病原菌的影响最大，所以，侵入前期是病原菌侵染过程中的薄弱环节，也是防止病原菌侵染的关键阶段。

#### 2. 侵入期

侵入期是从病原菌开始侵入起，到病原菌与寄主建立寄生关系为止。在侵染途径上，真菌大都是以孢子萌发以后形成的芽管或以菌丝通过自然孔口或伤口侵入，有些真菌还具有通过表皮细胞外缘的角质层直接侵入的能力，细菌则主要通过自然孔口和伤口侵入。

侵入期湿度和温度对病原菌的影响最为关键。湿度可左右真菌孢子的萌发、细菌的繁殖，同时还可影响果蔬愈伤组织的形成、气孔的开张度及保护组织的功能；温度则影响孢子萌发和侵入的速度。因此，控制贮藏环境适宜的湿度和低温对抑制病菌侵入起着至关重要的作用。

#### 3. 潜育期

潜育期指从病原菌侵入与寄主建立寄生关系开始，直到表现明显的症状为止。症状的出现就是潜育期的结束。有些病原菌侵入果蔬后，经过一定程度的发展，但由于果蔬抗病性强或由于其生理条件不利于病原菌的扩展，使病原菌呈潜伏状态而不表现症状，但随着果蔬的成熟、衰老，其抗病性减弱时，即可继续扩展并出现症状，这种现象称为"潜伏侵染"。最典型的潜伏性侵染病害有苹果的炭疽病、霉心病，香蕉的炭疽病等。

在一定范围内，温度对潜育期的长短影响最大，而此时湿度的影响则显得次要，因为病原菌已侵入寄主组织内部，可以从寄主获取充足的水分，所以不受外界湿度的干扰。一般地，温度越高潜育期就越短，在一定低温下，甚至可以完全抑制某些病原菌的繁殖扩展，使潜育期无限延长。不同病原菌对同一寄主，同一种病原菌对不同寄主，以及同一寄主的不同采后阶段，潜育期的长短均存在差异。通常采前侵入的潜育期较长，而采后侵入的则较短。

### 4. 发病期

发病期也称为显症期。寄主受到侵染后，从开始出现明显症状即进入发病期，此后，病害的症状表现越来越严重，寄主的抗性越来越微弱。随着症状的扩展，病原真菌在受害部位产生大量无性孢子，细菌性病害则在显症后病部产生脓状物，这些病部新产生的繁殖体会导致更严重的"二次侵染"的发生。高温和高湿条件均对发病期有利。

## （三）影响发病的因素

### 1. 机械损伤

果蔬贮运中发生的腐烂病害，多因组织遭受机械损伤而引起病原菌侵染所致。采收时所用工具的种类、人员素质的高低、操作的仔细程度等都直接关系到产品机械损伤的多少。粗放采收的果蔬在贮藏中造成的腐烂率可达70%～80%。采后的分级、打蜡、包装、运输、装卸等过程也会对产品造成不同程度的损伤。

### 2. 温度

温度对寄主、病原菌及病原菌的侵染过程均有明显的影响。

适宜的低温环境可强烈抑制果蔬的呼吸作用，抑制真菌孢子萌发和菌丝生长，减少侵染并抑制已形成的侵染组织的发展。如灰霉葡萄孢在5℃时到第7天旺盛生长，2℃时到第9天旺盛生长，0℃时到第12天旺盛生长，−2℃时到第17天旺盛生长。在适宜的低温环境下，还要注意维持稳定的低温环境。低温范围内温度的微小变化对微生物生长的影响比其他任何范围内温度波动的影响更明显。因此，低温贮藏的果蔬在低温解除后往往腐烂加重，使常温下货架期缩短。

若温度过低，会造成果蔬低温伤害，受害后的果蔬组织抗性大大降低，造成大量腐烂。如蒜薹的灰霉病、甜椒的灰霉病、番茄的酸腐病、苹果的青霉病等发病更严重。

适当的高温处理可以杀灭病原菌，如38～43℃热风处理洋葱数小时，可杀灭洋葱颈腐病菌；44℃水蒸气处理草莓30～60min，可防治葡萄孢菌和根霉引起的腐烂病害。但过度的高温处理会使果蔬产品组织受损、风味劣变。

### 3. 湿度

大多数新鲜果蔬贮运均要求高湿条件，而大多数真菌孢子的萌发也要求高湿度，尤其在有水滴存在时，萌发更快。此外，细菌的繁殖和游动，都需要在水滴里进行。有时湿度相差不大，而引起的效果却大不相同，如温度为−1.1℃时，灰霉葡萄孢的分生孢子在100%相对湿度下能够萌发，而在97%相对湿度下不能萌发。但对某些果蔬，如甘蓝、芹菜、韭菜等叶类蔬菜，以及甜橙等部分水果，在高湿环境下因病原菌侵染引起的腐烂反而比在相对湿度低的环境下轻。

### 4. 气体成分

一般认为，提高贮藏环境中$CO_2$浓度对菌丝生长有较强的抑制作用，且对真菌性腐烂的抑制优于对细菌性腐烂的抑制。但当$CO_2$浓度超过10%时，大部分果蔬即发生生理损伤，更容易感病加快腐烂。降低 $O_2$ 浓度可抑制真菌的生长。当 $O_2$ 浓度低于2%时，葡萄孢、链核盘菌和青霉菌的生长减弱。随着 $O_2$ 浓度由21%降至0%，由根霉造成的草莓腐烂率呈线性减少，但根霉菌丝并未死亡，一旦恢复正常气体组成又可继续生长。所以，仅仅靠增加 $CO_2$ 浓度或降低 $O_2$ 浓度达到抑制腐烂的目的是不够的。乙烯会促进果蔬成熟衰老，使产品抗病能力下降，因此，贮藏中还应注意控制乙烯的生成或采取脱除乙烯的措施。

### 5. 采收前田间病害侵染状况

采收前田间栽培管理、病虫害防治状况直接影响到果蔬带菌的种类及数量，尤其对于一些在贮运期间无再侵染的病害（如苹果炭疽病、霉心病，葡萄白腐病等），其发病严重程度基本取决于田间侵染状况。一些典型的采后病害如青霉菌等只能通过伤口侵入果蔬体内，但如果田间有大量这类病菌存在的话，采收时产品表面便会有许多病原菌孢子附着，病菌就很容易通过采收及采后处理过程中形成的各种伤口侵入产品内部，增大发病腐烂的机会。

### 6. 果蔬的生物学特性

不同种类和品种的果蔬抗病性差异很大。如浆果类和核果类果实易感染腐烂病，而仁果类发病较少。苹果霉心病多发生在萼筒开张大且长的元帅系品种；萼筒呈漏斗状、萼片长且翻卷的富士系也易发病；而萼筒半开张的金冠品种发病较轻；萼筒短而几乎闭合的祝光品种则不发生霉心病。

不同成熟度的果蔬对病菌的反应有差异。一般来说，幼果"不抗侵入抗扩展"，而成熟果则"抗侵入不抗扩展"。如一些潜伏性侵染病害，幼果期感病，成熟期显症。

不同种类的果蔬在受到机械损伤时，愈伤的难易程度差别很大。仁果类、瓜类、根茎类一般具有较强的愈伤能力，柑橘类、核果类、果菜类愈伤能力较差，浆果类、叶菜类受伤后一般不形成愈伤组织。愈伤能力强的果蔬在适宜的温度、湿度、通风条件下，轻微受伤部位可形成新的保护组织，抵御病菌侵入。而愈伤能力弱的果蔬，受伤后不愈合，伤口易感染病菌而引起腐烂。

## （四）侵染性病害综合防治措施

侵染性病害的防治是在充分掌握病害发生发展规律的基础上，抓住关键时期，预防为主，综合防治，多种措施合理配合，以达到防病治病的目的。

### 1. 农业防治

在果蔬生产中，采用农业措施，创造有利于果蔬生长发育的环境，注意增强产品本身的抗病能力，同时创造不利于病原菌活动、繁殖和侵染的环境条件，减轻病害的发生程度，这种方法称为农业防治。常用的措施有培育无病苗木、保持田园卫生、合理施肥、合理修剪、果实套袋与排灌等。另外，适期无伤采收，严格选果入库，合理包装，文明装卸，保持贮运场所的卫生和消毒，加强贮藏场所的温度、湿度、气体成分的管理等，对防治贮运病害也能起到间接或直接的作用。农业防治是最经济、最基本的病害防治方法。

### 2. 化学防治

使用杀菌剂杀死或抑制病原菌，对未发病产品进行保护或对已发病产品进行治疗；或利用植物生长调节剂和其他化学物质，提高果蔬抗病能力，防止或减轻病害造成损失的方法称为化学防治。化学防治要掌握病害侵入的关键时期，如许多果实产生褐腐病、黑腐病、酸腐病都是近成熟期才侵染发病的，防治的关键时期是果实着色期；对于贮藏期侵入的病害，则应将采前喷药与采后浸药相结合以降低带菌量，效果更好。

利用植物生长调节剂或其他化学物质提高产品抗病性，生长调节剂如2,4-D在柑橘贮藏上已广泛应用，赤霉酸（$GA_3$）、6-苄氨基嘌呤（6-BA）、多效唑等在果蔬贮藏保鲜中的作用也逐渐显现出来。其他化学物质如乙烯吸收剂高锰酸钾及一些涂膜剂等，对于延缓果蔬衰老、提高抗性、减少病菌入侵或发展也起到了一定作用。

### 3. 物理防治

控制贮藏环境中温度、湿度和空气成分的含量，或应用热力处理，或利用射线辐射处理等方法来防治果蔬贮运病害，均称为物理防治。物理防治具有无公害、不污染环境的特点，但辐射处理的安全性仍存在争议。

（1）控制温度

利用适宜的低温防病或采后热处理控制果蔬病害。适宜的低温可以提高产品本身的抗病能力，抑制病菌的生长、繁殖、扩展和传播，减少腐烂率。采后热处理是用热蒸汽或热水对果蔬进行短时间处理，为杀死或抑制果蔬表面病原菌及潜伏在表皮下的病原菌而采取的一种控制采后病害的方法。这种方法对于低温下易受冷害的热带、亚热带果蔬如芒果、番木瓜、番茄等效果较好。热水处理的有效温度为46～60℃，时间为0.5～10min；热空气处理的有效温度为43～54℃，时间为6～10min。热处理配合其他处理，如在热水中加入杀菌剂，则效果更佳。

（2）控制湿度

高湿度有利于病菌孢子萌发、繁殖和传播，如发生结露现象，腐烂更为严重。所以，入贮的果蔬不宜在雨天或雨后采收，若用药剂浸果，必须在晾干后方可包装入库。贮藏时，还要严格控制贮藏温度，以免温度上下波动过大而造成结露现象。

（3）气调处理

果蔬产品贮藏期间用高$CO_2$短时间处理，采用低$O_2$和高$CO_2$的贮藏环境条件对许多采后病害都有明显的抑制作用。特别是用高$CO_2$处理，如用30% $CO_2$处理柿子24h可以控制黑斑病的发生。

（4）辐射防腐

通常利用$^{60}$Co等放射性同位素产生的γ射线对贮藏前的果蔬进行照射，γ射线可穿透果蔬组织，消灭深层侵染的病原菌。

（5）紫外线防治

低剂量波长254nm的短波紫外线，如同激素或化学抑制剂及物理刺激因子一样，可诱导植物组织产生抗性，降低对黑斑病、灰霉病、软腐病、镰刀菌病的致病敏感性。

### 4. 生物防治

生物防治法就是利用有益生物及其代谢产物防治植物病害的方法。该方法具有不污染环境、无农药残留、不破坏生态平衡等特点。

（1）利用拮抗微生物防病

环境中具有相当丰富的抗生菌源，果蔬表面也存在天然拮抗菌，将天然产生于果蔬表面的拮抗菌用于果蔬腐烂的控制，效果更好。

（2）采后产品抗性的诱导

利用低致病力的病原菌或无致病力的病原菌，或其他无致病力的腐生菌，预先接种或混合接种在果蔬上，诱发果蔬对病菌的抗病性。研究认为，低致病力病原菌或非病原菌接种后会诱发寄主产生植物保卫素，或堵塞病原菌的侵入部位，或使寄主中的抗病物质如酚类化合物迅速积累，或增加了某些与抗病性有关的酶的活动。

## 六、采后生理性病害与控制

生理性病害的症状因病害种类而异，大多是在果蔬表面或内部出现凹陷、褐变、异味、不能正常成熟等，其发生的主要原因是采收前成长条件不良及采收后贮运环境中的温湿度失调、气体成分不当等。

### （一）冷害

冷害是指冰点以上的不适宜低温对果蔬产品产生的伤害。由于冷害不易及时发现，其症状往往在低温条件下表现，当产品从低温条件下转移到温暖环境后才出现，加上冷害后的产品易遭受病原菌的侵染，因此，冷害造成的果蔬采后损失颇为严重，应当引起足够重视。

#### 1. 冷害症状

果蔬遭受冷害后，症状随种类而异，常表现为表皮出现凹陷斑，表面出现水渍状斑点，表皮和内部组织发生褐变，不能正常后熟，腐烂。一些常见果蔬的冷害症状见表2-9。

表2-9 一些常见果蔬的冷害临界温度及症状

| 品种 | 冷害临界温度 /℃ | 症状 |
|---|---|---|
| 苹果 | 2.2～3.3 | 内部褐变，褐心，水浸状，表面烫伤 |
| 鳄梨 | 4.5～13 | 果肉灰褐色 |
| 桃 | 0～2 | 果皮出现水浸状，果心褐变，果肉味淡 |
| 香蕉 | 11.7～13.3 | 果皮出现水浸暗绿色斑块，表皮内出现褐色条纹，中心胎座变硬，成熟延迟 |
| 芒果 | 10～12.8 | 果皮色黯淡，出现褐斑，后熟异常，味淡，缺乏甜味 |
| 番石榴 | 4.5 | 果肉崩溃，腐烂 |
| 荔枝 | 0～1 | 果皮黯淡，色泽变褐，果肉出现水浸状 |
| 龙眼 | 2 | 内果皮出现水浸状或烫伤斑点，外果皮色变暗 |
| 柠檬 | 10～11.7 | 表皮下陷，油胞层发生干疤，心皮壁褐变 |
| 凤梨 | 6.1 | 皮色黯淡，褐变，冠芽萎蔫，果肉水浸状 |
| 红毛丹 | 7.2 | 外果皮和软刺褐变，不易转红 |
| 蜜瓜 | 7.2～10 | 凹陷，表皮腐烂 |

| 品种 | 冷害临界温度 /℃ | 症状 |
|---|---|---|
| 南瓜类 | 10 | 瓜肉软化，腐烂 |
| 黄瓜 | 4.4 ～ 6.1 | 表皮水浸状，变褐 |
| 木瓜 | 7.2 | 凹陷，不能正常成熟 |
| 白薯 | 12.8 | 凹陷，腐烂，内部褪色 |
| 马铃薯 | 3 | 红心，褐变，糖化 |
| 番茄 | 7.2 ～ 10 | 成熟时颜色不正常，水浸状斑点，变软，腐烂 |
| 茄子 | 7.2 | 表面烫伤、凹陷，腐烂 |
| 蚕豆 | 7.2 | 凹陷，赤褐色斑点 |
| 菜豆 | 1 ～ 4.5 | 锈斑，水浸状 |
| 秋葵 | 10.0 | 褐变，凹陷 |

### 2. 冷害的临界温度

果蔬冷害发生的温度一般在 0 ～ 13℃之间。不同果蔬的冷害临界温度存在差异。一般说来，原产于热带的果蔬，如香蕉、芒果、菠萝、红薯、番茄、甜椒、南瓜、冬瓜等对低温特别敏感，其冷害临界温度为 10℃左右；原产于亚热带的果蔬，如柑橘、茄子、马铃薯、佛手瓜等次之，冷害临界温度为 5 ～ 7℃；温带果实，如桃、苹果、梨等对低温有较好的耐受性，但部分品种在 0 ～ 2℃下也会遭受冷害。

### 3. 冷害发生的机制

冷害发生的机制主要是由于果实处于临界低温时，其氧化磷酸化作用明显降低，引起以 ATP 为代表的高能量短缺，细胞组织因能量短缺而分解，细胞膜透性增加，结构系统瓦解，功能被破坏，在角质层下积累了一些有毒的、能穿过渗透性膜的挥发性代谢产物，导致果实表面产生干疤、异味，并增加对病害的易感性。一般冷害只影响外观，不影响食用品质。

### 4. 影响冷害发生的因素

（1）内部因素

一是种类和品种。不同种类的果蔬对冷害的敏感性不同，同一种类不同品种对冷害的敏感性也存在差异。一般晚熟品种冷害临界温度较低，而早熟的较高。例如，晚熟哈密瓜的冷害临界温度为 1 ～ 3℃，中熟的为 3 ～ 5℃，早熟的为 5 ～ 7℃。即使同一品种，由于生长环境的不同，临界温度也不一样。一般生长在冷凉地区的果蔬由于膜脂中不饱和脂肪酸比例较高，其冷害临界温度就会偏低。二是成熟度。通常，成熟度低的果实对低温较敏感，而成熟度高的果实对冷害就不太敏感。

（2）外部环境因素

影响冷害发生的外部环境因素有温度、湿度和空气成分。对于温度而言，低于冷害临界温度时间越长，冷害发生率越高；低于冷害临界温度，温度越低，冷害发生严重程度越大。对于湿度而言，对出现水浸状斑点或凹陷的冷害产品，低湿度会加速表面凹陷的出现。空气成分对果蔬冷害发生的影响没有明显的规律性，高浓度及低浓度$O_2$都会加重冷害发生，一般认为$O_2$浓度为7%时安全。$CO_2$浓度过高也会诱导冷害发生。

### 5. 冷害的控制

防止冷害的最好方法是掌握果蔬的冷害临界温度，不要将果蔬长时间地置于临界温度以下的环境中。另外，减轻冷害要加强果蔬在改变温度时的适应能力，或采用各种处理以防止冷害的发生，或使冷害降到最低限度。

（1）温度预处理

温度预处理是在冷藏前将产品放在略高于冷害临界温度或在较高温度（20～60℃）下放置一段时间，然后再在低温下贮藏，从而提高产品抗冷性的一种温度调控方法。此法又可分为低温预贮、分段降温和高温处理三种。低温预贮即将产品在略高于冷害临界温度下预贮一段时间，以减轻后续冷藏时冷害的发生；分段降温即分不同的阶段使产品降温，可比上述的低温预贮更有效地减轻冷害；高温处理即将果实放在较高温度条件下进行短时间（一般12～48h）热处理，然后再进行贮藏。

（2）间歇升温

间歇升温处理是指在冷藏期间进行一次或数次的短期升温、中断低温，以减轻冷害发生的一种方法。通过多次的升温降温循环，可不断缓解冷害的影响。

（3）气调贮藏

适当提高$CO_2$浓度，降低$O_2$的浓度有利于减轻冷害。气调贮藏可减轻桃、油桃、菠萝、鳄梨、葡萄柚、番木瓜和西葫芦等果实冷害的发生。如在0℃气调贮藏并且每隔30天间歇加温2天的桃和油桃果实贮藏140天后，在18～20℃下后熟时很少发生内部褐变；而一直贮藏于0℃中的果实，63天后转移至室温下后熟时即发生严重的内部褐变。

（4）提高湿度

接近100%的相对湿度可以减轻冷害症状，相对湿度过低则会加重冷害症状。采用塑料薄膜包装和打蜡等涂膜处理，可以保持贮藏环境的相对湿度，减少冷害。

（5）化学药物处理

利用化学方法处理冷藏的果蔬以减少冷害，效果较好的为乙氧喹啉和氯化钙。前者是苹果表面烫伤病的抑制剂，后者可减轻番茄、鳄梨等果实的冷害。

## （二）冻害

冻害是指冰点以下的低温对果蔬产品产生的伤害。它对果蔬的伤害主要是冻结形成的冰晶体对细胞的机械损伤和原生质脱水。冻害对果蔬形成的伤害往往是不可逆的，大部分果蔬产品在解冻后也不能恢复原状。

### 1. 冻害症状

冻害的症状主要表现为组织呈透明或半透明状，有的组织产生褐变，解冻后汁液外流，伴随异味产生等。轻微的冻伤不至于影响产品品质，但严重者不仅完全失去食用价值，而且还会导致腐烂。

### 2. 影响冻害发生的因素

果蔬产品是否容易发生冻害与其冰点有直接关系。所谓冰点是指果蔬组织中水分冻结的温度，大多数果蔬的冰点在-1.5～-0.7℃范围内。果蔬产品的冰点温度一般比水的冰点（0℃）要低，这是由于细胞液中有一些可溶性物质（主要是糖类）存在，可溶性物质含量越高，冰点温度越低。不同果蔬产品的冰点温度不同，常见果蔬产品的冰点温度见表2-10。

表2-10　常见果蔬的冰点温度

| 果蔬种类 | 冰点温度 /℃ | 果蔬种类 | 冰点温度 /℃ |
|---|---|---|---|
| 苹果 | −1.1 | 菠萝 | −1.1 |
| 梨 | −1.6 | 椰子 | −0.9 |
| 桃 | −0.9 | 莴苣 | −0.2 |
| 胡桃 | −5.0 | 甜椒 | −0.7 |
| 李 | −0.8 | 黄瓜 | −0.5 |
| 杏 | −1.1 | 芹菜 | −0.5 |
| 甜樱桃 | −1.8 | 韭菜 | −0.7 |
| 柿子 | −2.2 | 胡萝卜 | −1.4 |
| 草莓 | −0.8 | 萝卜 | −1.1 |
| 无花果 | −2.4 | 茄子 | −0.8 |
| 鳄梨 | −0.3 | 番茄 | −0.6 |
| 葡萄 | −1.3 | 大蒜 | −0.8 |
| 柑橘类 | −1.1 | 洋葱 | −0.8 |
| 香蕉 | −0.6 | 蘑菇 | −0.9 |
| 芒果 | −0.9 | 菠菜 | −0.3 |
| 番木瓜 | −0.9 | 马铃薯 | −0.6 |
| 甜瓜 | −1.2 | 甘薯 | −1.3 |
| 西瓜 | −0.4 | 甘蓝 | −0.9 |
| 树莓 | −1 1 | 花椰菜 | −0.8 |

### 3. 冻害的控制

冻害的发生一般是贮运温度控制不当造成的，因此控制贮运温度在冰点温度以上，或避免长时间处于冰点以下是防止冻害的关键。为了减少冻害的发生，应掌握果蔬产品的最适贮藏温度，严格控制贮运环境温度，避免冰点以下低温的影响。如对靠近蒸发器的产品进行覆盖；在通风库贮藏时，当外界温度低于0℃时，应减少通风。产品发生轻微冻害时，最好不要移动，以免损伤细胞，应就地缓慢升温，使细胞间隙中的冰晶融化成水，重新被细胞吸收。

## （三）气体成分伤害

### 1. 低 $O_2$ 伤害

气调贮藏时，$O_2$ 调节和控制不当，造成 $O_2$ 含量过低，会使果蔬发生缺氧，导致呼吸失常和无氧呼吸，产生的中间产物如乙醛、乙醇等有毒物质在细胞组织内逐渐积累，造成中毒从而出现病变。低 $O_2$ 伤害的主要症状是果蔬表皮组织局部塌陷、褐变、软化，不能正常成熟，产生酒精和异味。

## 2. 高 $CO_2$ 伤害

贮藏环境中 $CO_2$ 过高而导致的果蔬生理失调称为高 $CO_2$ 伤害。高 $CO_2$ 伤害的症状与低 $O_2$ 伤害相似,主要表现为果蔬表面或内部组织或两者都发生褐变,出现褐斑、凹陷或组织脱水萎蔫甚至形成空腔等。多数果蔬适宜的 $CO_2$ 浓度为 3%～5%,当浓度过高,一般超过 10% 时,就会使一些代谢失调,造成伤害。常见果蔬引起高 $CO_2$ 伤害和低 $O_2$ 伤害的临界浓度见表 2-11。

表 2-11　常见果蔬引起高 $CO_2$ 伤害和低 $O_2$ 伤害的临界浓度

| 水果种类 | 高 $CO_2$ 伤害临界浓度 /% | 低 $O_2$ 伤害临界浓度 /% | 蔬菜种类 | 高 $CO_2$ 伤害临界浓度 /% | 低 $O_2$ 伤害临界浓度 /% |
|---|---|---|---|---|---|
| 苹果 | 3～7 | 2 | 甘蓝 | 5 | 2 |
| 洋梨 | 5 | 2 | 花椰菜 | 5 | 2 |
| 桃 | 5 | 2 | 莴苣 | 1～2 | 2 |
| 油桃 | 5 | 2 | 甜椒 | 5 | 3 |
| 意大利李 | 20 | 2 | 黄瓜 | 10 | 3 |
| 杏 | 4 | 2 | 芹菜 | 2 | 2 |
| 樱桃 | 10 | 2 | 韭菜 | 15 | 3 |
| 柿子 | 5 | 3 | 胡萝卜 | 4 | 3 |
| 草莓 | 20 | 3 | 茄子 | 7 | 3 |
| 无花果 | 20 | 2 | 番茄 | 10 | 3 |
| 鳄梨 | 5～14 | 5 | 大蒜 | 10 | 1 |
| 葡萄 | 5 | 5 | 洋葱 | 10 | 1 |
| 柑橘类 | 5 | 5 | 蘑菇 | 20 | 1 |
| 香蕉 | 3 | 2 | 菠菜 | 20 | 3 |
| 芒果 | 5 | 5 | 马铃薯 | 10 | 10 |
| 番木瓜 | 5 | 5 | 甜薯 | 3 | 7 |
| 干果 | 100 | 0 | 甜玉米 | 20 | 2 |

注：引自刘新社和杜保伟,2014。

果蔬高 $CO_2$ 伤害受 $O_2$ 浓度的制约很大。在 $O_2$ 浓度较高时,即使 $CO_2$ 达到贮藏果蔬的生理极限浓度,也不会发生 $CO_2$ 伤害;相反,在 $CO_2$ 尚未达到生理极限浓度时,如果 $O_2$ 浓度很低,就有可能导致果实发生 $CO_2$ 伤害。所以在气调贮藏时, $CO_2$ 和 $O_2$ 之间存在着相互制约与协同的双重关系。此外,贮藏温度和时间在一定程度上也会影响到果蔬对 $CO_2$ 和 $O_2$ 浓度的敏感度。

## 3. $SO_2$ 伤害

$SO_2$ 常作为杀菌剂被广泛用于果蔬贮藏库消毒和产品(主要是葡萄)的防腐处理。

但$SO_2$熏蒸消毒库房时浓度过高或消毒后通风不彻底，易引起入贮果蔬中毒现象，如出现漂白或变褐，形成水渍斑点、微微起皱，严重时以气孔为中心形成许多坏死小斑点，布满果面，皮下果肉坏死，深约0.5cm。以葡萄为例，生产上使用的葡萄保鲜剂的主要成分是焦亚硫酸盐，焦亚硫酸盐遇水会大量释放$SO_2$，当贮藏温度波动过大而产生露珠时，常造成$SO_2$的大量释放，使葡萄从果蒂端开始漂白，随贮藏时间的延长，漂白部分逐渐向果实顶部转移，葡萄风味变劣，伴有强烈的$SO_2$气味，丧失食用价值。

### 4. $NH_3$伤害

大型商业化冷库多以$NH_3$作为制冷剂，在生产中由于管道腐蚀或接口不严常会发生泄漏。如果冷库内$NH_3$积累到一定程度就会对产品造成伤害，其最为典型的症状就是使产品迅速褐变。例如，$NH_3$在几分钟之内就会使百合鳞茎由白色变为浅褐色，随着时间的延长或$NH_3$浓度的增加，浅褐色的鳞茎又会进一步转变成深褐色。

## （四）其他生理伤害

### 1. 高温伤害

果蔬采后常会遇到高温环境。高温会引起细胞膜系统的损伤，常造成呼吸速率增加，后熟衰老速度加快，从而缩短贮运期。当环境温度高于果蔬器官和组织对温度的最大承受能力时，即造成高温伤害。对香蕉和番茄来说，大于35℃的持续高温还会减少内源乙烯的释放，使产品不能正常后熟。香蕉表现为不能有效转黄，番茄合成番茄红素的能力明显降低。有些果蔬采收以后要进行热水或热蒸汽处理，但如果处理温度过高或时间过长则会导致产品烫伤，表现为表皮不同程度发生褐变。

### 2. 高湿伤害

贮藏期间如果空气相对湿度超过产品可以忍耐的上限，也会对果蔬造成高湿伤害。例如，过高的相对湿度会导致苹果贮藏后期的果皮开裂，造成果肉外露；柑橘在高湿度下易产生浮皮，导致油胞吸水膨胀，皮肉分离，果肉失水。

### 3. 营养失调伤害

矿物质营养元素过量或缺乏都会引起果蔬生理失调。如氮素过量会使组织疏松，口味变淡，还会导致西瓜白硬心，使苹果在贮藏中诱发虎皮病；缺钙会造成苹果发生苦痘病、水心病，柑橘发生浮皮病，西瓜发生脐腐病，胡萝卜裂根，莴苣叶尖灼伤等；甜菜缺硼会产生黑心；番茄果实缺钾不能正常后熟。因此，加强田间管理，做到合理施肥、灌水，采前喷营养元素，对防治营养失调非常重要。同时，采后浸钙对防治苹果的苦痘病也非常有效。

部分果蔬常见生理病害及症状见表2-12。

表2-12 部分果蔬常见生理病害及症状

| 种类 | 生理病害 | 症状 |
| --- | --- | --- |
| 苹果 | 红玉斑点病 | 以皮孔为中心的表皮斑点在贮藏温度较高时发生 |
| | 褐烫病 | 初期病部果皮呈不明显、不整齐淡黄色斑块，后颜色加深，病部稍凹陷且起伏不平，组织变绵，并带有酒味 |
| | 水心病（蜜果病） | 果肉出现半透明区域，在贮藏过程中变为褐色 |

| 种类 | 生理病害 | 症状 |
|---|---|---|
| 梨 | 黑心病 | 果心及周围果肉变为褐色，组织疏松 |
| | 颈腐病 | 连接果柄与果心的维管束颜色由褐变黑 |
| | 果皮褐斑 | 果皮上的灰色斑转为黑色，在贮藏早期发生 |
| | 贮藏期褐斑 | 贮藏期过长，果实上形成褐色斑 |
| 葡萄 | 贮藏期褐斑 | 白葡萄果皮上出现褐色斑 |
| 柑橘 | 贮藏期褐斑 | 果皮上出现褐色凹陷状斑 |
| 桃 | 毛绒病 | 赤褐色，果肉干枯 |
| 李子 | 冷藏伤害 | 果皮和果肉出现褐色凝胶 |
| 西瓜 | 脐腐病 | 果实脐部呈水浸状，暗绿色或深灰色，严重时变为暗褐色，顶部呈扁平或凹陷状，一般不腐烂 |
| 大白菜 | 干烧心病 | 外观无异常，内部自心部向外多层叶片发褐发苦 |
| | 脱帮 | 外部叶片脱落，叶色变黄，若被微生物侵染会腐烂 |

# 第三章

# 果蔬商品化处理与运输

## 第一节　采收

　　采收是果蔬生产的最后一个环节，也是贮运加工开始的第一个环节。采收时产品的品质直接影响采后贮藏的效果及产品的加工性能。果蔬采收的原则是适时、无伤。做好采收工作，关键在于掌握适宜的采收期及选择合适的采收方法。

### 一、采收期的确定

　　果蔬采收时要有适宜的成熟度。采收过早，不仅产品的大小和质量达不到标准，而且色泽及风味等也不好，贮藏中容易失去水分，易发生生理病害；采收过晚，产品已经成熟衰老，也不耐贮藏和运输。果蔬产品的采收适宜时期主要由采收成熟度决定，其次要考虑产品的生理特点、采后用途、运输距离、贮藏时间和销售时间等。一般有呼吸高峰的果实要在呼吸跃变到来之前采收；就地销售、短距离运输的产品，可以适当晚采；长期贮藏、远距离运输的产品，应该适当早采。

　　果蔬的成熟度可分为生理成熟度和园艺成熟度（商业成熟度）。生理成熟度指植株或产品器官已经发育到可以繁殖后代时的成熟度；商业成熟度指植株或产品器官已经发育到消费者可接受或可用于一些特殊用途时的成熟度。不同产品器官在不同的发育阶段都可能达到商业成熟度，特别是一些蔬菜，如豌豆、萝卜等，其不同的器官，依照其鲜食、加工等不同目的可在不同时期采收。

　　判断果蔬产品成熟度的方法主要有以下几种：

### （一）表面色泽

　　果蔬成熟过程中，表面色泽会发生明显的变化。一般果实在成熟前果皮中含有大量的叶绿素，多呈现绿色，成熟时呈现出其特有的色泽。例如，苹果、桃等成熟时变为红色，柑橘成熟时呈现为红色或橙黄色。虽然表面色泽能反映果蔬的成熟度，但颜色的变化容易受到光照、温度、湿度等环境条件的影响，有些果实在成熟前也会显色，有的果实已经成熟却未显色。所以判断成熟度，不能全凭表面色泽，还应结合其他因素综合考虑。果蔬色泽的变化可以通过感官观察，也可以借助果实底色比色板、色差仪和分光光度计等设备对其成熟度进行客观判断。

## （二）硬度和坚实度

果实的硬度是指果肉抵抗外界压力的强弱，抗压力越强，果实的硬度就越大；反之，果实的硬度越小。一般未成熟的果实硬度较大，达到一定成熟度时变得柔软多汁，硬度下降。硬度的变化可以用果实硬度计测定。现在国家统一使用1kgf/$cm^2$❶表示硬度值。一般短期贮藏用的红富士采收时的硬度为5.90 ~ 6.81kgf/$cm^2$，长期贮藏用的为6.36 ~ 7.26kgf/$cm^2$。元帅系列品种供长期贮藏的果实采收硬度为7.14kgf/$cm^2$。

一般情况下，蔬菜不测硬度，而是用坚实度来表示其发育状况。有些蔬菜坚实度大时，表示发育良好、充分成熟和达到采收的质量标准，如甘蓝的叶球和花椰菜的花球都应在坚硬、致密紧实时采收，此时产品品质好，耐贮性强。但也有一些蔬菜，其坚实度大时表示品质下降，如莴笋、芥菜应该在叶变得坚硬以前采收，黄瓜、茄子、凉薯、豌豆、甜玉米等都应该在幼嫩时采收。

## （三）果实脱落的难易程度

核果类和仁果类果实成熟时，果柄和果枝间形成离层，只要轻轻托起果实或稍加转动即可脱落，所以可将果实脱落的难易程度作为成熟度的一个标准。但有些果实如柑橘，萼片与果实之间离层的形成比成熟期迟，也有一些果实因受环境因素的影响而提早形成离层，对于这些果品，不宜将果实脱落的难易作为成熟的标志。

## （四）成熟特征

不同的果蔬在成熟过程中会表现出许多不同的特征。例如，香蕉未成熟时果实的横切面为多角形，充分成熟时果实饱满，横切面为圆形；莴苣达到成熟时，茎顶与最高叶片尖端相平；南瓜表皮上霜且出现白粉蜡质，表皮组织硬化时达到成熟；豆类蔬菜、丝瓜、黄瓜等应在种子膨大硬化之前采收；冬瓜在表皮上茸毛消失，出现蜡质白粉时采收；还有一些产品器官生长在地下，如生姜、洋葱、大蒜、马铃薯等鳞茎、块茎类蔬菜，则可根据地上部分植株的生长情况来判断成熟度，当地上部开始变黄、倒伏时，为最适采收期。

## （五）生长期

不同品种的果蔬从开花到成熟都有一定的生长时期，各地可以根据当地的气候条件和经验得出适合当地采收的平均生长期。例如，苹果早熟品种生长期一般为100天，中熟品种一般为100 ~ 140天，晚熟品种一般为140 ~ 175天。

---

❶ 1kgf/$cm^2$=98.0665kPa

## （六）主要化学物质的含量

果蔬中的主要化学物质有糖、酸、淀粉、维生素等。果蔬产品在生长、成熟过程中，其主要化学物质含量在不断发生变化，可根据这些化学物质的含量及变化来判断果蔬的采收成熟度，常用的指标有可溶性固形物含量、有机酸含量、糖酸比和固酸比。一般随着果实成熟，含糖量逐渐增加。可溶性固形物中主要是糖分，实际测定中，多用可溶性固形物含量作为含糖量的参考，其含量越高，成熟度往往也越高。总糖含量与总酸含量的比值称为糖酸比；可溶性固形物含量与总酸含量的比值称为固酸比，它们可以用于衡量果实的风味及判断其成熟度。猕猴桃果实在果肉可溶性固形物含量为6.5%～8%时采收较好；柠檬在含酸量最高时采收较好；苹果在糖酸比为30～35时采收，果实酸甜适宜，风味浓郁，鲜食品质好；四川甜橙以固酸比不低于10：1作为采收成熟度的标准；美国甜橙将糖酸比为8：1作为采收成熟度的低限标准。糖和淀粉含量也常作为蔬菜成熟度判断的指标，如甜玉米、青豌豆和菜豆等以实用幼嫩组织为主的蔬菜，应以糖含量高、淀粉含量少时采收品质较好；马铃薯、甘薯、芋头则应在淀粉含量多时采收，不仅更耐贮藏，而且加工时出粉率高。

此外，跃变型果实在开始成熟时乙烯含量急剧上升，根据这个原理，也可通过测定果实中乙烯的含量来确定采收期。目前，美国密歇根州立大学已研究出了便携式的乙烯测定仪，使果实成熟度的确定更加科学可靠。

总的来说，果蔬产品由于种类繁多、特性各异，不同产品收获的器官也不同，所以成熟采收标准难以统一。生产上应根据不同种类、品种、生物学特性、生长情况、气候条件、栽培管理等因素综合考虑。同时，应从调节市场供应、贮藏、运输和加工的需要以及劳力的安排等方面确定适宜的采收期。

## 二、采收方法

果蔬采收除了掌握适当的成熟度外，还要注意采收方法。果蔬的采收主要有人工采收和机械采收两种方式。

### （一）人工采收

手摘、刀割、剪切、挖刨等方法都属于人工采收的方法。常用的采收工具有采果剪、采果梯、采果袋、采果篮、采果筐等。人工采收需要的劳动量大，增加了生产成本，但由于人工采收灵活性很强，可以针对不同种类、不同成熟度的产品，及时进行分批分次采收和分类处理，还能在采收时做到轻拿轻放，最大限度地保留果柄，减少机械损伤，保证产品的质量。因此，目前世界各国鲜食和贮藏用的果蔬产品，人工采收仍然是最主要的方式。

具体的采收方法应根据果蔬种类而定。如，成熟的苹果和梨，其果梗和短果枝间产生离层，可以直接用手采摘，采收时用手掌将果实向上一托即可自然脱落；而柑橘、葡萄等果实的果柄与枝条不易脱离，采收时需要用采果剪剪取，通常采用复剪法；采收香蕉时，用刀先切断假茎，使其慢慢倒下，然后小心切断果轴；对于地下根茎类蔬菜，如萝卜、胡萝卜、大蒜、洋葱、山药等，一般用锹或锄挖，有时也用犁翻，挖刨时要小心，尽量避免产品受到伤害；甘蓝、大白菜收割时宜留2～3片叶作为衬垫；芹菜收割时应注意叶柄要连在基部。

## （二）机械采收

机械采收的优点是采收效率高，节省劳动力，降低采收成本，可以改善工人的工作条件。但机械采收不能进行选择采收，采收的产品损伤严重，影响产品的质量和耐贮性。目前，机械采收主要用于以加工为目的的果蔬产品或能一次性采收且对机械损伤不敏感的产品，大多数果蔬产品都还不能完全采用机械采收。目前常用的机械采收方法主要有以下几种：

### 1. 振动法

适用于那些成熟时果梗与果枝之间形成离层的果实。一般使用强风压或强力振动机械，迫使果实从离层分离脱落，需提前在树下布满柔软的帆布垫或传送带，盛接果实并自动将果实送入分级包装机内。为便于机械采收，采收前常喷洒果实催熟剂和脱落剂，如乙烯利、萘乙酸等。

### 2. 撞击法

采用不同类型的撞击部件撞击果枝，将果实振落。如梨采收机采用由液压系统控制的橡胶棒撞击；门式高架采收机采用桨叶式撞击部件，适用于篱壁式栽植或矮化密植的果树，或加工用葡萄的采收；擂杆撞击式采收机是使擂杆端部的衬垫头靠在树枝上，发出断续的撞击，适用于枝干刚硬老树的采收。

### 3. 台式机械

台式机械是利用自动升降式、悬挂式的机械采果平台辅助人工采收果实，提高了人工采收效率。

### 4. 地面拾取

地面拾取是用机械将落在地面上的果实拾起来，适用于核桃、巴旦杏、山核桃和榛子等有坚硬果壳的种类。这种机械包括两个滚筒，前面的一个滚筒离地面1.7～2.5cm，顺时针转动，后面的一个滚筒离地面0.64～1.77cm，逆时针转动，两个滚筒同时转动，将果实拾到收集器里。这种方法适用于平地，收集前应将地面的树枝、落叶和小石块等杂物清除，以利于果实的顺利拾起。

### 5. 挖掘

适用于地下根茎类蔬菜，常采用挖掘机采收，并配有收集器、运输带，边收边送往运输工具上，以便及时运出田间，要求成熟度一致。

## 三、采收时的注意事项

① 采收人员要剪平指甲，必要时戴手套，采收过程中做到轻拿轻放、轻装轻卸。

② 采收前，将所需的人力，果剪、果袋、果箱、车辆等采收工具、包装容器及运输工具准备充足。

③ 采收应在晴天早晨露水干后进行，避免在雨天和正午采收。如炎热的夏天，因中午温度高，田间热不易散发，会促使果实衰老及腐烂，叶菜类则会迅速失水而萎蔫，因此不宜采收。

④ 采果顺序应按照"先下后上、先外后内"逐渐进行，否则，常会因上下树或搬动梯子而碰伤果实，降低其品质和等级。

⑤ 根据采收产品的不同选择合适的周转容器，如纸箱、木箱、麻袋等；周转容器大小需适中，过小盛装量太小，周转次数多，太大则容易造成底部产品的压伤。

# 第二节　采后商品化处理

果蔬采后商品化处理是指保持或改进果蔬产品质量并使之由初级产品转化为商品所采取的一系列处理的总称，包括采后挑选、清洗、分级、预冷、防腐、打蜡、催熟、包装等过程。以有效降低果蔬产品采后发生不利的生理过程，延长贮藏寿命，提高商品价值。

## 一、挑选与清洗

### （一）挑选

果蔬产品在生长期间，往往由于外界因素的影响而出现一些不符合该品种特性的果实，如受到微生物的侵染而出现病斑，受强风或暴雨影响而导致机械损伤或裂果，由于花期或生长时气候的影响而导致果实过小或成熟度过低或过高等，这些产品如果进入后续的采后处理或贮藏和运输场所，不但增加采后处理及贮藏和运输成本，而且会影响产品品质，并可能成为侵染源导致附近产品大量的腐烂。因此，在采后应就近尽快进行挑选，剔除病虫害果、裂果、机械损伤果、变色果、腐烂果、畸形果等。对这些残次产品应及时进行处理，以降低成本。挑选时要注意轻拿轻放，避免对产品造成新的机械伤害。

### （二）清洗

清洗是采用浸泡、冲洗、喷淋等方式水洗或用干毛刷刷净某些果蔬产品，特别是块根、块茎类蔬菜，除去黏附着的污泥，减少病原菌和农药残留，使之清洁卫生，符合商品要求和卫生标准。果蔬产品在清洗过程中应注意洗涤水必须清洁，还可加入适量的杀菌剂，如次氯酸钠、漂白粉等。产品清洗后，清洗槽中的水含有很多真菌孢子，要及时更换。如果将清洁剂和保鲜剂配合使用，还可进一步降低果实在贮运过程中的损失。清洗方法可分为人工清洗和机械清洗。人工清洗是将洗涤液盛入已消毒的容器中，调好水温，将产品轻轻放入，用软毛巾、海绵或软质毛刷等迅速洗去果面污物。机械清洗可用清洗机。清洗机的结构一般由传送装置、清洗滚筒、喷淋系统和箱体组成。水洗后必须进行干燥处理，除去游离水分。

## 二、分级

分级是果蔬产品采后商品化、标准化的一个重要手段，是根据果蔬产品的大小、质量、色泽、形状、成熟度、新鲜度和缺陷等商品性状以及化学成分含量等指标，按照一定的标准分成不同等级的操作过程。

### （一）分级的目的及作用

分级可以使产品的商品性状大体趋于一致，便于包装、贮藏、运输和销售，利于合理定价；分级还能推动果蔬栽培技术发展和产品质量的提高；通过分级，可以剔除有病虫害和机械损伤的产品，减少贮藏中的损伤。

## （二）分级标准

我国把果蔬标准分为国家标准、行业标准、地方标准和企业标准4级。

### 1. 水果的分级标准

我国现有的果品质量标准约有16个，其中苹果、梨、香蕉、鲜龙眼、柑橘、核桃、板栗、红枣等都已制定了国家标准。此外，还制定了一些行业标准，如香蕉销售标准、梨销售标准、出口鲜甜橙标准、鲜柠檬标准等。部分省（自治区、直辖市）（如山东、陕西）也制定了鲜苹果的地方标准。水果分级标准因种类品种而异。我国目前的水果分级标准规定，在果形、新鲜度、颜色、品质、病虫害和机械损伤等方面已符合要求的基础上，再按大小进行分级，即根据果实横径的最大部分直径，分为若干等级。如我国鲜苹果一般是按果形、色泽、硬度、果梗、果锈、果面缺陷等方面进行分级。按果实最大横切面直径（即果径）大小将果实分为优等品、一等品、二等品三个等级。其中，优等品和一等品的果径为大型果≥70mm，中小型果≥60mm（标准号为GB/T 10651—2008）。

### 2. 蔬菜的分级标准

蔬菜的分级很难有一个固定统一的标准，这是由于其食用部位不同，成熟标准不一致，所以，只能按照对各种蔬菜品质的要求制定个别的标准。我国蔬菜分级标准较多的是按形状、新鲜度、颜色、品质、病虫害和机械损伤度等综合品质标准分等，每等按大小或质量分级。有些标准则是兼顾品质标准和大小或质量标准提出分级。如番茄、马铃薯、花椰菜、莴苣、芦笋、草莓、胡萝卜等多是按最大直径进行分级；西芹、莴苣、甘蓝、西兰花等形状不规则的按质量分级；蒜薹、豇豆、甜脆豌豆和荷兰豆等按长度分级；辣椒按最大截面积直径和长度分级。

## （三）分级方法

### 1. 人工分级

人工分级是最常用的分级方法，能最大程度地减轻果蔬的机械伤害，适用于各种果蔬，但工作效率低，级别标准严格性不高。这种分级方法有两种：一是以人的视觉判断作为分级标准，按果蔬的颜色、大小将产品分为若干级。用这种方法容易受主观因素影响，视觉误差大。二是用选果板分级，选果板上有一系列直径大小不同的孔，根据果实横径和着色面积的不同进行分级。分级比较规范、严谨，人为性较小，适合多种球形果实（图3-1）。

### 2. 机械分级

机械分级即借助一系列机械设备，按照不同的等级规格要求来进行分级的方法。机械分级最大的优点就是工作效率高，适用于不易受伤的果蔬产品。机械分级常和人工分级结合进行，使分级结果更加一致。目前国内外已研制出了各种分级设备，一些设备已投入生产中应用，大大提高了分级效率。果蔬的机械分级设备主要有以下几种：

（1）形状分级设备

按照果蔬的形状大小（直径、长度等）进行分选。有机械式和光电感应式等不同类型。机械式分级设备多是以缝隙或筛孔的大小将产品分级（图3-2）。当产品通过由小逐级变大的缝隙或筛孔时，小的先分选出来，最大的最后选出。适用于柑橘、李、梅、樱

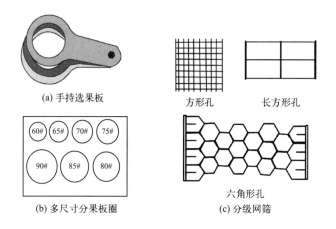

(a) 手持选果板

方形孔　　　长方形孔

(b) 多尺寸分果板圈

六角形孔

(c) 分级网筛

**图3-1　各种选果板**

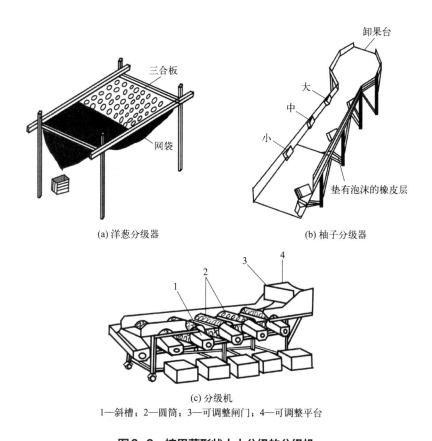

(a) 洋葱分级器

(b) 柚子分级器

(c) 分级机

1—斜槽；2—圆筒；3—可调整闸门；4—可调整平台

**图3-2　按果蔬形状大小分级的分级机**

桃、洋葱、马铃薯、胡萝卜、慈姑等果蔬。光电感应式分级设备有多种类型，有的利用产品通过光电系统时的遮光大小，测量产品外径大小；有的利用红外线扫描、数码摄像拍摄产品照片，用三维图像处理技术，计算出产品的面积、直径、弯曲度和高度等外观指标，进行产品分级。光电感应式分级设备克服了机械式分级设备易损伤产品的缺点，适用于黄瓜、茄子、番茄、菜豆等果蔬，但它是一种智能化分级设备，不易被普通操作者掌握。

（2）质量分级设备

质量分级设备根据产品的质量与预先设定的质量进行比较而达到分级目的。质量分级设备有机械秤式和电子秤式等类型。机械秤式分级设备是将产品放在固定在传送带上可回转的托盘里，当托盘移动到装有不同质量等级固定秤的分口处时，称重，如果托盘内果实的质量达到固定秤设定的质量时，托盘翻转，果实即落下进入接收装置。机械秤式分级设备虽然精度较高，但不断卸下产品会对其产生伤害，而且噪声较大。电子秤式分级设备的工作原理与机械秤式分级设备基本相似，仅将一次只能分选一种质量产品的固定秤换成了一次可分选多个质量产品的固定秤，节约了安装在传送带上的电子秤，简化了装置，提高了工作效率。质量分级设备仅适球状果蔬产品，如苹果、梨、杏、桃、番茄、西瓜、甜瓜、洋葱等。

（3）颜色分级设备

果实的颜色与成熟度和品质密切相关。彩色摄像机和电子计算机处理RG（红、绿）二色型装置可用于番茄、柑橘和柿子的分级，能同时判别出果实的颜色、大小以及表皮有无损伤等。当果实随传送带通过检测装置时，由传送带两侧的两架摄像机拍摄。果实的成熟度可根据其表面反射的红色光和绿色光的相对强度进行判断；果实的大小以最大直径代表；表面损伤的判断是将图像分割成若干小单位，根据分割单位反射光的强弱算出损伤的面积。红、绿、蓝三色型机则可用于色彩更为复杂的苹果的分选。

## 三、防腐与打蜡

果蔬产品经过挑选、清洗、分级后，还应进行防腐、打蜡处理，可以杀灭产品表面的病原微生物，改善商品外观，减少水分蒸发，抑制呼吸代谢，延缓衰老，保持产品的新鲜度。

### （一）防腐

保鲜防腐处理是利用天然或人工合成化学物质的特性来达到贮藏的效果，主要是一些杀菌剂物质和植物生长调节物质，其他还包括钙处理、壳聚糖处理、复方卵磷脂保鲜剂处理。果蔬采后常用的杀菌剂及用法见表3-1。常用的植物生长调节物质如第二章第二节所述。

表3-1　采后常用杀菌剂的性能及用法

| 杀菌剂 | 使用剂量 | 使用方法 | 允许残留/（mg/kg） | 备　注 |
|---|---|---|---|---|
| 次氯酸 | 700～5000mg/L 有效氯 | 喷、洗 | — | 清洗及场地消毒 |
| 咪鲜胺 | 250～1000mg/L | 浸、喷 | — | 对炭疽病等效果好 |
| 噻菌灵 | 500～1000mg/L | 浸、喷 | 2～10 | 连续用药对青绿霉易产生抗性，4种药有交互抗性反应。欧盟针对苯菌灵的安全性问题，提出停用意见 |
| 苯菌灵 | 500～1000mg/L | 浸、喷 | 5～10 | |
| 硫菌灵 | 500～1000mg/L | 浸、喷 | 5～10 | |
| 多菌灵 | 500～1000mg/L | 浸、喷 | 1～10 | |

| 杀菌剂 | 使用剂量 | 使用方法 | 允许残留 / ( mg/kg ) | 备 注 |
|---|---|---|---|---|
| 2- 氨基丁烷 | 25 ～ 200mg/L | 洗、浸、喷、熏蒸 | 20 ～ 30 | 柑橘青绿霉、蒂腐、炭疽 |
| 双胍辛 | 1000mg/L | 浸、喷 | 0.1 ～ 5 | 对白地霉（酸腐病）有特效 |
| 抑霉唑 | 500 ～ 1000mg/L | 浸、喷 | 5 ～ 10 | 对抗苯菌灵的青绿霉有效 |
| 异菌脲 | 500 ～ 1000mg/L | 浸、喷 | 2 ～ 10 | 在英国用于水果和叶菜采后处理 |
| 联苯 | 2% | 药纸、熏蒸 | 70 ～ 110 | 包装材料消毒 |
| 邻苯基苯酚钠（SOPP） | 0.2% ～ 2% | 浸、洗 | 10 | 洗果及包装材料消毒 |
| $SO_2$ | 1% | 熏蒸或缓慢释放 | 10（国际）、30（国内） | 葡萄、龙眼等采后处理 |
| 山梨酸 | 2% | 浸洗、喷洒 | 500 | 抑制酵母、霉菌、好气性细菌的生长 |

## （二）打蜡

果蔬产品表面有一层天然的蜡质保护层，往往在采后处理或清洗中受到破坏。人为地在果品表面涂上一层果蜡的方法称为打蜡，又称为涂膜。

### 1. 打蜡的目的及作用

打蜡可以增加果蔬产品的光泽，改善外观品质，提高商品价值；打蜡能够适当堵塞产品表面的气孔和皮孔，对气体的交换起到一定的阻碍作用，从而抑制产品的呼吸，减缓养分损耗和延缓产品后熟，类似气调贮藏；打蜡能够减少水分蒸腾，减少失水；打蜡还可以抑制病原菌的入侵，减少腐烂发生，若蜡中加入防腐剂，防腐效果更佳；此外，对减轻表皮的机械损伤也有一定的作用。

### 2. 蜡液的组分及应用效果

蜡剂的种类很多，目前商业上使用的大多数蜡剂都是以食用石蜡和巴西棕榈蜡混合作为基础原料的，食用石蜡可以很好地控制失水，而巴西棕榈蜡能使果实产生诱人的光泽。还可以在蜡剂中加入化学防腐剂，制成各种配方的复合剂，既起保鲜作用又起防腐作用。

随着人们健康意识的不断增强，以无毒、无害、天然物质为原料的打蜡剂逐渐被研制开发出来。例如，日本用淀粉、蛋白质等高分子溶液加上植物油制成混合涂料，喷在新鲜柑橘和苹果上，干燥后可在产品表面形成有很多直径为0.001mm的小孔的薄膜，抑制果实的呼吸作用，延长贮藏时间3 ～ 5倍。美国戴科公司生产的果亮是一种可食用的果蔬涂膜剂，用它处理果蔬后，不仅可提高产品外观品质，还可防治由青霉菌、绿霉菌引起的腐烂。德国用蔗糖-甘油-棕榈酸酯混合液涂膜剂处理香蕉，可明显减少果实失水，延缓衰老。我国自20世纪70年代起也开发研制了紫胶、果蜡等涂料，在西瓜、黄瓜、番茄等瓜果上使用效果良好。目前还在积极研究用多糖类物质，如葡甘聚糖、海藻酸钠、壳聚糖等作为涂膜剂。

### 3.打蜡的方法

打蜡的方法可分为浸涂法、刷涂法和喷涂法三种。浸涂法是将膜剂配成适当浓度的溶液，将果实浸入溶液中，一定时间后取出晾干即成。此法耗费膜溶液多，而且不易掌握涂膜的厚度。刷涂法是用细软毛刷或柔软的泡沫塑料蘸上涂膜溶液，然后将果实在刷子之间辗转擦刷，使产品涂上一层薄的涂料膜（图3-3）。喷涂法是等产品由洗果机内送出干燥后，喷上一层均匀而极薄的涂料。新型的喷蜡机大多与洗果、干燥、喷涂、低温干燥、分级、包装成件等工序联合配套进行。打蜡涂被处理可用人工或人工与机器配合的方式进行。国外由于劳动力缺乏及需要商品化处理的果蔬数量大，一般使用机器打蜡；我国许多地方还在使用手工打蜡。

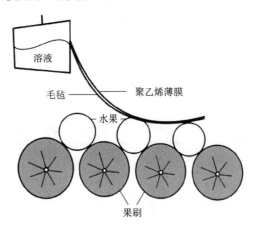

**图3-3　果实涂蜡装置示意图**

### 4.打蜡应注意的事项

打蜡厚度应均匀、适量，过厚会引起呼吸失调，导致一系列生理生化变化，果实品质下降；涂膜剂本身必须安全、无毒、无损人体健康，成本低廉，材料易得，便于推广；涂膜处理只是产品采后一定期限内商品化处理的一种辅助措施，只能在上市前进行处理或作短期贮藏、运输，否则会给产品的品质带来不良影响。

## 四、预冷

预冷是指果蔬在贮藏或运输之前迅速去除田间热，将产品温度降低到接近运输和贮藏要求温度的过程。

### （一）预冷的目的及作用

果蔬产品采收时体温接近环境气温，带有大量的田间热，呼吸代谢旺盛，后熟衰老速度快，易腐烂变质。预冷可以降低呼吸活性，延缓衰老进程，减少水分损伤，最大限度保持产品新鲜性，还可减轻冷藏库、冷藏车（船）等的制冷负荷和温度波动。预冷最好在产地进行，要求尽快降温，必须在收获后24h之内达到降温要求。预冷不及时或不彻底，都会增加产品采后损失的风险。有研究指出，苹果在常温下（20℃）延迟1天，就相当于缩短冷藏条件下（0℃）7～10天的贮藏寿命，由此可见预冷对保证果蔬良好贮运效果的重要性。

### （二）预冷的方法

果蔬预冷的方法主要有空气冷却、水冷却、冰冷却和真空冷却等方法。

#### 1. 空气冷却

空气冷却是使冷空气迅速流经产品周围使之冷却，分为自然降温冷却和强制通风冷却两种形式。

（1）自然降温冷却。将采收后的果蔬产品放在阴凉通风的地方，利用夜间低温，使之自然冷却，翌日气温升高前入贮。这种方法预冷时间长，受环境条件影响大，难以达到产品所需要的预冷温度，但简便节能，是生产上常用的方法之一。

（2）强制通风冷却。将采收后的果蔬产品放入预冷室中，利用制冷设备和风机产生强制冷空气循环，当冷空气经过果蔬表面时将其热量带走，从而达到降温的目的。这种方法与自然降温相比冷却速度快，但是投资和能耗较大。

#### 2. 水冷却

水冷却是以冷水为介质的一种冷却方式，水比空气的热容量大，当果蔬产品表面与冷水充分接触，产品内部的热量迅速传至体表面而被水吸收。冷却用水有低温冷水（0～3℃）、井水或自来水，水预冷装置有喷淋式或喷雾式、浸渍式和混合式等几种。水冷却所需时间较短、成本低，其冷水流量与冷却速度成正比，一般在20～50min内就可达到预冷温度，并可减少产品水分损失，适用于很多叶类蔬菜的预冷。但需注意的是，预冷水应符合卫生标准，产品预冷后应及时将水沥干，循环水要经常更换，冷水机系统应定期消毒，以避免产品受到病原菌污染引起腐烂。

#### 3. 冰冷却

冰冷却是利用天然冰、人造冰直接接触产品，从而降低品温。预冷方式是在装有产品的容器中放入细碎的冰，通过冰的融化吸收热量，带走产品释放的田间热。该法操作简单，不需特殊设备，成本低，但预冷效果一般，应用规模小，容易使产品发生冷害或冻害，只适用于与冰接触不产生伤害的产品或需要田间立即进行预冷的产品，如菠菜、花椰菜、甜玉米、苹果等。

#### 4. 真空冷却

真空冷却是将果蔬放在真空罐内，迅速抽出空气和水蒸气，随着气压下降，水的沸点也相应下降，产品表面的水会在真空负压下蒸发而实现冷却降温。压力减小时，水分蒸发加快，因此真空冷却降温速度极快，通常只需15～30min便可达到预冷的目的。在真空冷却中，大约温度每降低5.6℃失水量为1%，短时间内存在水分散失现象，可能会使果蔬品质受到影响。为了避免产品的水分损失，在进行真空预冷前应该往产品表面喷水，这样既可以避免产品水分损失，也有助于迅速降温。真空喷雾预冷设备就是根据这种需要而产生的。

真空冷却的效果主要与果蔬的比表面积、产品组织失水的难易程度以及真空罐内抽真空的速度成正比，因此该法主要适用于比表面积大的叶菜类产品，如莴苣、生菜、菠菜等。此外，真空冷却成本高，适用于经济价值较高的产品预冷。

## 五、催熟与脱涩

### （一）催熟

催熟是指利用人工方法加速果蔬成熟或促使其成熟进程一致的技术。果蔬在采收时成熟度往往不一致，有时为了提早上市，或为了长途运输的需要而提前采收，为了保障这些产品在销售时达到完熟程度，确保其最佳品质，常采取催熟措施。催熟处理多用于香蕉、苹果、洋梨、猕猴桃、番茄、蜜露甜瓜、菠萝、柿子等果蔬。

#### 1. 催熟的条件

果蔬的后熟是一系列极其复杂的生理生化变化的过程，所以催熟需具备一定条件。首先，催熟的果实必须达到一定的生理成熟；其次，要有适宜的催熟剂、温度、湿度以及充足的 $O_2$ 等环境条件。

（1）催熟剂

乙烯、丙烯、乙炔、乙醇等化合物对果蔬均有催熟作用，其中以乙烯及能够释放乙烯的化合物"乙烯利"应用最普遍，它们适用于各种果蔬的催熟处理。

（2）环境条件

乙烯催熟处理措施必须在密闭环境中进行。温度是催熟的首要条件，过高或过低都会抑制酶的活性，一般认为 $21 \sim 25℃$ 是果蔬催熟的适宜温度。保持空气中有充足的 $O_2$ 含量是催熟不可缺少的条件，但过多 $O_2$ 的累积也会抑制催熟。因此，需要每隔一段时间对催熟室通风换气，再密闭输入乙烯。环境湿度在催熟中也不可忽视，湿度过低，产品会失水萎蔫；湿度过高，产品又易染病腐烂。一般相对湿度以 $85\% \sim 90\%$ 为宜。由于催熟环境的温度和湿度都比较高，致病微生物容易生长，因此要注意催熟室的消毒。

#### 2. 常见果蔬产品的催熟方法

（1）香蕉的催熟

将绿熟香蕉放入密闭环境中，保持 $18 \sim 22℃$ 温度和 $90\%$ 的相对湿度，向催熟室内加入 $1\mu L/L$ 乙烯，或者用 $2g/L$ 乙烯利溶液喷洒在香蕉上，处理 $24 \sim 28h$ 后打开通风，当果皮稍微发黄时取出即可。一般经过 $3 \sim 4$ 天香蕉就可变黄。此外，还可以用熏香法，将香蕉装在竹篓中，置于密闭的蕉房内，点线香30支，保持室温 $21℃$ 左右，密闭 $20 \sim 24h$ 后打开，$2 \sim 3h$ 后将香蕉取出，放在温暖通风处 $2 \sim 3$ 天，香蕉的果皮由绿变黄，涩味消失而变甜变香。香蕉催熟时应注意温度和湿度的控制，如果温度超过 $25℃$，会出现青皮熟，即果肉软化，但果皮仍为青绿色，影响商品外观，而湿度过低，催熟后的香蕉果皮无光泽。

（2）番茄的催熟

将绿熟番茄放在温度为 $20 \sim 25℃$ 和相对湿度为 $80\% \sim 90\%$ 的条件下，用 $0.1 \sim 0.15g/m^3$ 的乙烯处理 $48 \sim 96h$，果实可由绿变红。也可直接将绿熟番茄放入密闭环境中，保持温度为 $22 \sim 25℃$ 和相对湿度为 $90\%$，利用其自身释放的乙烯催熟，但是采用这种方法催熟的时间较长。

（3）芒果的催熟

为了便于运输和延长芒果的贮藏期，芒果一般在绿熟期采收，在常温下 $5 \sim 8$ 天自然黄熟。为了使芒果成熟速度趋于一致，尽快达到最佳外观，有必要对其进行催熟处理，可利用粉末状乙烯利进行催熟。具体做法：按每千克果实需 $1g$ 乙烯利的量，将乙烯利放置在纸巾上，将纸巾卷成球状后放置于芒果箱中心位置，密封纸箱，将芒果箱置于25～30℃的环境中，3天左右就会成熟。

（4）柑橘的脱绿

一般早熟的柑橘品种在果皮完全绿色时就可采摘上市；但一些晚熟品种成熟时由于田间气温偏低而不易脱绿，采后果皮仍然呈青绿色，影响销售。上市前可以人为地进行脱绿处理。密封室内保持温度为25～30℃、相对湿度为80%～90%，并保持20～100mg/m³的乙烯浓度，经过2～3天，果实就能脱绿。$CO_2$体积分数一般不宜超过1%，处理果实数量较大时，需要对室内进行适当通风，避免由于$CO_2$过高或者$O_2$过低而影响脱绿效果。用乙烯利代替乙烯对柑橘进行脱绿处理时，乙烯利的使用质量浓度为2000mg/L左右。这种处理方法简便易行，但若使用不当，易引发果实的腐败病害。

## （二）脱涩

脱涩主要是针对柿果而言，柿果分为甜柿和涩柿两大品种群，我国以栽培涩柿品种居多。涩柿中含有较多的单宁物质，且大多数以可溶状态存在，食用时单宁细胞破裂，可溶性单宁物质流出，与口腔的黏膜蛋白质结合，产生强烈的涩味，因此采后不能立即食用，必须经过脱涩处理才能上市。柿果的脱涩就是将体内的可溶性单宁通过与无氧呼吸产生的中间产物如乙醛等缩合，变为不溶性单宁的过程。根据上述原理，可以采取各种方法使果实发生无氧呼吸，使单宁物质变性脱涩。

### 1.影响脱涩的因素

（1）品种

单宁含量高，乙醇脱氢酶活性低的品种较难脱涩。

（2）成熟度

随着果实成熟度的提高，单宁含量逐渐减少，脱涩更容易。因此，成熟果实催熟所需要的时间比未成熟的短。

（3）温度

温度的高低直接影响果实的呼吸作用。温度高，呼吸作用强，醇、醛类物质产生多，容易脱涩；温度低，呼吸作用弱，醇、醛类物质产生少，不易脱涩。同时，温度影响乙醇脱氢酶的活化程度。在45℃以下，随着温度升高该酶活性增强，将乙醇转化为乙醛的能力增大，可加速脱涩。45℃以上，随着温度升高，酶的活性逐渐受到抑制，脱涩也不易进行。

（4）化学物质的浓度

在一定浓度范围内，能使柿果脱涩的化学物质浓度越大，脱涩越快。如用乙烯利催熟，浓度愈大，后熟脱涩愈快。但乙烯浓度过大，促使糖分解，则味变淡；用酒精脱涩时，酒精过量，会使果面变褐，产生刺激性异味。

### 2.脱涩方法

（1）温水脱涩

将柿子浸泡在40℃左右的温水中，利用较高的温度和缺氧条件，使果实产生无氧呼吸，20h左右，柿子即可脱涩。温水脱涩的柿子肉质较硬，颜色美观，风味可口，是当前农村普遍使用的方法，但用此法处理的柿子存放时间不长，容易腐败。

（2）混果脱涩

将柿果与少量的苹果、梨、木瓜等果实或其他新鲜树叶如松、柏、榕树叶等混装在密闭的容器内，它们产生的乙烯可以起到催熟脱涩的作用。在20℃室温下，经过4～6天即可脱去涩味，上述各种水果的芳香物质还能改善柿子的风味。

（3）酒精脱涩

将35%～75%酒精或白酒喷洒于柿果表面，用量为5～7mL/kg，将果实放入密闭容器中，在室温下3～5天，即可脱涩。

（4）石灰脱涩

将涩柿浸入7%的石灰水中，经3～5天即可脱去涩味，果实脱涩后，质地脆硬，不易腐烂。

（5）高$CO_2$脱涩

当前大规模的柿子脱涩方法是用高$CO_2$处理。将柿果放入密闭塑料大帐中，通入$CO_2$使其浓度达到并保持在60%～80%，当温度为40℃左右时，10h即可脱涩，当温度为25～30℃时，1～3天即可脱涩。用此法处理的柿子，质地脆硬，可存放较长时间，成本也低。

（6）干冰脱涩

将干冰包好放入装有柿果的容器内，密封24h后将果实取出，在阴凉处放置2～3天即可脱涩。处理时不要让干冰接触果实，每千克干冰可处理50kg果实。用此法处理的果实质地脆硬，色泽鲜艳。

（7）乙烯及乙烯利脱涩

将柿果放入催熟室内，通入$1000mg/m^3$的乙烯，保持温度18～21℃和相对湿度80%～85%，2～3天后即可脱涩；或用250～500mg/L的乙烯利喷果或蘸果，4～6天后也可成熟脱涩。用这种方法处理后柿果质地软，风味佳，色泽鲜艳，但不宜贮藏和长距离运输，需就地销售。

## 六、包装

### （一）包装的目的及作用

包装是使果蔬产品标准化、商品化，保证安全运输和贮藏，便于销售的重要措施。合理、适宜的包装可以使果蔬产品在运输中保持良好的状态，减少因互相摩擦、碰撞、挤压而造成的机械损伤，减少病害蔓延和水分蒸发，避免果蔬产品散堆发热而引起腐烂变质，起到保鲜作用。适当包装还可以改善外观，提高商品附加值。

### （二）包装容器的种类和规格

果蔬的包装容器按其用途可分为运输包装、贮藏包装和销售包装。适合果蔬的包装容器主要有纸箱、塑料箱、木箱、泡沫箱和筐类，一些质地比较坚硬的产品也可以使用麻袋和网袋等。包装容器需要具有一定的承压能力、透气性、防潮性和安全性。包装的规格大小和容量因产品的种类不同而异。世界各国都有本国相应的果蔬包装容器的标准。东欧国家采用的包装箱标准一般是600mm×400mm和500mm×300mm，包装箱的高度根据给定的容量标准来确定，易伤果蔬每箱不超过14kg，仁果类不超过20kg。我国出口的鸭梨，每箱净重18kg，纸箱规格有60、72、80、120、140个等（每箱鸭梨的个数）。

果蔬包装的过程中，为了增强包装容器的保护功能，经常需要使用一些辅助的包装材料，主要有包果纸、瓦楞纸板、衬垫物、抗压托盘等。易失水的产品在包装容器内加上塑料衬或打孔塑料袋。

### （三）包装方法

在现代产品包装中，水果一般采用定位放置法或制模放置法。定位放置法是使用一种带有凹坑的特殊抗压垫，凹坑的大小根据果实的大小来设计，每个凹坑放置一个果实，放满一层后在上面再放一个带凹坑的抗压垫，使果实能够分层隔开。定位包装能有效减少果实损伤，但包装速度慢、费用高，适用于那些价值高的果蔬产品包装。制模放置法是将果实逐个放在固定位置上，使每个包装都能有最紧密的排列和最大的净质量，包装的容量是按果实个数计量的。叶菜和茎菜类蔬菜应采用扎捆包装。

## 七、其他处理

### （一）愈伤

愈伤是指采后给果蔬提供高温、高湿和良好的通风条件，使其轻微伤口愈合的过程。特别是块茎、块根和鳞茎类蔬菜产品，在采收的过程中常会造成一些机械损伤，从而引起腐烂。采用愈伤处理，可以使轻度受伤组织得以修复愈合，从而阻止病原菌侵染。常见的愈伤方式主要有田间愈伤、通风棚愈伤、加热愈伤、应急愈伤四种方式，可根据具体情况选择适宜的愈伤方式。

愈伤是伤口处周皮细胞的木栓化过程，要求一定的温度、湿度和通气条件，其中温度对愈伤的影响最大。在适宜的温度下，伤口愈合快而且愈合面比较平整；温度过低，愈合缓慢，愈伤时间长；温度过高，促使伤口部分水分流失，组织干缩影响伤口愈合。不同果蔬产品愈伤时的条件要求有所差异，表3-2列举了几种产品的最佳愈伤条件。

表3-2　几种果蔬产品的最佳愈伤条件

| 果蔬种类 | 温度 /℃ | 相对湿度 /% | 愈伤时间 / 天 |
|---|---|---|---|
| 马铃薯 | 15～20 | 90～95 | 5～10 |
| 甘薯 | 30～32 | 85～90 | 4～7 |
| 山药 | 32～40 | 90～100 | 1～4 |
| 木薯 | 30～40 | 90～95 | 2～5 |
| 洋葱、大蒜 | 35～45 | 60～75 | 1 |

注：引自饶景萍，2009。

### （二）晾晒

晾晒处理也称贮前干燥，或者萎蔫处理，是指采收下来的果蔬，经初选及药剂处理后，置于阴凉处或太阳下，在干燥、通风良好的地方进行短期放置，使其外层组织失去部分水分，以增进产品贮藏性的处理。主要应用于柑橘、哈密瓜、大白菜及葱蒜类蔬菜等产品，是提高贮藏效果的重要处理措施。

柑橘贮藏后期容易出现枯水现象，特别是宽皮柑橘表现更加突出。如果将果实在贮藏前于干燥、冷凉、通风的场所放置一段时间，使其质量减轻3%～5%，可明显减轻贮藏后期枯水病的发生。

我国北方一些地区在贮藏大白菜时，晾晒是必不可少的处理，因为大白菜含水量高，采后如果直接贮藏，贮藏过程中呼吸强度高，脱帮、腐烂严重，损失很大。采后进行适当的晾晒，使产品失重5%～10%，即达到菜棵直立但外叶垂而不折的程度，可以减少机械损伤和腐烂，延长贮藏时间。但是晾晒不可过度，否则不仅会造成质量损失，促进水解反应，还会刺激乙烯产生，导致叶柄脱离，降低白菜的贮藏性。

### （三）虫害控制

果蔬产品在进出口贸易时，往往需要根据进口国的要求进行检疫处理，符合进口国的检疫条件后才能通关。因此，出口国必须根据进口国的要求，出口前对产品进行适当的杀虫处理。商业上常用的虫害控制方法主要有如下几种。

#### 1. 熏蒸处理

熏蒸处理是虫害控制常用的方法。该方法使用方便，价格便宜，但存在潜在的环境和人身安全问题。目前报道的熏蒸剂有溴甲烷、磷化氢、氰化氢、柠檬醛、甲酸乙酯等。其中溴甲烷是采后虫害控制的最常用熏蒸剂。根据蒙特利尔协议和美国的清洁空气行动法案，发达国家在2005年、发展中国家在2015年淘汰溴甲烷的使用，但协议规定溴甲烷可以在检疫和特殊环境中使用。磷化氢熏蒸常应用在干果和坚果上，但被认为是潜在的致癌物，今后可能会禁止使用。氰化氢曾经应用于控制柑橘果实上的加州红圆疥。据相关研究报道，柠檬醛熏蒸对猕猴桃病原菌葡萄座腔菌具有较强的抑制作用，抑制率为81.63%。甲酸乙酯熏蒸结合冷处理可用于火龙果杰克贝尔氏粉蚧的控制。

#### 2. 低温处理

许多害虫都不能忍耐低温，故可用低温方法消灭害虫。例如，美国检疫部门对中国进口的荔枝规定的低温处理条件为，在1.1℃下连续处理14天后才允许进入美国市场。

#### 3. 高温处理

20世纪20～30年代开始就已大规模地使用热蒸汽作为地中海果蝇的检疫处理，并一直沿用至今。例如，芒果用43℃热蒸汽处理8h，可控制墨西哥果蝇；香蕉在52℃热水中浸泡20min，可控制橘小果蝇和地中海果蝇。

#### 4. 辐射处理

射线辐射可减少果实害虫的危害，如用250Gy剂量的γ射线辐射芒果可杀死种子内部的害虫，300Gy剂量的γ射线可以杀死荔枝果实中的蒂蛀虫幼虫。

## 第三节　果蔬的运输

近年来随着我国经济的飞速发展，果蔬运输日趋频繁，受到了前所未有的重视。果蔬产品采收后，除了少部分就地销售外，大量产品需要转运到城市和贸易集中处销售。运输是果蔬生产与消费之间的桥梁，是果蔬商品流通中必不可少的重要环节，通过运输能够达到调剂市场、满足供应、互补余缺的目的。运输是动态贮藏，要在运输途中保持产品品质和延长其采后寿命，与做好果蔬适时采收、采后处理、预冷、包装、装卸、运输途中环境条件的控制、运输方式和运输工具的合理选择，以及组织工作等都有着密切的关系。

## 一、运输的基本要求

新鲜果蔬与其他商品相比，外界条件对其影响较大，运输要求较为严格。为减少运输过程中造成的损失，要求做到快装快运、轻装轻卸、防热防冻三点基本要求。

### （一）快装快运

果蔬采摘后仍不断地进行呼吸作用，消耗自身营养物质去维持生命活动，营养物质消耗越多，品质下降就越快。果蔬产品在整个装、运过程中消耗时间越长，越不利于产品的品质保持。因此，运输过程中要加快装卸速度，改善搬运条件，缩短运输时间，使果蔬能迅速抵达目的地，最大程度减少营养消耗。

### （二）轻装轻卸

果蔬产品含水量高，属于鲜嫩易腐性货物，从生产到销售要经过很多次的集聚和分配，在搬运、装卸中稍一碰压，就可能造成损伤，导致腐烂。因此，运输装卸时应严格做到轻装轻卸。

### （三）防热防冻

各种果蔬产品都有其适宜的保鲜温度要求。温度过高，果蔬呼吸强度增加，衰老加快；温度过低，产品容易遭受冷害和冻害。运输过程中还应使果蔬处于相对稳定的温度条件下，避免温度波动太大造成果蔬表面结露，继而诱发微生物侵染。现代很多运输工具都配备了调温装置，如冷藏卡车、铁路的加冰保温车和机械保温车、冷藏轮船和控温调气的冷藏气调集装箱等，若不能使用现代化交通工具运输，则必须重视利用自然条件和人工管理来防热防冻。

## 二、运输的方式和工具

依据运输路线的不同，果蔬产品的运输方式可分为陆路运输、水路运输和空中运输。陆路运输包括公路和铁路运输两种。水路运输又包括河运和海运两种。不同运输方式的优缺点是相对的、互补的，因此它们各有一定的地位和作用，又各有其局限性。各种运输方式所完成的自生产地到消费地的运输过程，是一个运输系统工程，有些是由一种运输方式完成的，而更多的是通过几种运输方式联合完成的。在果蔬产品的运输中，要充分发挥各种运输方式的长处，做到合理运输，使产品从产地到消费地的运输过程中完成五个"最"，即走最短的路程，用最快的时间，经最少的环节，以最小的消耗，选择最经济合理的运输路线和运输工具，完成运输任务。

### （一）公路运输

公路运输是我国最重要和最常见的中、短途运输方式。公路运输的优点是投资少，机动灵活，能减少转运次数，缩短运输时间，可迅速直达目的地，深入目前尚无铁路的中小城镇、工矿企业、农村及偏远地区。但公路运输成本高，载运量小，耗能大，劳动生产率低。

目前在我国，冷藏汽车数量较少，大量果蔬产品的公路运输是由普通汽车或厢式汽车承担的。但随着经济的发展，保温汽车和冷藏汽车运输的比例将逐年上升。

### 1. 普通汽车或厢式汽车

普通汽车或厢式汽车较冷藏汽车而言具有成本低、运输量大的优点，但普通汽车运输时运输条件难以控制，果蔬质量不易得到保障，长途运输更是如此。所以，普通汽车运输果蔬时应注意以下问题：

① 防超载。超载不仅威胁行车安全，而且也影响果蔬产品的质量，特别是对于下层的产品，容易出现压伤、裂伤、内部变质等现象。

② 防冻害。冬季气温较低，果蔬运输途中容易发生冻害。果蔬产品在低温条件下产生的呼吸热很少，不足以抵御空气的寒冷。需要用棉絮、草席、海绵等物品在车的上下四周垫盖防寒，且尽量在气温较高的白天运输，运输时间不宜过长。

③ 防高温。在炎热的夏季，气温可达30℃以上，运输时产品需预冷，夜间运输，防止暴晒，向车厢顶部不断淋水，确保车厢通风透气良好。

④ 防雨淋。雨淋之后会影响包装容器的支持力和产品的质量，要防止雨淋。

⑤ 选择道路。应尽可能走高等级公路或高速公路，避免产品受到塞车和剧烈振动影响。

### 2. 保温汽车

保温汽车无调温设备，只具有良好的隔热厢体，宜在中、短途运输中采用。装载前货物必须预冷，并且不能长距离运输，以免升温过快。保温汽车的设计，一定要注意顶盖和箱底的保温层加厚。在保温车厢的外面刷上白色的油漆，可以有效地反射辐射热，减少升温。

### 3. 冷藏汽车

冷藏汽车具有制冷设备，适宜用于远距离运输。根据制冷方式，可分为机械制冷、液氮或干冰制冷、蓄冷板制冷等。冷藏汽车运输，一般费用较高，所以装载较满。这就会出现车厢内温度不均衡的问题。因为目前我国生产的冷藏汽车的模式大多是仿照活动冷库设计的，在车头装备蒸发器，冷气从上方直吹，下部的产品要靠缓慢的传导降温，这样势必导致下层的温度偏高而上层易发生冻伤。冷藏汽车可以利用旧的制冷集装箱改装，而制冷集装箱的送风是从底部的风道均匀送风，冷却效果得到很大改善。

## （二）铁路运输

铁路运输的优点是运载量大，运输速度快，运费低廉，连续性强，受季节性影响小，但造价高，占地多，运输起止点都是车站的大宗货场，前后都需要其他方式的短途运输，增加了装卸次数，适合中、长途大宗果蔬运输。目前，果蔬采用铁路运输方式的运输量约占果蔬总运量的1/3。铁路运输一般采用普通棚车、通风隔热车、加冰冷藏车、机械冷藏车和冷冻板式冷藏车等工具承担。

### 1. 普通棚车

普通棚车车厢内没有温度调控设备，易受自然气温的影响。车厢内的温度和湿度主要通过通风、草帘棉毯覆盖或者加冰等措施调节。以上传统的调节方式难以达到果蔬保鲜理想的温度，易导致产品腐烂损失。

### 2. 通风隔热车

通风隔热车具有隔热的车体和良好的通风性能，但无任何其他制冷和加温调节设备，主要通过隔热性能良好的车体来减少车内外热量的交换，保证运输过程中温度波动在允许范围内。这种车辆具有投资少、造价低、耗能少和节省成本等优点。

### 3. 冷藏车

铁路冷藏运输是运用冷藏、保温、防寒、加温、通风等方法，在铁路上快速优质地运输易腐货物。目前我国的冷藏车有加冰冷藏车、机械冷藏车和冷冻板式冷藏车。

① 加冰冷藏车（冰保车）。通过向车厢顶部的冰箱内加冰或冰盐混合物和利用车体隔热层的保温作用来使车厢内保持恒定的温度。各类型加冰冷藏车内部都装有冰箱，具有排水设备、通风循环设备以及检温设备等。我国加冰冷藏车均为国产车，以B6型车顶冰箱冰保车为主。车体为钢结构，隔热材料为聚苯乙烯，顶部有7个冰箱（其他冰保车为6个冰箱）。运输货物时在冰箱内加冰或冰盐混合物，从而保持车内低温条件。加冰量或冰盐混合比例，根据货物对温度的不同要求而定。在铁路站线每350～600km距离处要设置加冰站，使车厢能在一定时间内得到冰盐的补充，维持较为稳定的低温。加入的冰块最好为1～2kg，冰块过大，盐会从冰块间隙掉到冰箱底部而不起作用；冰块太细，又会彼此结成团，使制冷面积减少。加入的盐应该干净、松散，如黄豆大小。冰保车的缺点是盐液对车体和线路腐蚀严重；车内温度不能灵活控制，往往偏高或偏低；速度较慢，间隔一定距离就需要加冰；车辆重心偏高，不适于高速运行。

② 机械冷藏车（机保车）。采用机械制冷和加温，配合强制通风系统，能有效控制车厢内温度，装载量比冰保车大。我国现有的机保车有B18、B19、B20、B21和B22等型号，按其供电和制冷的方式可分为集中供电、集中制冷，集中供电、单独制冷，单独供电、单独制冷3类。机保车由于使用制冷机，可以在更广泛的范围内调节温度，有足够的能力使产品迅速降温，并可在车内保持均匀的温度，因而能更好地保持易腐货物的质量。机保车备有电源，便于实现制冷、加温、通风、循环、融霜的自动化。由于运行途中不需要加冰，可以加快货物送达，加速车辆周转。与冰保车相比，机保车存在着造价高、维修复杂、需要配备专业乘务人员等缺点。

③ 冷冻板式冷藏车（冷板车）。冷冻板式冷藏车利用蓄冷剂冷冻后所蓄存的冷量进行制冷，在运输途中利用冷板中的蓄冷剂融化吸热，使车厢内温度保持在适宜范围内。冷冻板安装在车棚下，并具有温度调节设施，在车外30℃的条件下，采用-18.5℃的冷冻板能使车内温度达到-10℃～6℃。冷板车的充冷是通过地面充冷站进行的，一次充冷时间约12h，充冷后可制冷120h。若外界温度低于30℃，充冷后的制冷时间可达140h。车内两端的顶部各装有两台风机，开动风机加速空气循环，使果蔬含有的大量田间热被带走，从而迅速冷却到要求的温度。冷板车具有稳定的恒温性能，而这种恒温特性是机械冷藏车不能实现的。冷板车是一种耗能少、制冷成本低、冷藏效能好的新型冷藏车。其缺点是冷冻板自重较大、体积也大，占据了车厢一定容积，且必须依靠地面的专用充冷设施为其提供冷源，使用范围局限在铁路大干线上，因此，应用范围不及机械冷藏车。

### （三）水路运输

水路运输具有行驶平稳、振动小、运载量大、运输低廉的优点，但水路运输受自然条件限制较大，装卸和航行易受天气影响，有时迫停，运输的连续性差，速度慢，联运货物要中转换装，不仅延缓了货物送达速度，也增加了货物损耗。水路运输的主要工具是冷藏船和冷藏集装箱。

冷藏船隔热保温性能好，温度波动不超过 ±0.5℃。随着冷藏集装箱的广泛应用，轮船运输尤其是远洋轮船运输果蔬产品有了很大发展。为了克服水路运输的缺点，大量使用集装箱专用船和车辆轮渡。集装箱专用船以集装箱为单位装卸，因而卸货迅速，克服了原来装卸费时的缺点。轮船航速与原来相比，也得到很大的提高，这种运输方式在国际航线均广泛使用。果蔬利用集装箱和冷藏船运输，可漂洋过海进行国际贸易，但船运速度比空运慢，一般需要1～4周的航程。目前各国之间远距离的果蔬产品进出口贸易，主要就是利用轮船运输。

### （四）空中运输

空中运输是使用飞机或其他航空器进行运输的一种形式。空运的最大特点是速度快，振动小，产品损伤小，但装载量少，运价昂贵，适用于急需特供、价格高、鲜度下降快的高档果蔬产品（如草莓、樱桃、荔枝、松蘑等）。空运机舱一般不设机械制冷机组，通常是以机上的空气调节系统来维持舱内温度或用冷藏集装箱装运。在数小时的航程中，果蔬在装机前只需预冷至一定的低温即能满足运输要求。在较长时间的飞行中，一般用干冰作冷却剂，因干冰装置简单，质量轻，不容易出故障，十分适合航空运输的要求。用于冷却果蔬的干冰制冷装置常采用间接冷却。因此，干冰升华后产生的$CO_2$不会在产品环境中积存而导致$CO_2$中毒。

### （五）多式联运

多式联运指货物从出发地运往目的地的过程中使用两种或多种运输方式，构成连续的、综合性的一体化货物运输。多式联运主要以集装箱作为运输单元，将不同的运输方式有机地组合在一起，具有集装箱运输的特点。

集装箱运输是当今世界发展最快的运输工具，既省力、省时，又保证产品质量，实现"门对门"的服务，是现代运输工具的一大革新。集装箱运输发展很快，目前已初步形成一个比较完整的体系。1970年国际标准化组织104技术委员会（ISO/TC 104）对集装箱的定义是：具有足够的强度，能长期反复使用；在途中转运时，不搬动容器内的货物，可以直接换装，即从一种运输工具直接换装到另一种运输工具上，以达到快速装卸；便于货物的装满和卸完；具有$1m^3$以上的容积。凡具有以上四项条件的运输容器，都可以称为集装箱。集装箱的种类很多，一般按其材料、结构和用途进行分类。按材料分类，可分为铝合金集装箱、钢制集装箱、玻璃钢集装箱、不锈钢集装箱等类型；按结构分类，可分为内柱式与外柱式集装箱，折叠式集装箱和薄壳式集装箱；按其用途分类，可分为干货类集装箱、保温类集装箱、框架集装箱和散货集装箱等类型。其中保温类集装箱包括冷藏集装箱和保温集装箱。冷藏集装箱是在普通集装箱基础上增加了箱体隔热层和制冷设备，是专为运输要求保持一定温度的新鲜水果、蔬菜、鱼、肉等食品而进行特殊设计的。保温集装箱用聚氨酯为隔热材料，并在集装箱的前壁和箱门上各留几个通风窗口以通风，并装有百叶窗进行开闭。用冰为冷媒剂，一般可以维持72h，温度的波动范围规定在3℃左右。

随着现代集装箱运输的发展，世界贸易中出现了国际集装箱运输。它是一种先进的现代化运输方式，与传统的杂货散运方式相比，具有运输效率高、经济效益好以及服务质量优的特点，已成为世界各国保证国际贸易的最优运输方式。到20世纪80年代集装箱运输已进入国际多式联运时代。国际多式联运采用海、陆、空等两种以上的运输手段，通过一次托运、一次计费、一份单证和一次保险，由各运输区段的承运人共同完成货物的全程运输，实现了国与国间的连贯货物运输，打破了过去海、铁、公、空等单一运输方式互不连贯的传统做法。如今，提供优质的国际多式联运服务已成为集装箱运输经营人增强竞争力的重要手段。

## 三、运输管理技术

### （一）果蔬质量、卫生要求

运输的果蔬质量要符合运输标准，要求没有败坏的产品，成熟度和包装应符合规定，并且新鲜、完整、清洁，没有损伤和萎蔫。在装卸果蔬产品之前，车船等运输工具需认真清扫，彻底消毒，确保健康卫生。

### （二）装卸、堆码要求

装卸和堆码是保证运输质量的基本技术环节。对果蔬运输前后装卸的最基本要求为：轻搬轻放，以防止暴力装卸导致果蔬严重机械损伤；快装快卸，防止产品温度因装卸时间太长而升高，造成低温冷链断链的现象，降低运输品质。除此之外，装载时还应该考虑有合理的装载量，在保证运输质量的前提下尽可能多装载。出于经济性考虑，需要对果蔬产品进行混装时，还需考虑其混装的相容性。一般最适温度有较大差异的果蔬产品不能混装；洋葱、蒜头等要求低湿度的蔬菜不能与要求高湿度的产品混装；对乙烯敏感的产品与乙烯释放量大的产品不能混装；释放具有强烈气味的挥发物的产品不能与其他产品混装。为了在运输中便于选择可相容的果蔬产品，国际制冷学会将80多种果蔬分成了8个可以混装的组（表3-3）。

表3-3 国际制冷学会推荐的可以混装的果蔬种类及相适宜的运输条件

| 组别 | 果蔬种类 | 适宜的运输条件 |
| --- | --- | --- |
| 1 | 苹果、杏、浆果、樱桃、无花果（不得与苹果混装）、葡萄、桃、梨、柿、李、梅等 | 运输温度 0～0.5℃，相对湿度90%～95%，浆果和樱桃用10%～20%的 $CO_2$ 气调包装运输 |
| 2 | 香蕉、番石榴、芒果、薄皮香瓜和哈密瓜、鲜橄榄、木瓜、菠萝、青番茄、粉红番茄、茄子、西瓜等 | 运输温度 13～18℃，相对湿度85%～95% |
| 3 | 厚皮甜瓜类、柠檬、荔枝、橘子、橙子、红橘 | 运输温度 2.5～5℃，相对湿度90%～95%，甜瓜类为95% |
| 4 | 蚕豆、秋葵、红辣椒、青辣椒（不得与蚕豆混装）、美洲南瓜、印度南瓜等 | 运输温度 4.5～7.5℃，蚕豆为3.5～5.5℃，相对湿度95% |

| 组别 | 果蔬种类 | 适宜的运输条件 |
|---|---|---|
| 5 | 黄瓜、茄子、姜（不得与茄子混装）、马铃薯、南瓜（印度南瓜）、西瓜 | 运输温度 8 ～ 13℃，生姜不得低于 13℃，相对湿度 85% ～ 95% |
| 6 | 芦笋、红甜菜、胡萝卜、菊苣、无花果、葡萄、韭菜（不可与无花果、葡萄混装）、莴苣、蘑菇、荷兰芹、防风草、豌豆、大黄、菠菜、芹菜、小白菜、甜玉米 | 运输温度 0 ～ 1.5℃，相对湿度 95% ～ 100%。除无花果、葡萄、蘑菇等，任何时候均不得与冰接触 |
| 7 | 花茎甘蓝、抱子甘蓝、甘蓝、花椰菜、芹菜、洋葱、萝卜、芜菁 | 运输温度 0 ～ 1.5℃，相对湿度 95% ～ 100%，可与冰接触 |
| 8 | 大蒜、干洋葱等 | 运输温度 0 ～ 1.5℃，相对湿度 65% ～ 75% |

果蔬产品常见的堆码方法有品字形堆码法、井字形堆码法、金字塔式堆码法、互相倒置堆码法、交错堆码法等。无论采用哪种堆码方式都必须注意尽量利用运输工具的容积，保证良好的内部空气流通，稳固以减轻运输过程中的振动。果蔬堆码时应注意：单位货物间留有适当的空隙，以使运输环境中的空气顺利流通，保证每件货品都能接触冷却空气；每件货物都不能直接与车厢的底部和壁板相接触，在装载堆码前，要注意在车厢底部垫加一定高度的垫板或其他有利于通风换气和减震的物品，装载完成后，应适当捆绑固定，避免运输途中摇晃和振动；货物不能紧靠机械冷藏出风口或加冰冷藏冰箱隔板或气调出气口处，以免造成低温伤害、$CO_2$ 中毒或无氧呼吸。

### （三）运输环境条件控制

#### 1. 温度的控制

温度是运输过程中重要环境条件之一。低温运输对保持果蔬的品质和降低运输过程中损耗十分重要。随着运输工具性能的改进，长途运输可利用冰保车、机冷车、冷藏集装箱等运输工具，实现冷链流通。短途运输将果蔬产品预冷后通过普通保温运输工具运输即可。但在秋冬季节，将南方果蔬向北方调运时，要注意加热、保暖、防冻。

#### 2. 湿度的控制

湿度在运输中对果蔬的影响较小。但如果长距离运输或运输需要较长时间时，就必须考虑湿度的影响。特别是水分含量较高的蔬菜，在运输过程中要观察水分散失的情况，以及时增加环境中的湿度。果品由于有良好的内外包装，在运输途中失水而造成品质下降的可能性不大，但要注意因温度控制不稳定，造成结露现象的发生。

#### 3. 气体成分的控制

采用冷藏气调集装箱运输方式和进行长距离运输时，应注意气体成分浓度的调节和控制，气体成分浓度的调节和控制方法可参照所运果蔬在气调贮藏时的相关要求和技术进行。对较耐 $CO_2$ 的果蔬，可采用塑料薄膜袋内包装的方式，达到微气调的效果；对 $CO_2$ 敏感的果蔬，则要注意包装不能太严密或应进行通风处理。

## 4. 振动的控制

振动是果蔬产品运输时的基本环境条件。果蔬产品在运输途中，由于受运输路线、运输工具、货品堆码等情况的影响，振动是不可避免的。剧烈振动会对果蔬产品造成机械损伤，促使乙烯合成，加快果品的成熟；同时，损伤带来的伤口易受病原菌的侵染，造成产品腐烂；另外，振动也引起产品呼吸强度增大，导致果实呼吸高峰出现，使产品生理代谢异常。因此，在运输中应尽量避免剧烈的振动。振动的强弱可用振动强度（$g$）来表示，其程度与运输方式、车辆状况、车速与路面状况、装载状况等有直接关系。比较而言，水路运输振动强度小于铁路运输，铁路运输振动强度小于公路运输；车辆减振效果差振动强度也会加大；车速越高振动强度越大，路况越差振动强度也越大；空车和装货少的车辆，振动强度高，货物堆码不合理，也会产生强烈的振动。因此，在果蔬启运前一定要选择合理的运输方式，了解路径状况，在产品进行包装时采取增加填充物，装载堆码时尽可能使产品稳固或加以牢固捆绑，以免造成挤、压、碰撞等机械损伤。

# 第四章

# 果蔬贮藏与管理

　　果蔬产品保护组织差，采收后不能再从母体或土壤中获得营养和水分的补充，且自身仍然会进行呼吸作用等生命代谢活动，因此采后极易发生机械损伤、微生物侵染及生理病害等，造成品质下降，甚至失去商品性。因此，为了保持果蔬产品的新鲜性，减少损失，克服消费与季节性生产的矛盾，除做好必要的采后处理外，还必须采用适宜的贮藏方式并加强贮藏期间管理，以提供产品贮藏所需的适宜环境条件，最大程度降低果蔬的新陈代谢速率，减少产品物质损耗，延缓成熟衰老进程，控制生理代谢失调发生及微生物生长繁殖，避免腐烂变质，有效延长果蔬贮藏寿命和货架期。

　　根据贮藏温度调控方式的不同，果蔬贮藏方式可分为自然温度贮藏和人工冷却贮藏两类。自然温度贮藏包括各种简易贮藏和土窑洞贮藏等，人工冷却贮藏包括机械冷藏和气调贮藏等。我国南北各地气候条件不同，在实际生产中选用贮藏方式时，应具体根据果蔬的贮藏特性，并结合当地的气候条件、自然环境和经济实力等灵活选择。

## 第一节　自然温度贮藏

　　自然温度贮藏指的是在构造相对简单的贮藏场所，利用自然低温来维持和调节适宜温度进行贮藏的方法。主要包括堆藏、沟（埋）藏和窖藏等简易贮藏，以及土窑洞贮藏和通风库贮藏等。特点是构造简单、成本低廉、可因地制宜进行建造，虽然受自然气温影响较大，但节省能源，只要运用得当仍能获得较好的贮藏效果，目前在全国果蔬产地仍有较广泛的应用。

### 一、简易贮藏

　　简易贮藏是为调节果蔬产品供应期所采用的一类较小规模的贮藏方式，主要包括堆藏、沟藏和窖藏3种基本形式。其应用历史悠久，大多来自劳动人民的生产经验总结和积累，是我国农村和家庭普遍采用的贮藏方式。

## （一）堆藏

堆藏就是将果蔬产品直接堆放在果园、田间、院落等空地上或浅坑中，再根据气温的变化，表面用土壤、薄膜、秸秆、草席等进行增减覆盖，以防止风吹、日晒、雨淋，维持适宜的温度、湿度的一种短期贮藏方法。一般适用于秋冬季节采收的果蔬，如苹果、梨、柑橘、大白菜、马铃薯、南瓜等的贮藏（图4-1）。

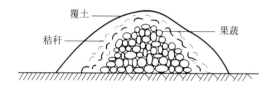

**图4-1 堆藏**

堆藏宜选用地势较高、远离积水的位置。堆码的高度和宽度视贮藏果蔬的种类和贮藏时间的长短而定，不宜过宽和过高。过宽容易造成中心积热诱发腐烂；过高则容易造成堆码结构不稳定，使果蔬倒塌引起机械损伤。堆藏受气温影响较大，因此贮藏期间需视外界温度变化加强对覆盖的管理。例如，当外界温度高于0℃时，应在白天覆盖遮阴，夜间取掉覆盖物进行通风散热；当外界温度低于0℃时，应在果蔬堆上多加覆盖物以防止受冻受寒。

## （二）沟藏

沟藏又称为埋藏，是将果蔬产品堆放在挖好的沟内形成一定厚度，并在上面覆盖土壤，利用土壤的保温保湿性而达到贮藏目的的一种封闭式贮藏方法。沟藏的贮藏效果优于堆藏，适用于寒冷地区对贮藏温度和湿度要求较高的果蔬，如苹果、梨、山楂、萝卜、生姜、白菜等，一般在果蔬集中产区就地挖沟进行贮藏，以实现错季销售，缓和供求矛盾，增加收入（图4-2）。

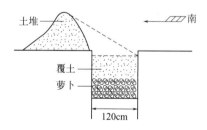

**图4-2 沟藏**

用于沟藏的贮藏沟宜选择在地势平坦、土质黏重、地下水位较低的地方。沟的深度和宽度要根据当地气候条件和贮藏果蔬种类而定，沟的长度则视贮藏体量而定。沟越深其保温效果越好，但降温越困难，我国偏南的地区挖沟宜浅，以防止果蔬受热腐烂，偏北的地区则挖沟宜深，防止果蔬受冷受冻；沟越宽其保温性能越差，但降温越容易，一般将沟宽安排在1～1.5m较合适。对于容积较大的贮藏沟，可在中间间隔一定距离插置一把作物秸秆或沿沟的长度方向挖出一条通风沟，以利于散热。在积雪较厚和雨水较多的地方，沟的两侧还应设置排水沟，以防止沟内积水。贮藏期间，需根据外界气温的变化调节覆土的厚度，贮藏刚开始盖薄土，随天气转冷可分次逐渐增加覆土的厚度。

### （三）窖藏

窖藏是在沟藏基础之上发展而来，利用窖窑进行果蔬产品贮藏的一种方式。与沟藏相比，其优点是人和果蔬产品均可自由进出贮藏场所，方便贮藏情况检查和管理。根据窖的结构不同，可分为棚窖和井窖两种类型，其中以棚窖最为普遍。

#### 1. 棚窖

棚窖是一种临时性或半永久性的简易贮藏场所，在北方常用于贮藏苹果、梨、葡萄、萝卜、大白菜等。

根据入土的深浅，可分为地下式和半地下式两种，其中地下式的棚窖保温效果优于半地下式。因此，在气候温暖及地下水位较低的地方，多采用半地下式，在气候寒冷的地方，则多采用地下式。半地下式棚窖在建造时，先挖一个长方形窖身，入土深 $1 \sim 1.5m$，再在其上方四周建筑 $0.6 \sim 1m$ 的土墙，最后加盖顶棚，使得一部分窖身在地面以下。地下式棚窖的窖身则全部在地下，入土深 $2.5 \sim 3m$，仅使窖顶露出地面。棚窖的宽度一般设置为 $2.5 \sim 3m$，称为"条窖"；也有的设置为 $4 \sim 6m$，称为"方窖"，长度不限，大多设置为 $20 \sim 50m$。棚顶的架设可就地取材，用木或竹先搭好棚架，再将秸秆等覆盖物铺放其上，然后覆土压实，以热阻率不小于 $1.31 \ m \cdot K \cdot W^{-1}$ 为宜。窖内的温湿度可通过通风换气来调节，故在棚顶需设若干个天窗。对于半地下式棚窖，还可在窖墙基部或两端窖墙上开设气孔，起辅助通风的作用（图4-3）。

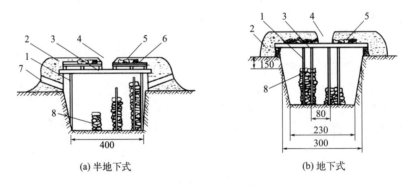

(a) 半地下式　　　　　　　　　　(b) 地下式

**图4-3　棚窖结构示意图（单位：cm）**

1—支柱；2—覆土；3—横梁；4—天窗；5—秸秆；6—木板；7—气孔；8—白菜

#### 2. 井窖

井窖是一种固定的贮藏场所，一次建成后可多年使用。窖身全部深入地下，受气温影响小，受地温影响大，保温性能好，适合对温度要求高的一些果蔬产品如柑橘、脐橙、生姜、甘薯、马铃薯等的贮藏。我国南北方的井窖分别以四川南充地区的甜橙井窖和山西井窖最具代表性（图4-4）。

南充甜橙井窖的构建方法是：先由地面垂直向下挖出一个上口直径约为0.5m、下口直径约为0.65m的井筒，形成窖颈，窖颈长约0.5m。再向周围扩展挖出直径更大的窖身，窖身呈锥形，底部直径约2～2.5m，高度约1.3m。窖口用3～5cm厚的石板或水泥板封口，直径约0.7m。全窖深约1.8m，呈上窄下宽的"三角瓶"形状。

山西井窖的构建方法是：从地面垂直向下挖出直径约为1.0m的井筒，深约3～4m，再从井底向四周辐射挖掘，挖出一个或多个高约1.5m，长约3～4m，宽约1～2m的窖室，窖室顶部呈拱形，底部水平或向下倾斜。

井窖主要通过控制窖盖的开、闭进行通风换气。在窖藏期间应该根据外界气候的变化而采用不同的管理方法，初期应在夜间打开窖口，利用外界冷空气快速降低窖内及产品温度；中期应注意保温防冻，适当通风；后期应尽量减少开窖次数和缩短开窖时间，以保持窖内低温环境。

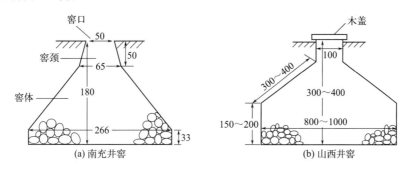

图4-4 南充井窖和山西井窖示意图（单位：cm）

## 二、土窖洞贮藏

土窖洞贮藏是我国西北地区独具特色的传统贮藏方式，适用于苹果、梨等水果及山药、芋头等根茎类蔬菜的贮藏。通常建在土质坚实的山坡或土丘上，作永久性贮藏场所。其特点是具有较完整的通风系统，与简易贮藏相比，可更好借助外界气温的变化而降低窖内温度，并利用深厚的土层，形成与外界环境隔离的天然屏障，达到持续蓄冷的目的；具有结构简单、造价低、保温性能好、贮藏效果好等优点。

### （一）土窖洞的结构

生产上推广使用的土窖洞有大平窖和母子窖两种。大平窖结构简单，通风好，降温快，但贮藏量小，出入库运输不方便。母子窖贮藏量大，管理方便，蓄冷能力强，但结构复杂，降温慢，造价高。

#### 1. 大平窖的结构

大平窖主要由窖门、窖身和通气孔三部分组成（图4-5）。窖门高约3m，宽1～2m，门道长4～6m。门道前后分别设两道门，第一道门做成实门，关闭时能阻止窖洞内外空气对流，第二道门做成铁纱门，供通风用，纱孔大小以能挡住老鼠进入为宜。窖身是贮果部位，宽度要依据土质状况而定，一般设为2.5～3m，不可过宽，否则容易坍塌；长度以30～60m为宜，太短则窖温波动太大，太长则窖洞前后温差较大；高度要求一般3m左右。窖身自外向内逐渐减低，比降约为1%，即每延伸10m，则下降约0.1m。窖身断面要筑成尖拱形，两侧直立，墙面高为1.5m，窖上土层厚度至少保留5m以上，这样窖洞的结构才比较坚固，并利于洞内热空气集中上升向窖顶外排放，且能够有效保温。通气孔设置在窖室末端，从窖底通出直达窖外，内径1～1.2m。在通风筒下部与窖身连通的部位设一活动天窗，用以控制通风量，可安装排气扇等机械设备辅助通风换气。

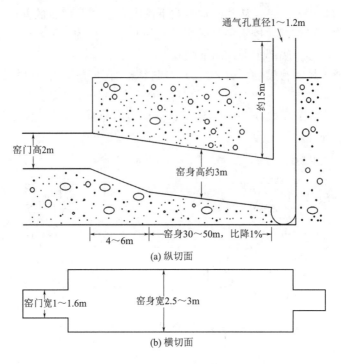

(a) 纵切面

(b) 横切面

**图4-5　大平窑结构示意图**

（引自饶景萍，2019）

### 2. 母子窑的结构

母子窑由母窑和子窑构成，又称侧窑。母窑结构与大平窑相似，长50～100m，比降约1%，窑身后方设一个通气孔，内径1.4～1.6m。母窑的主要作用是通风和作为运输通道，也可贮果。子窑是贮果的主要部位，每个子窑单独设置子窑窑门，子窑窑门宽0.8～1.2m，高约3m，比降20%～30%；子窑窑身宽约2.6m，高约3m，长不超过10m，窑身断面仍为尖拱形，窑顶窑底自外向内缓慢下降，比降约1%。子窑的底部和顶部比母窑的底部和顶部低约30cm，以利于热空气通过母窑向外排放，一般子窑不再单独设置通气孔。子窑需要错开（图4-6）。

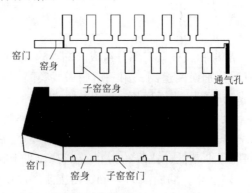

**图4-6　母子窑结构示意图**

（引自程运江，2011）

## （二）土窑洞的管理

### 1. 消毒

果蔬产品入库前或全部出库后，需对窑洞和贮藏工具进行彻底消毒处理，可在窑内燃烧硫黄（$1.0 \sim 1.5kg/100m^3$）进行密闭熏蒸，也可用4%次氯酸钠溶液进行喷雾消毒，熏蒸或喷雾后$1 \sim 2$天稍加通风再入贮。

### 2. 温度管理

温度管理是土窑洞贮藏最重要的管理过程，大体上可分为降温阶段管理、蓄冷阶段管理和保温阶段管理三个阶段。降温阶段为秋季产品入窑到窑温降低至0℃左右这一时期，在这期间，昼夜温差大，白天温度高应及时关闭窑门、通气窗等所有孔道，夜间外界温度低则应打开孔道及时消除果蔬田间热和呼吸热，尽早降低窑温。蓄冷阶段为窑温降低至0℃左右后到翌年回升至4℃左右这一时期，其间外界温度是一年中最低的，在不引起产品受到冻害的前提下，尽量通风，蓄积冷量到土层中。保温阶段为翌年窑温回升至4℃以上到产品全部出库这一时期，其间应尽量避免或减少窑门开启，紧闭通气孔，减少蓄冷流失，当遇寒流或低温天气时，则抓住机会通风换气。

### 3. 湿度管理

为保持窑内湿度，维持窑洞土层水分含量，以减少果蔬产品水分流失，避免窑洞裂缝甚至塌方，可采取冬季窑内贮雪和贮冰、窑内地面洒水、产品出库后窑内灌水和喷水的方式进行加湿处理。

## 三、通风库贮藏

通风库贮藏是指利用具有良好隔热结构和通风系统的通风库保存果蔬的贮藏方式。通风库的形式和性能与棚窖相似，但它通过砖、木和水泥等材料建成，是一种永久性建筑，可多年使用，降温性能和保温性能优于棚窖，适用于自然冷源充足产区的柑橘、梨、大白菜、马铃薯等果蔬的贮藏。不过，通风库贮藏仍然是依靠自然温度来调节库内温度，且湿度不易控制，因此使用上受到一些限制。

### （一）通风库的类型及特点

常见的通风库有地上式、地下式和半地下式三种类型。地上式通风库库体全部建在地面以上，受气温影响大，但通风效果好，适于温暖地区。地下式通风库库体全部建在地面以下，仅库顶外露，受气温影响小，保温效果好，但通风性能差，适于寒冷地区。半地下式通风库的库体一部分建在地面以下，一部分建在地面以上，兼具前两者的特点，适于华北地区。

### （二）通风库的选址

通风库应选择在地势高、四周空旷、通风良好、交通便利的地方建造。方向应根据风向和日光照射等因素抉择，在北方以南北走向为佳，以减少冬季北面寒风袭击，在南方则以东西走向为宜，以减少阳光照射增加库温。

## （三）通风库的库形设计

我国各地建成的通风库通常为长方形，长30～50m，宽5～12m，库内净高3.5～4.5m。贮藏量需求大时，可将多个库房组合成一个大的库群。在北方寒冷地区，库群中间设置走廊，库房安排在走廊两侧，与走廊方向垂直。走廊主要起缓冲作用，以减少气流直接吹入库房引起温度波动，也兼作贮前处理、预贮和临时贮藏的场所。在温暖地区的库群，通常不设置中央走廊，每个库房单独向外设置库门和缓冲间，充分利用库门进行通风降温。

库群中库房的排列方式有两种：分列式和连接式（图4-7）。分列式通风库的每个库房互不相连，因此可在库房两侧的墙体上增设通风口，提高通风效果。连接式通风库的相邻库房共用一道侧墙，库间不分开，因此占地面积小，节省建筑成本。

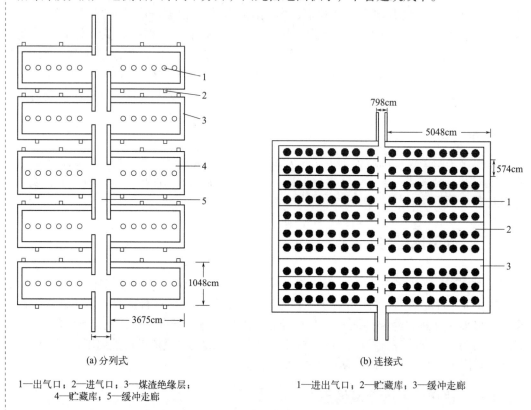

(a) 分列式

1—出气口；2—进气口；3—煤渣绝缘层；
4—贮藏库；5—缓冲走廊

(b) 连接式

1—进出气口；2—贮藏库；3—缓冲走廊

**图4-7　分列式和连接式通风库平面示意图**

## （四）通风库的隔热结构

为保持通风库内稳定的贮藏适温，减少外界温度的干扰，通风库应在库墙、库顶、库门及窗等暴露面设置隔热层。

隔热层材料的隔热保温性能一般用导热系数或热阻率来表示。导热系数是指在稳定传热条件下，1m厚的材料，两侧表面的温差为1℃时，在1h时间内通过1m²面积传递的热量，常用$K$表示，单位为$W \cdot (m \cdot K)^{-1}$或$kJ \cdot (m \cdot h \cdot ℃)^{-1}$。其值越大，表示材料的导热性能越强，隔热性能则越差。热阻率是导热系数的倒数，常用$R$表示，其值越大，表示材料的隔热性能越好。表4-1为常见材料的隔热性能。

表4-1　常见材料的隔热性能

| 材料 | 导热系数 /[W·(m·K)⁻¹] | 热阻率 /(m·K·W⁻¹) | 材料 | 导热系数 /[W·(m·K)⁻¹] | 热阻率 /(m·K·W⁻¹) |
|---|---|---|---|---|---|
| 静止空气 | 0.029 | 34.5 | 稻壳、锯屑 | 0.071 | 14.1 |
| 聚氨酯泡沫塑料 | 0.023 | 43.48 | 炉渣 | 0.209 | 4.78 |
| 聚苯乙烯泡沫塑料 | 0.041 | 24.39 | 木材 | 0.209 | 4.78 |
| 聚氯乙烯泡沫塑料 | 0.043 | 23.26 | 砖 | 0.790 | 1.27 |
| 膨胀珍珠岩 | 0.035～0.047 | 28.57～21.28 | 玻璃 | 0.790 | 1.27 |
| 加气混凝土 | 0.093～0.140 | 10.75～7.14 | 钢 | 58.2 | 0.017 |
| 泡沫混凝土 | 0.163～0.186 | 6.13～5.38 | 干土 | 0.291 | 3.44 |
| 普通混凝土 | 1.454 | 0.69 | 湿土 | 3.489 | 0.29 |
| 软木板 | 0.058 | 17.24 | 干沙 | 0.872 | 1.15 |
| 油毛毡 | 0.058 | 17.24 | 湿沙 | 3.489 | 0.11 |
| 芦苇 | 0.058 | 17.24 | 水 | 0.582 | 1.72 |
| 刨花 | 0.058 | 17.24 | 冰 | 2.326 | 0.43 |
| 铝瓦楞片 | 0.067 | 14.93 | 雪 | 0.465 | 2.15 |

常见的隔热层材料有聚氨酯泡沫塑料、聚苯乙烯泡沫塑料、聚氯乙烯泡沫塑料、软木、石棉、炉渣、稻壳、作物茎秆等，其中泡沫塑料、软木的隔热性能较好，但造价高，通风库一般采用炉渣、锯屑、稻壳、珍珠岩等价格低廉的材料作为隔热层。隔热层要避免受潮，因此，通风库隔热层的两侧还应设置防水层。

## （五）通风库的通风系统

通风系统是通风库的重要组成部分，其作用是将新鲜冷空气导入库内，将果蔬释放的 $CO_2$、乙烯等气体和热量排出库外，以维持果蔬适宜的贮藏环境。因此，通风系统的设置合理与否将直接影响通风库的贮藏效果。

### 1. 通风库系统的设置类型及特点

通风库通风系统的设置主要有5种类型，较合理的设置是既有进气口同时也有出气口（图4-8）。

（1）屋顶排气筒通风

在库墙下部或基部设导气窗或导气筒，库顶开设天窗或排气筒，库内易形成空气对流，通风降温效果较好。常用于地上式通风库。

（2）屋檐小窗通风

在库墙上部开设小窗，兼作导气和排气窗。部分地下式通风库采用这种形式，通风效果较差。

（3）混合式通风

库墙的下部和上部均设有导气窗或导气筒，在库顶设排气筒或天窗，通风换气效果好，降温速度快。地上式和半地下式通风库多采用这种类型。

（4）地道式通风

库外冷空气经地道式导气筒进入库内，库墙上部设有排气窗，库顶开设天窗或排气筒。适用于地上式或半地下式通风库，通风效果好，有利于维持库内空气湿度，但修建费用较高。

（5）风罩门通风

地下式、半地下式通风库可在屋顶通风口上设置风罩，风罩四面均有可以自由开关的门，根据外界风向变化，在风罩的不同方向开门，就可区分为进气口或排气口。将风罩做成活动式的，加上风向器，便可自动调节风罩方向。

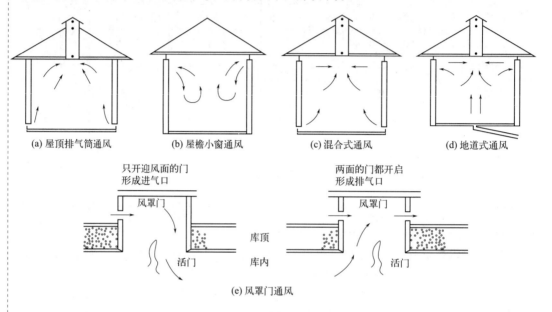

图4-8　通风库5种通风系统设置示意图

（引自秦文和王明力，2012）

### 2. 通风库系统的设置原则

① 尽量提高进、排气口的压力差。进、排气口的垂直距离越大，压力差越大，排气效果就越好。为此，进气口应尽量设置在库房的基部或下部，排气口应尽量设置在库房的顶部或上部，促使库内冷热空气流通。

② 气口应尽量分散设置。当总通风面积一定时，排气口小而多的系统较排气口大而少的系统具有更好的通风效果，因此排气口面积不宜设置过大，一般为25cm×25cm～40cm×40cm，可间隔5～6m设置一个排气口。

③ 要根据贮藏产品种类、贮藏量大小等确定合适的通风面积。例如，贮藏大白菜的通风库，其通风面积要大于贮藏马铃薯的通风库的通风面积。一般而言，贮藏量在500t以下的通风库，每50t产品的通风面积应不小于$0.5m^2$。

## （六）通风库的管理

通风库的消毒和温度管理与土窑洞相似，这里不再赘述。通风库贮藏中，最容易出现的问题就是湿度过低引发果蔬萎蔫，可通过在地面洒水、挂湿草帘、放置盛水的容器以及用塑料薄膜袋包装果蔬等方式解决。

# 第二节　机械冷藏

机械冷藏是指在具有良好隔热保温性能的库房里，通过机械制冷的方式，使库内的温度、湿度控制在设定的范围内，使产品进行长期有效贮藏的贮藏方式。机械冷藏不受外界环境条件影响，可终年维持产品所需的温湿度，在调节果蔬周年供应、促进进出口贸易等方面发挥了重要作用，是目前世界上应用最广泛的一种贮藏方式。

## 一、机械制冷的原理

机械制冷的原理就是借助制冷剂在制冷系统中不断循环的相变过程，将贮藏库内的热量吸收并传递到库外，从而维持库内稳定的低温条件。制冷剂由液态变为气态时，会和冷却对象进行热交换，带走冷却对象的热量而蒸发，之后再通过机械压缩和冷凝由气态重新回到液态，从而完成一个循环。

### （一）制冷系统

制冷系统是机械冷藏库的核心设备，主要由蒸发器、压缩机、冷凝器和节流阀（膨胀阀）等部件组成，其中充满制冷剂，形成一个密闭的循环系统。制冷系统工作时，具有低沸点、高汽化潜热的制冷剂，从蒸发器进入压缩机时为气态，经加压后成为高温、高压气体，再经冷凝器与冷却介质进行热交换而液化，液化后的制冷剂通过节流阀的节流作用和压缩机的抽吸作用，使制冷剂在蒸发器中汽化吸热，并与周围环境进行热交换而达到降温的目的（图4-9）。各部件具体功能如下所示：

压缩机：起压缩和输送气体的作用，是制冷系统的主体部件。

冷凝器：有风冷和水冷两类。通过冷却水或空气，带走来自压缩机的气体制冷剂的热量，使之重新液化。

节流阀：又叫膨胀阀或调节阀，调节进入蒸发器的制冷剂流量，降低制冷剂压力。

蒸发器：为制冷系统中的热交换设备之一。制冷剂在蒸发器中汽化吸收热量，从而降低库房内的温度。

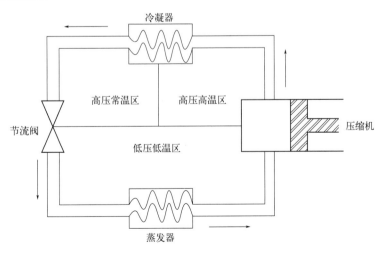

**图4-9　制冷系统工作原理示意图**

## （二）制冷剂

制冷系统中，蒸发吸热的工作流体称为制冷剂。选用制冷剂时，应全面考虑其安全性、热力性质、物理化学性质、价格和供应等因素。具体应满足沸点低、冷凝点低、汽化潜热大、流动性好、对金属无腐蚀性、不易燃烧、不爆炸、无刺激性、无毒无味、易于检测、价格低廉、来源广泛等特点。制冷剂种类很多，大体上可分为4类：无机化合物、甲烷和乙烷的卤素衍生物（商品名通称为氟利昂）、碳氢化合物、混合制冷剂。生产上常用的制冷剂主要有氨和氟利昂。各种制冷剂的物理特性见表4-2。

表4-2  常用制冷剂的物理特性

| 制冷剂 | 制冷剂代号 | 化学分子式 | 正常蒸发温度 /℃ | 临界温度 /℃ | 临界压力 /MPa | 临界比体积 /( m³·kg⁻¹ ) | 凝固温度 /℃ | 爆炸极限浓度 /% |
|---|---|---|---|---|---|---|---|---|
| 氨 | R717 | $NH_3$ | −33.40 | 132.4 | 11.5 | 4.130 | −77.7 | 16 ～ 25 |
| 二氧化硫 | R764 | $SO_2$ | −10.08 | 157.2 | 8.1 | 1.920 | −75.2 | — |
| 二氧化碳 | R744 | $CO_2$ | −78.90 | 31.0 | 7.5 | 2.160 | −56.6 | 不爆 |
| 一氯甲烷 | — | $CH_3Cl$ | −23.74 | 143.1 | 6.8 | 2.700 | −97.6 | 8.1 ～ 17.2 |
| 二氯甲烷 | — | $CH_2Cl_2$ | 40.00 | 239.0 | 6.5 | — | −96.7 | 12 ～ 15.6 |
| 氟利昂-11 | R11 | $CFCl_3$ | 23.70 | 198.0 | 4.5 | 1.805 | −111.0 | 不爆 |
| 氟利昂-12 | R12 | $CF_2Cl_2$ | −29.80 | 111.5 | 4.1 | 1.800 | −155.0 | 不爆 |
| 氟利昂-13 | R13 | $CF_3Cl$ | −81.50 | 28.8 | 5.0 | 1.729 | −180.0 | — |
| 氟利昂-21 | R21 | $CHFCl_2$ | 8.90 | 178.5 | 5.2 | 1.916 | −135.0 | — |
| 氟利昂-22 | R22 | $CHF_2Cl$ | −40.80 | 96.0 | 4.9 | 1.905 | −160.0 | 不爆 |
| 四氟乙烷 | R134a | $CH_2FCF_3$ | −26.1 | 101.1 | 4.1 | 0.002 | −103.0 | — |
| 二氟乙烷 | R152a | $CH_3CHF_2$ | −24.7 | 113.5 | 4.6 | — | — | — |
| 三氟甲烷 | R23 | $CHF_3$ | −84.4 | 26.1 | 4.8 | — | −82.1 | — |
| 乙烷 | R170 | $C_2H_6$ | −88.60 | 32.1 | 5.0 | 4.700 | −155.0 | — |
| 丙烷 | R290 | $C_3H_8$ | −42.77 | 86.8 | 4.3 | — | −160.0 | — |
| 水 | — | $H_2O$ | 100 | — | — | — | 0 | — |
| 空气 | — | — | −194.44 | — | — | — | −187.1 | — |

## 二、机械冷库的种类与构造

### （一）机械冷库的种类

#### 1. 按冷库结构分类

① 土建式冷库：是目前国内建造较多的一种冷库，可建成单层或多层。建筑物主体一般为砖混结构或者钢筋混凝土结构。冷库四周围护结构热惰性大，受外界温度波动影响小，库温较稳定。土建式冷库建设周期较长，施工复杂，保温效果好，一次性投资较小。

② 装配式冷库：又称为组合板式冷库，是近年来普及起来的新型冷库（图4-10）。采用金属夹心隔热板作围护结构进行保温、隔热和防潮。夹芯板两面为喷塑彩钢板，中间灌注硬质聚氨酯泡沫塑料或高密度聚苯乙烯泡沫塑料。除地面外，所有构件和库体由专业生产厂家制作，运至工地现场组装，因此，建设周期短，保温效果好，但造价高，一旦停机后，库温回升快。

图4-10　装配式小型冷库实拍图

#### 2. 按冷库容量分类

冷库的容量大小有两种表示方式，一种是用贮藏容积（m³）表示，贮藏容积在5000m³及以上的为大型冷库，5000～20000m³的为中型冷库，5000m³及以下的为小型冷库；另一种是用贮藏产品的吨位（t）表示，贮藏量在10000t及以上的为大型冷库，1000～10000t的为中型冷库，1000t及以下的为小型冷库。

#### 3. 按贮藏温度分类

根据贮藏温度的不同，冷库可分为低温冷库（-15℃以下）、冰库（-10～-4℃）和高温冷库（-2℃以上）3种类型。果蔬产品贮藏一般用高温冷库。

### （二）机械冷库的构造

#### 1. 机械冷库的构成

机械冷库一般由库房、动力用房和生产辅助用房构成。库房是冷库的主体建筑，包括冷加工间和冷藏间，是主要的贮藏场所。动力用房为与主体建筑密切相关的附属建筑，包括制冷机房、配电室等。生产辅助用房包括装卸站台、穿堂等。冷库的构成随生产性质、建设规模、贮藏产品的种类及加工工艺等不同而有所区别。

（1）冷加工间和冷藏间

① 冷加工间。分为预冷间和冻结间两类，用于对入库贮藏的产品进行预冷或冻结，处理时间一般为12～24h。

② 冷藏间。分为冷却物冷藏间和冻结物冷藏间。冷却物冷藏间主要用于新鲜产品的贮藏。冻结物冷藏间主要用于经冻结加工后的产品的贮藏，如速冻果蔬等。

（2）动力用房

动力用房包括制冷机房、配电室、电控室、水泵房、循环水池等。

（3）生产辅助用房

生产辅助用房主要有装卸站台、穿堂、挑选间、楼梯间、过磅间、工作人员办公室、休息室和更衣室等。

## 2. 主体建筑的结构

机械冷库的主体建筑由支撑系统、隔热系统和防潮系统三大部分组成。冷库建好后应具有良好的隔热性、防潮性和牢固性。

（1）支撑系统

支撑系统是冷库的骨架，是隔热系统和防潮系统赖以敷设的主体，包括围护结构和承重结构两部分。其建成决定了整个库体的外形和库容的大小。

冷库的围护结构是指冷藏库的墙体、库顶、库门和地坪，为冷库的围挡物。墙体一般为钢筋混凝土筑成，也有砖砌墙体以及近年来发展起来的彩钢夹芯板。冷库的承重结构主要是指冷藏库建筑的柱、梁、楼板等建筑构件，也多采用钢筋混凝土浇筑。

（2）隔热系统

隔热系统的设置是冷库建筑中必要的技术措施，是维持库内稳定低温、减少能耗、保证果蔬保鲜效果和降低腐烂率的根本。库体的6个面都应该做隔热处理。库体良好的隔热性与所选用的隔热材料性能、厚度以及隔热系统的完整性密切相关。

冷库的隔热材料应选择导热系数小、具有一定机械强度、经久耐用、无毒、无异味、难燃或不燃、造价低廉、易于施工的材料。20世纪80年代以前，冷库常用的隔热材料有稻壳、软木、炉渣和膨胀珍珠岩等。目前，冷库最常用的隔热材料为聚苯乙烯泡沫塑料和聚氨酯泡沫塑料。

隔热层的厚度需合理设置，以保证冷库有效而经济地运转。隔热层越厚，冷库的围护结构总热阻值就越大，保温效果越好，但建筑投资大；相反，隔热层设置得薄，虽然建筑投资小，但冷库的围护结构总热阻值小，通过围护结构的热流量增加，机械制冷耗能大，设备投资和运转费用就高。工程设计中，一般以围护结构通过的热流量，并结合当地实际气候条件，根据室内外温差大小，来确定围护结构合理的总热阻值，依据确定的总热阻值和隔热材料的导热系数来确定隔热层的厚度。根据我国冷库设计标准GB 50072—2021，在室内外不同温差条件下，冷间外墙、屋面或顶棚的总热阻可按表4-3的规定选用。如一般贮藏果蔬的冷库，当室内外温差为30℃，控制单位面积热流量为$8W \cdot m^{-2}$，则冷库外围护结构的热阻值应达到$3.75m^2 \cdot ℃ \cdot W^{-1}$。

表4-3　冷间外墙、屋面或顶棚的总热阻（$m^2 \cdot ℃ \cdot W^{-1}$）

| 设计采用的室内外温度差 $\Delta t$/℃ | 单位面积热流量 /W・$m^{-2}$ | | | | | |
| --- | --- | --- | --- | --- | --- | --- |
| | 6 | 7 | 8 | 9 | 10 | 11 |
| 90 | 15.00 | 12.86 | 11.25 | 10.00 | 9.00 | 8.18 |
| 80 | 13.33 | 11.43 | 10.00 | 8.89 | 8.00 | 7.27 |
| 70 | 11.67 | 10.00 | 8.75 | 7.78 | 7.00 | 6.36 |
| 60 | 10.00 | 8.57 | 7.50 | 6.67 | 6.00 | 5.45 |
| 50 | 8.33 | 7.14 | 6.25 | 5.56 | 5.00 | 4.55 |
| 40 | 6.67 | 5.71 | 5.00 | 4.44 | 4.00 | 3.64 |
| 30 | 5.00 | 4.29 | 3.75 | 3.33 | 3.00 | 2.73 |
| 20 | 3.33 | 2.86 | 2.50 | 2.22 | 2.00 | 1.82 |

注：引自《冷库设计标准》（GB 50072—2021）。

冷库隔热层的敷设必须连续完整，避免格栅、屋梁和支柱等建筑物参与到隔热层中，断裂隔热层的完整性，导致冷桥的产生，使室内冷气散到室外。

（3）防潮系统

防潮系统是用来防止水汽向隔热层渗透而降低其隔热性能的。空气中的水蒸气分压随气温升高而增大，由于冷库内外温度不同，水蒸气不断由高温侧向低温侧渗透，通过围护结构进入隔热材料的空隙，当温度达到或低于露点温度时，就会产生结露现象，导致隔热材料受潮，导热系数增大，隔热性能降低，同时也使隔热材料受到侵蚀或发生腐烂。因此，防潮性能对冷藏库的隔热性能十分重要。

通常在隔热层的外侧或内外两侧敷设防潮层，形成一个闭合系统，以阻止水汽的渗入。常用的防潮材料有塑料薄膜、金属箔片、沥青、油毡等。无论采用何种防潮材料，敷设时都要完全封闭，不能留有一点缝隙，尤其是在温度较高的一面。如果只在隔热层的一面设置防潮层，则应当在隔热层温度较高的一面敷设。

# 三、机械冷库的使用与管理

## （一）清洁与消毒

果蔬贮藏环境中病、虫、鼠害是造成产品损失的重要原因之一，因此在使用冷库前必须进行全面的清洁与消毒。库房所有用具应用0.5%的漂白粉溶液或2%～5%硫酸铜溶液清洗后晾干入库，然后对冷库进行消毒处理。常用的消毒方法有乳酸熏蒸、硫黄熏蒸、过氧乙酸熏蒸或喷雾、漂白粉喷雾等。

## （二）入库与堆放

果蔬产品在入库贮藏时，须先进行预冷以消除田间热，且应分次、分批进行贮藏。每次入贮量不宜太多，第一次入贮量以不超过该库总量的1/5为宜，以后每次以1/10～1/8为好。产品入库后，科学合理的堆放要求是做到"三离一隙"。"三离"指的是离墙、离地面、离天花板都要有一定距离，"一隙"指的是垛与垛之间及垛内要留有一定的空隙，以保证库内空气流通，排出热量，使库内温度均匀稳定。产品堆放应距墙20～30cm；产品不能直接堆放在地面上，应用垫仓板架起一定高度，使空气在垛下形成循环；产品堆放的高度应控制在离天花板约80cm的高度。产品堆放时，还应防止倒塌情况的发生，可采用搭架或堆码到一定高度时（如1.5m），用垫仓板衬一层再堆放的方式解决。

### （三）温度管理

温度是决定新鲜果蔬产品冷藏成败的关键。冷库温度管理要把握"适宜、稳定、均匀及产品进出库时合理升降温"的原则。不同果蔬冷藏的适宜温度是有区别的，即使是同一种类，品种不同也会存在差异，甚至成熟度不同也会产生影响（表4-4）。例如，大部分果蔬如白菜、葡萄等适合在0℃左右贮藏，而香蕉和柠檬则适合在10℃以上贮藏。苹果中晚熟品种如国光、红富士、秦冠等应采用0℃的贮藏温度，而早熟品种则应采用3～4℃的贮藏温度。贮藏温度设定太高或太低，贮藏效果均不理想。温度太高，会加快果蔬后熟衰老过程；温度太低，则易引发冷害甚至冻害。

表4-4　部分果蔬的冷藏条件和贮藏寿命

| 种类 | 冷藏温度 /℃ | 相对湿度 /% | 贮藏寿命 / 天 |
|---|---|---|---|
| 苹果 | −1 ～ 4 | 85 ～ 90 | 30 ～ 360 |
| 沙梨 | 1 | 90 ～ 95 | 150 ～ 300 |
| 西洋梨 | −1.5 ～ 0.5 | 90 ～ 95 | 14 ～ 49 |
| 雪梨 | 0 ～ 1 | 90 ～ 95 | 7 ～ 14 |
| 杏 | −0.5 ～ 0 | 85 ～ 90 | 7 ～ 21 |
| 桃 | 0 ～ 0.5 | 90 ～ 95 | 14 ～ 28 |
| 油桃 | −0.5 ～ 0 | 90 ～ 95 | 14 ～ 28 |
| 李 | 0 ～ 1 | 90 ～ 95 | 14 ～ 35 |
| 香蕉 | 12 ～ 14 | 85 ～ 95 | 7 ～ 28 |
| 樱桃 | −0.5 ～ 0.5 | 85 ～ 90 | 14 ～ 21 |
| 酿酒葡萄 | −1 ～ 0.5 | 90 ～ 95 | 7 ～ 42 |
| 美洲葡萄 | −0.5 ～ 0 | 85 | 14 ～ 24 |
| 猕猴桃 | 0 ～ 1 | 90 ～ 95 | 90 ～ 150 |
| 柠檬 | 10 ～ 13 | 85 ～ 90 | 30 ～ 180 |
| 龙眼 | 1.5 ～ 3 | 90 ～ 95 | 21 ～ 35 |
| 荔枝 | 3 ～ 5 | 90 ～ 95 | 21 ～ 35 |
| 芒果 | 10 ～ 13 | 85 ～ 90 | 14 ～ 21 |
| 杨桃 | 9 ～ 10 | 85 ～ 90 | 21 ～ 28 |

| 种类 | 冷藏温度 /℃ | 相对湿度 /% | 贮藏寿命 / 天 |
|---|---|---|---|
| 甜橙 | 3 ～ 9 | 85 ～ 90 | 21 ～ 56 |
| 柑橘 | 5 ～ 10 | 85 ～ 90 | 14 ～ 28 |
| 菠萝 | 7 ～ 13 | 85 ～ 90 | 14 ～ 28 |
| 葡萄柚 | 10 ～ 15 | 85 ～ 90 | 42 ～ 56 |
| 石榴 | 2.5 ～ 4.5 | 85 ～ 90 | 90 ～ 120 |
| 草莓 | 0 ～ 1 | 85 ～ 90 | 5 ～ 7 |
| 甜瓜 | 0 ～ 4.5 | 85 ～ 90 | 21 ～ 35 |
| 西瓜 | 4.5 ～ 10 | 85 ～ 90 | 14 ～ 21 |
| 无花果 | −0.5 ～ 0 | 85 ～ 90 | 7 ～ 10 |
| 菠萝蜜 | 13 | 85 ～ 90 | 14 ～ 42 |
| 石刁柏 | 0 ～ 2 | 90 ～ 95 | 14 ～ 21 |
| 苦瓜 | 12 ～ 13 | 85 ～ 90 | 14 ～ 21 |
| 青花菜 | 0 | 95 ～ 100 | 10 ～ 14 |
| 花椰菜 | 0 ～ 1 | 90 ～ 95 | 21 ～ 28 |
| 胡萝卜（留叶） | 0 | 95 ～ 100 | 14 |
| 胡萝卜（成熟） | 0 | 98 ～ 100 | 210 ～ 270 |
| 芹菜 | 0 ～ 1 | 90 ～ 95 | 95 ～ 100 |
| 大白菜 | 1 ～ 7 | 80 ～ 90 | 60 ～ 90 |
| 黄瓜 | 11 ～ 13 | 90 ～ 95 | 10 ～ 14 |
| 茄子 | 12 ～ 14 | 90 ～ 95 | 7 ～ 10 |
| 大蒜 | −0.5 ～ 0 | 65 ～ 70 | 180 ～ 210 |
| 蘑菇 | 0 ～ 2 | 90 ～ 95 | 3 ～ 4 |
| 扁豆 | 4 ～ 7 | 90 ～ 95 | 7 ～ 10 |
| 洋葱（绿） | 0 | 95 ～ 100 | 21 ～ 28 |
| 洋葱（干） | 0 | 65 ～ 70 | 30 ～ 240 |
| 番茄（绿熟） | 18 ～ 23 | 90 ～ 95 | 7 ～ 21 |
| 番茄（红熟） | 13 ～ 15 | 90 ～ 95 | 4 ～ 7 |
| 菠菜 | 0 ～ 1 | 90 ～ 95 | 10 ～ 14 |
| 南瓜 | 10 ～ 13 | 50 ～ 70 | 60 ～ 90 |
| 蒜薹 | −0.5 ～ 0 | 90 ～ 95 | 180 ～ 240 |

| 种类 | 冷藏温度 /℃ | 相对湿度 /% | 贮藏寿命 / 天 |
|------|------------|-----------|-------------|
| 红薯 | 10 ~ 12 | 85 ~ 90 | 200 ~ 250 |
| 马铃薯（早熟） | 10 ~ 16 | 90 ~ 95 | 10 ~ 14 |
| 马铃薯（晚熟） | 4.5 ~ 13 | 90 ~ 95 | 150 ~ 300 |
| 抱子甘蓝 | 0 | 95 ~ 100 | 21 ~ 35 |
| 羽衣甘蓝 | 0 | 95 ~ 100 | 10 ~ 14 |
| 球茎甘蓝 | 0 | 98 ~ 100 | 60 ~ 90 |
| 佛手瓜 | 7 | 85 ~ 90 | 28 ~ 42 |
| 菜豆或食荚菜豆 | 4 ~ 7 | 95 | 7 ~ 10 |
| 甜玉米 | 0 | 95 ~ 98 | 5 ~ 8 |
| 青豌豆 | 0 | 95 ~ 98 | 7 ~ 14 |
| 圆粒豌豆 | 4.5 | 95 | 6 ~ 8 |

对于绝大多数果蔬而言，产品在入库后应尽快冷却到适宜的贮藏温度。对于某些果蔬，如鸭梨则应采取逐步降温方法，以避免贮藏中冷害的发生。果蔬入库后，在整个贮藏期间应尽量维持库内温度稳定。温度波动过大，贮藏环境中的水分会发生过饱和及结露现象，一方面增加了湿度管理的困难，另一方面，液态水的出现有利于微生物的活动和繁殖，导致病害发生，腐烂率增加。因此，贮藏过程中冷库的温度波动应尽可能小，最好控制在 ±0.5℃以内，尤其是当相对湿度较高时（0℃空气的相对湿度为95%时，温度下降至−1.0℃就会出现凝结水），更应降低其波动幅度。

此外，库房所有部位温度要均匀一致，无过热过冷的死角，这对于长期贮藏的新鲜果蔬产品来说尤为重要。为方便了解库内温度变化，要在库内不同位置装置温度计，做好库内温度观察和记载工作。

最后，当冷库的温度与外界气温有较大的温差（通常超过5℃）时，冷藏的新鲜果蔬在出库前需经过升温过程，以防止产品表面凝结水珠导致"出汗"现象的发生。

### （四）湿度管理

为避免失水萎蔫，对大多数新鲜果蔬而言，贮藏冷库的相对湿度应控制在80%以上。部分果蔬如洋葱、大蒜等则要求湿度更低一点的贮藏环境，否则容易造成发芽或腐烂。当冷库的相对湿度较低时，果蔬产品可用塑料薄膜单果套袋或以塑料袋作内衬进行包装，以创造高湿的小环境；也可通过地面洒水、空气喷雾或安装自动湿度调节器等措施增加库房湿度。当冷库的相对湿度过高时，则可用生石灰等吸湿剂吸潮，也可通过加强通风换气来达到降湿的目的。

### （五）通风换气

果蔬贮藏过程中，会通过呼吸作用释放 $CO_2$、乙烯、乙醇等气体，加快果蔬成熟衰老，不利于贮藏。为降低这些气体在库内的浓度，冷藏库必须适度通风换气。通风换气宜选择气温较低的夜晚或早晨进行，雨天、雾天等外界湿度过大时则暂缓通风。为避免库内温度、湿度发生较大波动，在通风换气的同时应开动制冷机以减缓库内温度、湿度的升高。对于新陈代谢旺盛及刚入贮的果蔬，应加大通风换气频率，如10～15天换气一次，当建立起符合要求、稳定的贮藏条件后，通风换气频率可降低为一个月一次。

# 第三节　气调贮藏

## 一、气调贮藏的定义及方式

气调贮藏即调节气体贮藏，是指通过调整和控制贮藏环境的气体成分和比例以及环境的温度和湿度来延长贮藏产品的寿命和货架期的一种贮藏方式。气调贮藏包含着冷藏和气调的双重作用，贮藏效果很好，多用于果蔬产品的长期贮藏，是目前国际上果蔬产品保鲜广为应用的现代化贮藏手段。根据调气方式，可分为机械气调（CA）贮藏和自发气调（MA）贮藏两类。通常所说的气调贮藏即CA贮藏，也叫快速气调，它是在冷藏的基础上，把果蔬产品放置在密闭的气调库中，利用产品自身的呼吸作用，借助气调机械设备，对封闭系统中$O_2$和$CO_2$的组成进行调节，使之符合贮藏要求的一种贮藏方法。MA贮藏也叫限气贮藏，是指将果蔬置于密封的容器中，依靠其自身的呼吸代谢来改变贮藏环境的气体组成，基本不进行人工调节的气调贮藏，如塑料袋密封贮藏、塑料大帐贮藏、硅胶窗气调贮藏等。MA贮藏方法较简单，容易操作，但在整个贮藏过程中气体成分变化幅度较大，贮藏效果不及CA好。

## 二、气调贮藏的原理

正常空气中，$O_2$和$CO_2$浓度分别约为21%和0.03%，$N_2$约占78%。研究表明，降低贮藏环境中$O_2$浓度，提高$CO_2$浓度，可以明显抑制果蔬产品和微生物的代谢活动，延长果蔬的贮藏寿命。气调贮藏的原理就是在维持果蔬正常生命活动的前提下，在适宜温度基础上，通过改变贮藏环境中的气体成分，降低$O_2$浓度和提高$CO_2$浓度来控制果蔬的呼吸强度，最大限度地抑制其生理代谢过程，抑制微生物的侵染和乙烯的产生，以达到减少物质消耗、延缓衰老、保持果蔬品质和延长贮藏寿命的目的。

## 三、气调贮藏的技术参数及控制方式

影响气调贮藏效果的因素有很多，如产品的种类、品种、采收期、采后处理和贮藏管理等。下面重点叙述与气调贮藏关系最密切的$O_2$浓度、$CO_2$浓度和温度这些技术参数确定的一般原则。

### （一）确定气调技术参数的原则

#### 1. $O_2$浓度、$CO_2$浓度与贮藏的关系

一般情况下，低$O_2$浓度、高$CO_2$浓度抑制产品的呼吸作用，从而延缓衰老。但新鲜果蔬产品对低$O_2$浓度、高$CO_2$浓度的耐受有一个限度，超过这一临界点，就会发生无氧呼吸，积累乙醛、乙醇而使风味劣化，失去商品价值。这一临界点称为临界$O_2$浓

度和临界$CO_2$浓度。临界浓度因果蔬产品不同而有所差异，大多数产品的临界$O_2$浓度为1.5%～2.5%。目前，我国生产上气调贮藏应用的$O_2$浓度在3%～5%，苹果气调贮藏的$O_2$浓度在3%左右，发达国家采用超低氧气调的$O_2$浓度约为1%。对大多数果蔬来讲，$CO_2$临界浓度不超过15%，$CO_2$安全浓度约为3%～5%。超低氧气调时，$CO_2$浓度的确定必须以$O_2$浓度为依据，一般为1%。

### 2. $O_2$浓度、$CO_2$浓度和温度的组合与贮藏的关系

无论哪种贮藏方式，温度都是首要的环境因素。只有在确定了贮藏温度后，才能确定气体组分指标。低温与$CO_2$浓度有协同作用，$CO_2$浓度与$O_2$浓度有拮抗作用。随着贮藏温度的降低，产品对低$O_2$浓度、高$CO_2$浓度的耐受力降低，即气调环境加剧低温伤害。因此，通常气调贮藏温度要高出普通冷藏温度约0.5℃，以避免由低$O_2$浓度、高$CO_2$浓度诱导的低温伤害。同样，$CO_2$伤害在低温和低$O_2$浓度时显得更为严重，适当提高温度或提高$O_2$浓度，可减轻$CO_2$伤害。超低氧气调贮藏中，由于$O_2$浓度在1%左右，果蔬对如此低的$O_2$浓度很敏感，因此，贮藏中的温度指标应比低氧气调还要高一些，$CO_2$浓度则相对低一些。

在气调贮藏中，温度、$O_2$浓度、$CO_2$浓度三个因素互为条件，互相制约。当其中的一个条件发生变化时，其他条件也应随之改变，只有当三者达到最佳配合，才能发挥气调贮藏的优越性。每一种产品都有其最适宜的气调贮藏条件，这种最适的条件组合并非固定不变，由于品种、产地、成熟度以及贮藏阶段等不同而有所变化。表4-5列出了不同产地富士苹果的气调贮藏条件，表明同一品种在不同产地所采用的气调参数是不同的。

表4-5　不同产地富士苹果的气调贮藏条件

| 产地 | 温度 /℃ | $O_2$ 浓度 /% | $CO_2$ 浓度 /% |
|---|---|---|---|
| 澳大利亚（南方） | 0 | 2 | 1 |
| 澳大利亚（维多利亚） | 0 | 2～2.5 | 2 |
| 巴西 | 1.5～2 | 1.5～2 | 0.7～1.2 |
| 法国 | 0～1 | 2～2.5 | 1～2 |
| 日本 | 0 | 2 | 1 |
| 美国（华盛顿） | 0 | 1～2 | 1～2 |

注：引自Thompson，2010。

国内外学者根据多年实践经验，总结了气调贮藏在果蔬产品上的应用情况和技术参数，以供参考（见表4-6）。

表4-6　部分果蔬气调贮藏的条件组合

| 种类 | 温度 /℃ | $O_2$ 浓度 /% | $CO_2$ 浓度 /% |
|---|---|---|---|
| 红星苹果 | 0 | 1～1.5 | <2 |
| 富士苹果 | 0 | 2 | 1 |
| 金冠苹果 | 0 | 1～1.5 | <3 |

| 种类 | 温度 /℃ | $O_2$ 浓度 /% | $CO_2$ 浓度 /% |
|---|---|---|---|
| 嘎啦苹果 | 3.5 ～ 4 | 2 | <1 |
| 鳄梨 | 10 ～ 13 | 2 ～ 5 | 3 ～ 10 |
| 西洋梨 | −1 ～ −0.5 | 2 | <1 |
| 香蕉 | 12 ～ 16 | 2 ～ 5 | 2 ～ 5 |
| 柠檬 | 10 ～ 15 | 5 ～ 10 | 0 ～ 10 |
| 芒果 | 10 ～ 15 | 3 ～ 5 | 5 ～ 10 |
| 橘子 | 0 ～ 5 | 5 ～ 10 | 0 ～ 5 |
| 木瓜 | 10 ～ 15 | 2 ～ 5 | 5 ～ 8 |
| 桃 | 0 ～ 5 | 1 ～ 2 | 3 ～ 5 |
| 杏 | 0 ～ 5 | 2 ～ 3 | 2 ～ 3 |
| 李 | 0 ～ 5 | 1 ～ 2 | 0 ～ 5 |
| 柿 | 0 ～ 5 | 3 ～ 5 | 5 ～ 8 |
| 菠萝 | 8 ～ 13 | 2 ～ 5 | 5 ～ 10 |
| 草莓 | 0 ～ 5 | 5 ～ 10 | 15 ～ 20 |
| 樱桃 | 0 ～ 5 | 3 ～ 10 | 10 ～ 15 |
| 猕猴桃 | 0 | 1 ～ 2 | 3 ～ 5 |
| 洋葱 | 0 | 3 | 5 |
| 番茄 | 10 ～ 15 | 3 ～ 5 | 3 ～ 5 |
| 莴苣 | 0 ～ 5 | 1 ～ 3 | 0 |
| 甘蓝 | 0 ～ 5 | 1 ～ 2 | 5 ～ 7 |
| 大白菜 | 0 | 3 | 5 |
| 甜玉米 | 0 ～ 5 | 2 ～ 4 | 5 ～ 10 |
| 洋蓟 | 0 ～ 5 | 2 ～ 3 | 2 ～ 3 |
| 石刁柏 | 1 ～ 5 | 21 | 10 ～ 14 |
| 菜豆、绿豆 | 5 ～ 10 | 2 ～ 3 | 4 ～ 7 |
| 花椰菜 | 0 ～ 5 | 1 ～ 2 | 5 ～ 10 |
| 芹菜 | 0 ～ 5 | 1 ～ 4 | 3 ～ 5 |
| 黄瓜 | 8 ～ 12 | 1 ～ 4 | 0 |
| 秋葵 | 7 ～ 12 | 21 | 4 ～ 10 |
| 生菜 | 0 ～ 5 | 1 ～ 5 | 5 ～ 20 |

## （二）气体指标的控制方式

### 1. 双高指标控制

双高指标控制即$O_2$和$CO_2$的浓度总和约为21%。空气中$O_2$和$CO_2$浓度之和约为21%，果蔬产品正常代谢的呼吸商约为1，所以将产品贮藏在密闭的环境中，产品呼吸消耗的$O_2$和释放的$CO_2$体积大致相等，即环境中$O_2$和$CO_2$的浓度总和一直接近21%。当$O_2$浓度降至设定的指标时，$CO_2$浓度也就上升到了设定指标，此后，采用置换同等体积新鲜空气的方法，可基本维持这种气体组合。

大帐自发气调和塑料袋包装就是这种气调法。它的优点是管理方便，设备简单；缺点是如果$O_2$浓度较高（>10%），$CO_2$浓度就低，不能充分发挥气调贮藏的优越性，如果$O_2$浓度较低（<10%），又可能造成$CO_2$浓度过高而发生生理伤害。因此，将$O_2$和$CO_2$控制在相接近的指标（二者各约10%），简称双高指标，可用于一些没有降氧设备的果蔬贮藏，有一定的保鲜效果，但不如双低指标效果好。

### 2. 双低指标控制

双低指标控制也称为低氧气调，即$O_2$和$CO_2$的浓度总和小于10%。例如，3%的$O_2$+5%的$CO_2$、3%的$O_2$+3%的$CO_2$等组合。双低指标控制是国内外应用最广泛的气调指标控制方法，贮藏效果好，但这种方法要求果蔬采后在很短的时间内迅速降氧，将各种气体指标控制在很小的变化范围内，因而所需的设备比较复杂，需要降$O_2$和除$CO_2$设备齐全，贮藏费用相对较高。

### 3. $O_2$单指标控制

为简化贮藏管理，或者因贮藏产品对$CO_2$较敏感时，可采用$O_2$浓度单指标控制方式，即只控制贮藏环境中的$O_2$浓度，$CO_2$则用吸收剂全部吸收掉。贮藏环境中无$CO_2$存在时，影响植物呼吸的$O_2$阈值大约是7%，因此，$O_2$浓度单指标必须低于7%才能有效抑制产品的衰老代谢。大多数情况下，采用的$O_2$浓度为2%～3%。由于贮藏环境中的$CO_2$不能随时被彻底吸收，故一般将$CO_2$浓度控制在1%以内。柑橘、沙梨等都适用于这种气体指标控制方式。

## （三）气体的调节方式

气调库的气体成分从刚封库时的自然空气转变到所设定的气体指标，有一个降$O_2$浓度和升$CO_2$浓度的过渡期，称之为降氧期。降氧期之后，则要使$O_2$浓度和$CO_2$浓度稳定在设定指标范围内，该时期称为稳定期。降$O_2$浓度的方法以及稳定期的管理直接关系到果蔬贮藏效果的优劣。

### 1. 自然降$O_2$法

自然降$O_2$法是指气调环境封闭后，靠产品自身呼吸作用使$O_2$浓度逐渐下降，同时积累$CO_2$的方法。这种方式降氧速度较慢，气体成分变化幅度大。一般用于MA贮藏，有两种形式。

① 放风法。当$O_2$浓度降至设定指标的低限或$CO_2$浓度上升到设定的高限时，开启封闭的气调环境，部分或全部换入新鲜的空气，再重新封闭。

② 调气法。在双高指标和$O_2$单指标两种气体控制方式中，降氧期用吸收剂或其他简易方法除去超标的$CO_2$，待$O_2$浓度降至设定的指标后，定期或连续输入适量空气，同

时继续吸除多余的$CO_2$，使两种气体稳定在设定的范围内。在塑料大帐内加石灰、硅窗大帐、硅窗袋等调气方法均属于此类。

### 2. 人工降$O_2$法

人工降$O_2$法即人为快速地降低贮藏环境中的$O_2$浓度，使降氧期缩短为1天或几个小时。这种方法降氧速度快，避免了降氧过程的高$O_2$期，提高了贮藏效果，但此法对设备和管理技术要求较高，耗电力、贮藏成本高。快速降氧也有两种形式。

① 气流法。按预先设定的气体成分指标配置好气体，输入气调环境中取代其中的空气，以后用一定的气流速度稳定贮藏环境内的气体指标。小型气调试验装置多用此法，这种方法能够很快达到设定的气体指标，且始终维持气体成分稳定。但商业的气调贮藏用此法代价太大，难以推广。

② 充氮法。气调库的气体成分调节一般采用充气置换，即通过制氮机制取浓度较高（一般不低于96%）的$N_2$，将其通过管道充入库内，同时将含$O_2$较多的库内气体通过另一管道排出库外，如此连续进行，使产品在耗$O_2$和人工补$O_2$之间，能建立起一个相对稳定的平衡系统。假如设定的$O_2$浓度指标为3%，在库内的$O_2$浓度降至5%左右时，即可停止人工降氧，然后通过产品自身的呼吸作用继续降氧，并提高$CO_2$浓度，使之达到设定的气体指标。

## 四、气调贮藏的使用与管理

### （一）机械气调贮藏

机械气调贮藏是利用机械设备人为地控制贮藏环境中的气体成分，是经济发达国家应用的大量长期贮藏果蔬的主要手段。

### 1. 气调库的类型与构造

气调贮藏库的库房结构与冷藏库基本相同，但在气密性和维护结构强度方面的要求更高，并且要易于取样和观察，能脱除有害气体和自动控制气体成分浓度。按建筑的形式分类，气调库可分为土建式、夹套式和装配式三种形式。其中装配式气调库是在库基上用彩镀夹心板拼接装配而成的，施工方便快捷，气密性好，是目前国内外应用最多的类型。

常见的气调库一般采用预制隔热嵌板建造库房。嵌板两面是表面呈凹凸状的金属薄板（镀锌钢板、镀锌铁板或铝合金板等），中间是隔热材料聚苯乙烯泡沫塑料，采用合成的热固性黏合剂，将金属薄板牢固地黏结在聚苯乙烯泡沫塑料板上。嵌板用铝制呈工字形的构件从内外两面连接，在构件内表面涂满可塑性的丁基玛蹄脂，使接口完全、永久地密封。在墙脚、墙角与天花板墙角等转角处，皆用直角形铝制构件连接，并用特制的铆钉固定。这种预制隔热嵌板，既可以隔热防潮，又可以作为隔气层。但为获得更优良的气密性和保温性能，比较先进的做法是在建成的库房内进行现场喷涂聚氨酯泡沫（聚氨基甲酸酯）。喷涂5.0～7.6cm厚的聚氨酯泡沫可取得相当于10.0cm厚的聚苯乙烯的保温效果。在喷涂前应先在墙面上涂一层沥青，然后分层喷涂，每层厚度约为1.2cm，直至喷涂达到所要求的厚度。库门既要保温，又要密封。现代化库房都使用机械操作，库门很大，不容易做到密封。常用的做法是设一道门或设两道门，第一道门是保温门，第二道门是密封门，并且在门上设观察窗和手洞，方便观察和从库内取样。

气调库在运行过程中，由于库内温度波动或气体调节会在库内外两侧形成气压差，若不把气压差及时消除或控制在一定范围内，将会损坏围护结构。为保证库房的气密性，可设置气压袋。气压袋常做成一个软质不透气的聚乙烯袋子，体积约为贮藏容积的1%～2%，设在贮藏室的外面，用管子与贮藏室相通。当贮藏室内的气压发生变化时，气压袋会膨胀或收缩，因而可以始终维持贮藏室内外气压基本平衡。但这种设备体积大，占地多，现多改用水封栓，保持10mm厚的水封层，当库内外气压差超过98.1Pa（10mmH$_2$O）时便起自动调节作用。

### 2. 气调库的设备

气调库的建筑特点是维持一定的气密性，关键设施是调气设备，库内气体调节主要通过调气设备来完成，包括降氧设备（制氮机）、CO$_2$脱除设备和乙烯脱除设备。调节气体的主要设备是制氮机，有催化燃烧式、碳分子筛式和中空纤维膜制氮机。其中，中空纤维膜制氮机利用中空纤维膜，对不同大小的分子，进行有选择性地分离，将压缩空气中的氮与氧分离，达到气调的目的。由于其技术性能优越，产品质量可靠，价格低廉，已被广泛选用。常用的CO$_2$脱除系统有NaOH洗涤器、消石灰吸收器、活性炭吸收器等。乙烯则常采用高锰酸钾氧化吸收或高温催化氧化的方式去除，目前，臭氧除乙烯技术正逐步取代高温催化型乙烯机。

除了上述主要设备外，为了获得满意的贮藏效果，往往还需要一些其他的设备，主要包括制冷设备、加湿设备、气体循环系统、压力平衡系统、自动检测控制系统等。

### 3. 气调库的气密性

气调库建成后或在重新使用前都要进行气密性检查，检查结果如不符合要求，要查明原因，进行修补，直到气密性达标后方可使用。目前，常用的气密检测方法是压力测试法。压力测试法是指人为地在库内造成正压或负压，然后测定库内压力随时间的变化关系，以此来判断围护结构的气密性。因为气密层通常设置在围护结构的内侧，负压容易使气密层与基底脱开，所以通常采用正压法。负压法可以用于检测气密层的黏结质量。

关于气调库的气密标准，目前世界上还没有一个统一的标准，皆由各国根据国情自行制定。我国目前的国家标准是：封库加压（气压）至196Pa（20mmH$_2$O），压力降至98Pa（10mmH$_2$O）时开始计时，20min后压力不小于78Pa（8mmH$_2$O）为合格。

### 4. 气调库的运行管理

气调库的运行管理包括贮藏管理、设备运行管理和安全管理等。

（1）贮藏管理

① 温度管理。入库前7～10天应开机梯度降温，在产品入贮前使库温稳定保持在设定的温度。产品入库前应先预冷消除田间热。入库时速度要快，及时装满封库。入库后2～3天应将库温降至最佳贮藏温度，并保持这一温度，避免波动。

② 湿度管理。重点管理好加湿器及其监测系统。宜在库内温度稳定后再启动加湿器，启动过早会增加产品霉烂，启动过晚会导致产品失水。加湿时使库内水汽分布均匀，避免小范围聚集，增加霉菌侵染概率，影响贮藏效果。

③ 气体成分管理。重点控制好库内O$_2$和CO$_2$的浓度。在产品入库结束、库温稳定后，应迅速降氧。一般低氧贮藏，库内O$_2$浓度一次降至5%左右，再利用产品自身的呼吸作用继续降O$_2$浓度，同时提高CO$_2$浓度，直到达到设定指标，这一过程约需7～10

天时间。而后即靠脱除多余的$CO_2$和补充$O_2$的办法，使两者浓度稳定在适宜范围，直到贮藏结束。

④ 产品质量检测。从产品入库到出库要定期进行质量检测，包括产品的外部感官性状和风味，保鲜程度如失重、果肉硬度、可溶性固形物含量，以及微生物侵染性病害和生理性病害的发生情况等。气调贮藏中尤其要注意生理性病害的发生，如苹果虎皮病、$CO_2$伤害、低$O_2$伤害、低温伤害等，并随时对检测结果进行分析，以指导下一步的贮藏管理。在贮藏的后期应该增加检测的频次。

（2）设备运行管理

在每次贮藏之前，对库房围护结构的气密性进行检测和补漏，对库房和包装材料进行消毒，对所有设备包括制冷设备、气调设备和管道等进行全面检查和检修。完成检查和检修后，应开机进行联动试运转，掌握设备运行状况，保证气调库正常运转。

（3）安全管理

安全管理包括设备安全管理、水电防火安全管理、库体安全管理和人身安全管理等方面，这里特别强调的是库体安全管理和人身安全管理。

① 库体安全。除防水、防冻、防火之外，重点是防止温变效应。在库体进行降温、试运转期间不允许封库，避免库内外压力差过大导致库体崩裂或破坏气密性。当库温稳定在设定范围之后，再封库门，开始下一步操作。

② 人身安全。气调库内低$O_2$浓度、高$CO_2$浓度的环境对人会造成伤害。操作人员入库前需戴好氧气呼吸器，确认呼吸畅通后方可入库操作；库内操作必须两人同行；入库前必须将库门和观察窗的门锁打开，以便出现事故后急救；库外留人观察库内操作人员动向，以防万一。产品出库时，必须确认$O_2$浓度达到18%以上，方可入库操作。

## （二）自发气调贮藏

自发气调贮藏是利用塑料薄膜包装或密封果蔬产品，以改变贮藏环境中的气体成分，并控制水分过分蒸发散失，从而达到延长果蔬贮藏期的目的。目前常用的塑料薄膜是符合卫生标准的聚乙烯、聚氯乙烯和聚丙烯塑料，这些塑料透水性低、透气性高、无毒。塑料薄膜包装或密封贮藏通常与机械冷藏库或通风库贮藏方式相结合，也可在运输中应用，有一定优越性。

### 1. 塑料薄膜袋密封贮藏

该方法是将产品装在塑料薄膜袋内（一般为0.02～0.08mm厚的聚乙烯薄膜），扎紧袋口或热合密封的一种简易气调贮藏方法。袋的规格、容量不一，大的有20～30kg/袋，小的一般<10kg/袋，在苹果、梨、柑橘类等水果贮藏时则大多为单果包装。定期放风的塑料袋用0.06～0.08mm厚的聚乙烯薄膜作封闭袋，定期检查袋内的气体组成，当达到规定的$O_2$下限或$CO_2$上限时，打开袋口换入新鲜空气后再密封贮藏；不放风的塑料袋，薄膜厚度为0.03～0.05mm，有较好的透气性，短时间内可维持适宜的$O_2$和$CO_2$浓度，适用于短期贮藏、长途运输或零售。

### 2. 塑料大帐密闭贮藏

塑料大帐密闭贮藏也称大帐法或垛封法，是将堆垛的果蔬产品周围用塑料薄膜封闭进贮藏的方法。具体做法是先在贮藏库地上垫上衬底薄膜，其上摆放垫木或垫砖，然后将果蔬产品用通气的容器（如竹筐）盛装，码成垛，容器之间留一定的通气孔隙。码好的垛用塑料薄膜帐罩住，帐子和垫底薄膜的四边互相重叠卷起并埋入垛四周的土中或用其他重物压紧，也可以用活动贮藏架在装架后整架封闭（图4-11）。塑料薄膜一般选用0.07～0.20mm厚的聚乙烯或聚氯乙烯。在塑料帐的两端设置袖口（用塑料薄膜制成），供充气及垛内气体循环时插入管道之用，也可从袖口取样检查。活动硅橡胶窗也是通过袖口与帐子相连接的。帐子还要设取气口，以便测定气体成分的变化，也可从此充入气体消毒剂，平时不用时把气口塞闭合。产品入贮后，帐内调节气体的方法有自然降氧、人工降氧和人为供$CO_2$自然降氧等。

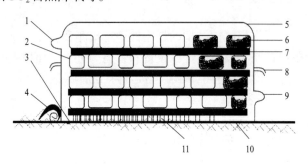

**图4-11　塑料大帐密闭贮藏示意图**

1—充气袖口；2—果蔬筐；3—帐底；4—卷边；5—帐顶；6—果实；7—木杆；8—取气嘴；9—抽气袖口；
10—石灰；11—垫砖

为避免器壁的凝结水侵蚀贮藏产品，应设法使封闭帐悬空，不使之紧贴产品。对帐顶部分凝结水的排除，可加衬吸水层，还可将帐顶做成屋脊形，以免凝结水滴到产品上。由于薄膜的透气性差，长时间贮藏可能造成帐内$O_2$浓度过低和$CO_2$浓度过高，可将消石灰撒在帐内底部作$CO_2$吸收剂，或直接采用通风的方式来调节。

### 3. 硅橡胶窗气调贮藏

硅橡胶窗气调贮藏是将果蔬贮藏在镶有硅橡胶窗的聚乙烯薄膜袋内，利用硅橡胶特有的透气性，自动调节气体组成的一种贮藏方法。硅橡胶是一种有机硅高分子，具有特殊的透气性。硅橡胶薄膜对$CO_2$的透过率是同厚度聚乙烯膜的200～300倍，是聚氯乙烯膜的20000倍；并且，硅橡胶膜对气体具有选择性透性，其对$N_2$、$O_2$和$CO_2$的透性比为1：2：12，同时对乙烯和一些芳香物质也有较大的透气性。在镶有硅橡胶膜的塑料薄膜袋内，过量的$CO_2$可通过硅窗透出去，果蔬呼吸消耗掉的$O_2$又可从硅窗外缓慢向内渗入，这样就可保持袋内适宜的$O_2$、$CO_2$和$N_2$浓度，创造有利的气调贮藏条件。目前，该贮藏方法已广泛应用于苹果、梨、蒜薹等果蔬的贮藏。

不同产品由各自的贮藏气体组成，需确定相适宜的硅橡胶窗面积。硅橡胶窗面积取决于贮藏产品的种类、成熟度、贮藏量、贮藏温度、窗膜厚度和所要求的气体组成等因素。关于硅橡胶窗面积的大小，根据贮藏果蔬的质量和呼吸强度，可按如下经验公式进行计算：

$$S = \frac{m \times R_{CO_2}}{P_{CO_2} \times Y}$$

式中　$S$——硅橡胶窗面积，$m^2$；

　　　$m$——贮藏果蔬的质量，kg；

　　　$R_{CO_2}$——贮藏果蔬的呼吸强度，L/（kg·d）；

$P_{CO_2}$——硅橡胶薄膜透气量，L/（$m^2 \cdot d$）；

$Y$——薄膜内要求的$CO_2$浓度，%。

# 第四节　其他贮藏方式

除以上常用的果蔬贮藏方式外，减压贮藏、辐射贮藏、保鲜剂贮藏等也常用于果蔬贮藏保鲜。

## 一、减压贮藏

1957年美国科学家Workman和Hummel等研究发现，在冷藏状态下将贮藏容器抽成负压后果品贮藏效果明显优于低温保鲜和气调保鲜。1963年，美国迈阿密大学教授Stanley Burg建立了第1个减压贮藏保鲜设施，利用此减压保鲜设施最先在番茄、香蕉、莴苣、芹菜等果蔬产品上进行试验，尽管所用的减压程度很轻，但发现几种果蔬的贮藏期得到大大延长。1966年Stanley Burg等人提出了完整的减压贮藏理论并发明了该技术，然后不断优化研究，并推动商业化应用至今。应用范围也从最先试验的几个果蔬品种迅速扩大到其它品种的果蔬。1975年起美国开始有供商业用的减压贮藏设备。这项技术的出现极大地丰富了果蔬贮藏技术，如今减压贮藏已成为一种常用的果蔬保鲜方式。

### （一）贮藏机理

减压贮藏（hypobaric storage, LP）又称低压贮藏、负气压贮藏或真空贮藏，属不冻结真空保鲜技术，是气调贮藏和冷藏的发展。适宜的低压是减压贮藏保鲜技术的核心，其关键是把产品贮藏在密闭的空间内，抽出部分空气，使内部气压降到一定程度，并在贮藏期间保持恒定的低压。该方式主要应用于生鲜果蔬、食用菌、鲜花、肉禽产品、水产品等农产品保鲜贮运和生熟食品保藏贮运。

减压贮藏技术通过给果蔬提供一定的真空度来降低蒸气压和减少氧气的含量，达到保持果蔬水分、减缓腐败的目的。其具体的工作原理是把贮藏场所的气压降低，形成一定的真空度，使密闭容器内空气的各种气体组分的分压都相应降低，氧气浓度也相应降低，可以有效地降低呼吸强度，并抑制乙烯生物合成，延缓叶绿素分解，抑制类胡萝卜素和番茄红素合成，减缓淀粉水解、糖分增加与酸的消耗等过程，从而延缓果蔬的成熟和衰老。同时由于外界气压下降可以促进果蔬组织内挥发性有害气体向外扩散，如乙烯、乙醇、乙醛、乙酸等，防止和减少由这些物质引起的衰老和生理病害。

### （二）分类

按减压运行方式的不同，主要分两种：定期抽气式（静止式）和连续抽气式（连续式）。前者是从减压室内抽气达到要求的真空度后即停止抽气，然后维持规定的低压（压力因产品种类而异），适时地向减压室内补充空气并且适当地进行抽真空操作。这种方式虽可使食品内部的挥发性成分向外扩散，却不能使这些物质不间断地排到减压室外。而连续抽气式减压冷藏能较好地解决了这一问题。连续抽气式操作是把减压室气压降到要求的低压，经压力调节器向减压室内输入一定湿度（85% ~ 100%）的新鲜空气，抽空和输入空气的过程不间断地运行，保证抽走的空气与输入的新鲜空气等量，保持减压室内压力（在要求的低压范围内）恒定。所以产品始终处于恒定的低压、低温和湿润新鲜的气体之中。

## （三）贮藏特点

减压贮藏是在常规的低温冷藏技术基础上加调节气压发展而来的，它在常压冷藏基础上改变密闭空间内气体成分（即抽气降压），能够通过调节压力来精确调节密闭空间内气体成分含量。减压贮藏有以下的特点：

### 1. 能迅速营造一个低 $O_2$ 或超低 $O_2$ 的贮藏环境

果蔬的呼吸作用是果蔬细胞内的有机物在一系列酶的催化作用下，吸收空气中的 $O_2$，逐步氧化分解为 $CO_2$、水等物质，同时释放出能量的生命活动过程。采摘后的果蔬如果呼吸作用旺盛，则有机物质的代谢活动也会加快，果蔬的衰老和腐败速度也会加快，极大地影响果蔬的贮藏期。影响呼吸作用强度的因素有很多，如：温度、湿度、空气成分、微生物等等。研究表明，当 $O_2$ 浓度低于10%时，果蔬呼吸强度明显降低。对大多数果蔬来说比较合适的 $O_2$ 浓度为2%～5%，$CO_2$ 的浓度为1%～5%。呼吸作用是影响果蔬耐贮藏性最重要的因素，为达到较好的果蔬贮藏保存条件，就要尽量地减缓果蔬的呼吸作用强度使其处在"冬眠"状态，为此就需要控制好贮藏环境中 $CO_2$ 和 $O_2$ 的浓度，既能够保证果蔬进行生命活动所需的呼吸，维持其生命的延续，又能控制和减缓其呼吸强度，达到延缓果蔬产品的成熟衰老，延长贮藏时间的目的。减压贮藏可以很好地做到这一点，在实际操作中如果把贮藏环境气压降至正常气压的10%，空间内各气体组成成分的比例保持相对不变，$O_2$ 的绝对量将只有正常大气压的1.1%，能迅速营造一个低 $O_2$ 或超低 $O_2$ 的贮藏环境，以达到良好的保鲜效果。

### 2. 增强物质交换，降低有害气体的浓度

果蔬在发育期间都会产生微量的乙烯、乙醇、乙醛等气体，这些气体不仅能够刺激果蔬呼吸增强，加速代谢活动，还能促进果蔬的成熟和衰老。乙醇和乙醛在果蔬内大量积累会产生毒害作用，使果蔬品质变劣，产生异味，不利于储存。乙烯是一种调节生长、发育和衰老的植物激素，乙烯不仅能促进果实的成熟，而且还能加快叶绿素的分解，使水果和蔬菜变黄，引起果蔬的衰老和品质下降。因此调控环境中乙烯、乙醇、乙醛的浓度，可以促进或延迟果蔬成熟衰老的进程。减压室内的果蔬由于气压差的存在，较常压保存而言，果蔬与大气之间的物质交换增强，组织内挥发性气体浓度降低，这也是其优于气调贮藏的重要方面。

### 3. 降低高 $CO_2$ 中毒的概率，抑制病原微生物的滋生

一般控制 $CO_2$ 的浓度在10%以下时才能抑制果蔬呼吸强度，一旦贮藏环境中 $CO_2$ 浓度高于果蔬组织的耐受值，就会导致果蔬组织发生无氧呼吸，使其积累过量的乙醇、乙醛等有毒物质，最终使组织中毒。组织中毒的症状一般为表面产生凹陷的褐斑，有些伤害从果实维管束开始褐变，随后在果肉发生不规则、分散的小块褐斑并逐渐扩大连片，严重者出现空腔，患病部位与未患病部位之间有明显的界线。凡遭受高 $CO_2$ 危害的果蔬，解除高 $CO_2$ 环境后，伤害症状不再发展，但也无法复原。而减压贮藏装置营造了一个低 $O_2$、低 $CO_2$ 的密闭环境，消除高 $CO_2$ 造成的中毒。此外，低氧环境也能抑制病原微生物的生长繁殖，降低微生物侵染导致的果蔬腐败。

### 4. 连续抽气式减压贮藏可以控制湿度

果蔬中的水分会随着贮藏期的延长而发生不同程度的失水，最终造成产品萎蔫、失重、鲜度下降，贮藏期缩短。贮藏环境的相对湿度越大，果蔬中的水分越不容易蒸发。连续抽气式的减压贮藏装置在操作过程中可以适当地补充新鲜空气的湿度，有效地避免了空气湿度过低、果蔬蒸腾作用过强而导致的贮藏期缩短的问题。

## 二、辐射贮藏

辐射贮藏保鲜技术始于20世纪40年代，由于多种原因的影响，那时候辐射主要用于军事目的，研究处于初级阶段；1950 ～ 1969年由于"和平利用原子能计划"的提出，许多国家开展了食品辐射技术和效果研究；1970 ～ 1988年，各国致力于证实辐照食品的卫生安全性，进入到辐射食品卫生安全性和技术可行性研究阶段；之后的时间里，不断确立了辐照食品的国际标准，不断地调整完善食品辐射法规。至今，辐射食品保鲜技术已经稳步地向商业化发展。我国从1958年就开始了食品辐照保鲜研究，我国的第一家核应用技术研究所于1962年在成都建成，开始了食品辐照研究工作。截至目前，我国已有近20项农产品辐照标准获得批准。

### （一）贮藏机理

辐射贮藏保鲜技术是核辐射技术应用在人类生活中的一个重大突破，其主要是利用放射性同位素（主要是 $^{60}Co$ 或 $^{137}Cs$）发射出来的X射线、β射线、γ射线和加速器产生的电子射线等辐射果蔬，抑制其发芽、推迟成熟、杀虫杀菌、防止霉变，从而达到保鲜和贮藏的目的。

### （二）贮藏特点

与其它果蔬贮藏方法相比，辐射贮藏的优越性体现在以下几个方面：

#### 1. 对食品感官性状影响小

果蔬在受辐射过程中温度变化不大，可最大限度地保持果蔬原有的特性，被辐射后的果蔬在感官性状如色、香、味、形等方面与之前的果蔬性状差别不大。

#### 2. 安全性高、无残留

辐射加工是一种物理办法，通过射线作用于果蔬，果蔬本身并不会接触放射源，不会产生放射性污染，也不会污染果蔬和环境。研究发现，用γ射线辐照新鲜的玉米，不仅延长了玉米的保质期，而且对其可溶性固形物、蔗糖、淀粉和总糖等物质均无影响，甜、香、味也无异常变化。此外，短波紫外线UV-C处理刺梨，能够显著降低刺梨果实腐烂率及失重率，保持果实较高的硬度，可溶性固形物、可滴定酸、维生素C等物质的含量不会受影响，酚类物质含量有所提高，苯丙氨酸解氨酶和超氧化物歧化酶的活性也得到增强，这不仅不会影响果蔬的质量，还提高了其部分的营养价值。与化学处理相比，低剂量辐照处理过的果蔬不会留下任何的残留物，极大地保证了食品的安全性。

#### 3. 射线穿透力强，避免重复包装造成的污染

射线具备非常强的穿透力，可以在不开启包装的情况下杀灭深藏在果蔬或冻肉内部

的害虫和微生物，节省包装材料，避免二次包装过程造成的污染，也可对无菌要求比较高的包装袋、包装盒等进行灭菌处理。

### 4. 适应范围广

辐射处理方法能处理各种不同类型的食物，对于不同体积、不同状态的食物均适用。

### 5. 节约能源，可以自动化连续生产

根据国际原子能机构统计通报的数据，辐射贮藏消耗的能量不足冷藏和脱水处理等食品贮藏方法所需能量的1/10。

## 三、保鲜剂贮藏

保鲜剂贮藏是通过化学物质或药剂浸泡、喷布或熏蒸等提高果蔬的耐贮性，从而延长果蔬保鲜期的技术。根据其作用可将果蔬保鲜剂分为以下几类。

### （一）防腐剂类

防腐保鲜剂保鲜主要是利用化学或天然抗菌剂处理采收之后的果蔬，以消灭病菌，防止贮藏过程中病菌的侵染，从而延长果蔬的贮存期限。使用防腐保鲜剂处理可以简单、有效地抑制微生物生长繁殖，是一种应用广泛的方式。防腐保鲜剂主要分为化学保鲜剂和天然保鲜剂两大类。化学保鲜剂主要包括有机酸及其盐类，如乙酸、乳酸、苯甲酸、山梨酸等，化学保鲜剂使用方便、杀菌效果好，但存在一定的毒副作用和残留问题，并对环境产生污染，此外，化学保鲜剂的使用可能直接或间接地影响消费者的生命健康。天然保鲜剂主要来源于动植物原料，或是通过微生物发酵作用获得，具有安全、天然、健康等特点，已成为当前研究的热点。

### 1. 化学防腐保鲜剂

主要以液体浸泡、喷布或气体熏蒸的方式抑制或杀死果蔬表面的微生物，从而起到防腐保鲜的作用。根据其防治功能，化学防腐保鲜剂可分为防护型化学防腐保鲜剂、广谱内吸型防腐保鲜剂、熏蒸型防腐保鲜剂。

（1）防护型化学防腐保鲜剂

防护型防腐剂主要有山梨酸及其盐类、丙酸等。主要作用是防止病原菌侵入果实，对果蔬表面微生物有杀灭作用，但对侵入果实内部的微生物效果不大。

（2）广谱内吸型防腐保鲜剂

苯并咪唑及其衍生物是广谱内吸型杀菌剂，对侵入果蔬的病原微生物杀菌效果明显，但此类化合物毒性大，可用作植物保护剂，不宜用于果蔬采后保鲜。目前，可用咪鲜胺替代苯并咪唑类用于水果保鲜，但也要注意用药量和时间。

（3）熏蒸型防腐保鲜剂

熏蒸型防腐剂是指在室温下能挥发成气体形式以抑制或杀死果蔬表面的病原微生物，而其本身对果菜毒害作用较小的一类防腐剂。目前较常用的有二氧化硫释放剂、联苯、二氧化氯等，其中应用较多的为二氧化硫。以焦亚硫酸钾为主剂制成片剂进行熏蒸作用，同时可抑制多酚氧化酶活性而防止褐变，但熏蒸浓度要适当，浓度过高会造成二氧化硫残留。

### 2. 天然防腐保鲜剂

天然食品防腐剂主要是植物源、动物源以及微生物源防腐剂，植物源防腐剂占很大比例，这些物质能起到防腐的主要原理在于其较强的抗氧化和抗菌作用。例如，英国研制出一种可食果蔬保鲜剂——森柏保鲜剂，该保鲜剂无色、无味、无毒、无污染、无副作用等，主要成分是植物油和糖，其活性成分是蔗糖酯，其它成分为纤维素、食油等。森柏保鲜剂可抑制果蔬呼吸作用和水分蒸发，在草莓、樱桃、杏、苹果、香梨、柑橘、葡萄等水果上的保鲜效果均较好。

我国天然防腐保鲜剂的研究虽然起步较晚，但是目前也取得较好的研究成效。研究的材料主要是芸香科、菊科、樟科的食用植物香料或魔芋、高良姜等中草药制剂及荷叶、大蒜、茶叶等提取物。中国科学院武汉植物园（武汉植物研究所）筛选出的代号为EP的猕猴桃天然防腐保鲜剂，贮藏猕猴桃5个月，其好果率在85%以上，且果实品质较佳。该研究成果已在国际同类研究中处于领先水平。

## （二）生理调节剂类

生理调节剂是指对果蔬生长、成熟过程具有生理活性的物质（植物激素）或刺激生长、成熟的化学药剂。目前应用的生理调节剂主要有生长素类、赤霉素类、细胞分裂素类等。柑橘、葡萄用生长素类化合物浸果，可降低果实腐烂率，防止落蒂。赤霉素类调节剂可阻止组织衰老、果皮褪绿变黄、果肉变软。胡萝卜素能减少乙烯对果蔬呼吸的刺激作用，在柑橘、芒果、杏、葡萄、草莓的保鲜上效果显著。细胞分裂素具有保护叶绿素、抑制衰老的作用，可用于绿叶蔬菜如甘蓝、花椰菜和食用菌等的保鲜。此外，像油菜素内酯、茉莉酸及其甲酯（JA-ME）、水杨酸（SA）等物质对果蔬也能起到较好的保鲜、抗病等效果。

## （三）涂膜保鲜剂类

涂膜保鲜是一种操作简便、成本低廉、安全无毒的常用保鲜方法。涂膜保鲜技术在食品表面形成可食用保护膜，隔离外界环境，保护食品不受到外界空气、微生物的影响，同时该膜还可作为一种包装材料，保护食品不受外界机械性损伤。涂膜可阻止食品内外气体的迁移，防止$O_2$进入食品内部，在涂膜内部形成高$CO_2$、低$O_2$的气体环境，有效抑制食品内部组织的呼吸作用，延缓易腐食品衰老，是一种应用前景广的保鲜措施。

涂膜保鲜剂的保鲜原理主要有：①隔离保护。保鲜剂能在果蔬表面形成一层透明的隔离层，增加果蔬光泽，同时起到隔离细菌、微生物等作用，防止腐烂变质，同时减少运输途中的损伤，起到很好的保护作用。②减少水分散失。新鲜果蔬含水量普遍较高，易因失水而发生萎蔫。涂膜保鲜剂可以减少果蔬因蒸腾作用和呼吸作用引起的水分流失，同时具有一定的亲水性，可以保留水分，保持果蔬新鲜度。③调节呼吸。涂膜剂可以影响内外气体交换，抑制乙烯的形成，减少果蔬呼吸作用，减少果蔬营养物质的消耗，延长货架期。④抑菌抗菌作用。有些涂膜保鲜剂具有抗氧化、抑菌成分，能有效防止外界环境中微生物对果蔬的侵染，延长贮藏期。

涂膜保鲜剂种类较多，根据成分主要分为：①多糖类。主要有壳聚糖、甲壳素、淀粉及其衍生物、纤维素、植物胶类（海藻酸钠、卡拉胶、瓜尔胶、芦荟胶、果胶、葡甘聚糖等）、黄原胶与蜂胶等。多糖分子因相互作用形成致密的网状结构，在果蔬表面起到调整气体（乙烯、$CO_2$、$O_2$）交换，调控细胞呼吸速率，调控氧化酶活性，抑制褐变反应，保持果蔬颜色和质地，改善外观品质，减少内部水分蒸发等作用。壳聚糖是最常用的一种多糖类膜制剂，主要成分为脱乙酰甲壳素及其衍生物，可在果蔬表面形成半透膜，调节采后果蔬的生理代谢并对微生物有抑制作用，对草莓、葡萄、黄瓜、番茄、青椒、苹果、香蕉、梨等果蔬均有不同程度的保鲜作用。②蛋白质类。主要有大豆蛋白、玉米醇溶蛋白、小麦面筋蛋白等。蛋白质类涂膜保鲜剂可以降低果蔬腐烂率，抑制呼吸速度，延缓硬度变化，减少营养素流失，延缓颜色变化等。③脂质类。主要有巴西棕榈蜡、硬脂酸和软脂酸等。脂质类的膜阻水性能较强，可有效降低失重率，对极易失水的果蔬的保鲜效果更佳。同时也具有一定的抑制呼吸度，可抑制果蔬腐烂，减少营养成分流失等。④复合类保鲜剂。复合类保鲜剂是多种保鲜剂通过一定比例进行复配的，不同种类的保鲜剂具有不同的作用和特点，可以起到优势互补，达到更好的保鲜效果。

### （四）乙烯吸收剂及抑制剂

乙烯被称为果蔬成熟激素，可降低果蔬贮藏性，因此在果蔬保鲜中必须尽量除去乙烯或抑制其作用。此方面常见的保鲜剂有乙烯吸收剂和乙烯抑制剂两大类。

#### 1. 乙烯吸收剂

经过大量试验，目前已确认高锰酸钾具有良好的乙烯吸附效应，并已在商业上投入使用，常以多孔物质（蛭石、珍珠岩、沸石、活性炭、分子筛等）为载体，将高锰酸钾溶液吸附其中。如果在多孔载体上加一些触媒物质（$Al_2O_3$、$Cr_2O_3$等金属氧化物或其盐）作为催化剂，催化乙烯分解，效果更好。高锰酸钾长时间吸收乙烯被还原，可在阳光下晒后再生而继续使用。

#### 2. 乙烯抑制剂

主要通过与果蔬发生一系列生理生化反应来阻止内源乙烯的生物合成或抑制其生理作用，故分为乙烯生物合成抑制剂和乙烯作用抑制剂两类。乙烯生物合成抑制剂主要通过抑制乙烯生物合成中两个关键酶的活性，即氨基环丙烷羧酸（ACC）合成酶（ACS）和乙烯形成酶而抑制乙烯的产生。目前，有效抑制ACS活性的抑制剂主要为氨基乙氧基乙烯基甘氨酸（AVG）和氨基乙酸（AOA），在苹果、葡萄和一些花卉的保鲜上效果显著。此外，像$Ni^{2+}$、$Co^{2+}$等自由基清除剂（如苯甲酸钠）、多胺等均可降低ACC向乙烯的转化力。

乙烯作用抑制剂是通过自身作用于受体而阻断乙烯的正常结合，抑制乙烯所诱导的成熟衰老过程。1-甲基环丙烯（1-MCP）是目前常用的乙烯作用抑制剂。1-MCP易于合成，无明显难闻的气味，其能够与乙烯竞争性结合乙烯受体，且活性是乙烯的10倍，可以阻断乙烯诱导的一系列促衰老生理反应的进程，而延缓果蔬的成熟、衰老，并延长水果和蔬菜的贮藏期和保质期，从而延缓果蔬的成熟过程。研究表明，1-MCP能够显著延缓呼吸跃变型果实的成熟与衰老进程，在延缓香蕉、梨、猕猴桃等果实采后的成熟和衰老方面效果较好。

## 四、电磁处理

从二十世纪七十年代起，人们就已经开始研究利用电磁处理法进行果蔬贮藏保鲜，通过人为地改变果蔬周围的电场、磁场，或用某种带电粒子流处理，从而影响果蔬的代谢过程，进而达到延长贮藏时间的目的。虽然"电磁处理"技术较冷藏等技术而言，研究时间短，但由于无毒无害、节约能源、对果蔬和环境不残留不污染等优点，符合我国当代绿色环保的理念，近年来，我国有关单位也相继进行了研究。目前主要研究方向有磁场处理和电场处理。

## （一）磁场处理

果蔬营养成分消耗主要是因为呼吸代谢消耗，而果蔬的呼吸代谢主要影响因素为代谢酶的活性以及果蔬内参与代谢活动的金属带电原子电子链传递。而酶中含金属离子，在外加磁场的作用下，酶的活性以及电子传递受到限制，导致代谢强度下降。同时磁场作用下会导致微生物的代谢发生紊乱，从而降低微生物对于果蔬的破坏，延长果蔬的贮藏时间。

## （二）电场处理

目前电场保鲜中应用较多的是高压静电场和高压脉冲电场。其中高压静电场保鲜是一种简单的物理保鲜过程，满足热敏性食品加工要求，能量使用率高，无药物残留，不会造成二次环境污染，因此该技术具有较好的工业化前景。关于高压静电场对果蔬保鲜机制如下：①电场改变了果蔬细胞膜的跨膜电位。离子穿过细胞膜时，需要通过载体经膜内外两侧本就存在的（浓度）化学梯度和透过膜的电荷运动所造成的电势梯度，膜电位差的改变必然伴随着膜两边的带电离子的定向移动，从而影响离子透过细胞膜。②细胞内很多正常代谢活动与金属离子有关，而外加电场处理能影响与这些金属离子活动有关的细胞代谢过程。③外加静电场在一定条件下极可能改变水与酶的结合状态，使酶的活性受到抑制，甚至失去活性。酶的失活必将延缓果蔬的生理代谢过程，进而达到保鲜效果。④高压电场电离空气可产生微量的臭氧，而臭氧具有一定杀菌作用，可防止微生物的侵袭，同时还可以与果蔬释放的乙烯发生反应生成$CO_2$和水，从而抑制果蔬采后的成熟衰老，达到一定的保鲜效果。

目前关于磁场与食品贮藏保鲜的研究还处于初期阶段，大部分研究仅限于磁场对食品的表观作用，其具体机制还不清楚。并且磁场对于食品保鲜的效果缺乏一致性，这主要是由于食品种类和磁场参数的多样性，因此如何根据食品特性确定一个合适的磁场参数来实现对食品的良好保鲜，还需进一步研究。此外，虽然高压静电场技术在生物抗氧化、抑菌方面具有的显著效果，在延长果蔬保质期，提高果蔬保鲜品质方面具有显著优势，但要大范围地推广和应用，仍存在一些问题。由于电压较高，具有一定危险性，操作人员要具备一定的物理电学知识进行自我防护，若环境湿度较大，电场容易击穿造成短路，损坏仪器，保鲜机制还有待进一步研究等。

## 五、臭氧处理

迄今为止，人类发现臭氧（$O_3$）已有百余年历史。臭氧又称活氧，是氧气（$O_2$）的同素异形体，在常温下是一种带有腥臭味的淡蓝色气体，是一种强氧化剂和消毒剂，具有保鲜、消毒、防霉、除臭以及灭菌等作用。由于在果蔬贮藏过程中具有无残留、无二次污染、安全可靠、可降解农残等多种优点，现已被广泛应用于果蔬采后贮藏保鲜。

### （一）臭氧的主要保鲜机理

#### 1. 消毒杀菌

臭氧具有较强的氧化能力，其分解放出新生态氧能迅速穿过真菌、细菌等微生物的细胞壁、细胞膜，从而使这些微生物受到损伤，并继续渗透到膜内组织，使菌体蛋白质变性、酶系统破坏、正常的生理代谢过程失调和中止，导致菌体休克死亡，达到消毒、灭菌、防腐的效果。

#### 2. 降低果蔬代谢作用延长贮藏期

臭氧处理可氧化诸多饱和及非饱和的有机物质，可减少高分子链及简单烯烃类物质从而延缓果蔬的成熟和衰老。臭氧能够快速氧化分解果蔬呼吸所释放出来的乙烯、乙醇和乙醛等有害气体从而降低果实的呼吸作用延缓新陈代谢。此外，臭氧还能诱导果蔬表皮的气孔缩小以减少水分蒸腾和养分消耗。

### （二）影响臭氧处理效果的因素

臭氧对果蔬的保鲜能力受到许多因素的影响，一方面果蔬的水分含量、品种等会影响，另一方面臭氧的处理浓度、处理时间和臭氧流量等会影响。此外，外界因素如温度、pH以及大气压力等也会对臭氧降解效果产生一定的影响。尽管臭氧对农产品有很好的保鲜作用，但也存在一些潜在的问题。如随着臭氧浓度的提高，可能会导致果蔬品质下降。另外，臭氧对人体有一定危害，特别是对人的皮肤、眼睛、呼吸道最容易造成伤害。因此，使用过程需注意人体安全，对臭氧的应用要进行规范，避免引起人员伤亡。

# 第五节　常见果品贮藏技术

## 一、苹果的贮藏

苹果是最常见的水果之一。苹果树属于蔷薇科，落叶乔木，叶椭圆形，有锯齿。其果实球形，味甜，口感爽脆，且富含丰富的营养，是世界四大水果之冠。苹果通常为红色，不过也有黄色和绿色。苹果是一种低热量食物，每100g只产生60kcal热量。苹果中营养成分可溶性大，易被人体吸收，故有"活水"之称，其有利于溶解硫元素，使皮肤润滑柔嫩。

### （一）贮藏特性

#### 1. 品种特性

苹果品种众多，按照成熟期的不同可以分为早熟、中熟、晚熟三类。各品种遗传性所决定的贮藏特性和商品性状具有明显的差异。

① 早熟品种。成熟期在6～7月初。主要品种有伏帅、甜黄魁、黄魁、红魁等。由于生长期短，采后呼吸旺盛，内源乙烯发生量大，一般不耐贮藏。

② 中熟品种。成熟期在8～9月。主要品种有红星、金帅、首红、魁红、华冠、新厦拉等。该品种较耐贮藏。常温下一般可存放2周左右，冷藏条件下可贮藏2个月，气调贮藏期更长一些。

③ 晚熟品种。成熟期在10～11月初。主要品种有国光、青香蕉、富士、长富2号、秋富1号、金冠等。这些品种产量高，由于干物质积累多、呼吸水平低、乙烯发生晚且较少，因此一般具有风味好、肉质脆硬且耐贮藏的特点。常温一般可贮藏3～4个月，在冷库或气调条件下，贮藏期可达5～8个月，晚熟品种是贮藏的主要品种。

### 2. 成熟特性

苹果属于典型的呼吸跃变型果实，成熟时乙烯生成量很大，从而导致贮藏环境中会有较多乙烯积累。苹果是对乙烯敏感性较强的果实，贮藏中常常采用通风换气或者脱除技术降低贮藏环境中的乙烯。另外，采收成熟度对苹果贮藏的影响很大，对计划长期贮存的苹果，应在呼吸跃变启动之前采收。在贮藏过程中，通过降温和调节气体成分，可推迟呼吸跃变发生，延长贮藏期。

### 3. 贮藏条件

（1）温度

大多数苹果品种的贮藏适温是-1～0℃。气调贮藏的理想温度应较一般贮藏温度高出0.5～1℃，有利于减轻气体伤害。一些对低温较敏感的品种适宜贮藏在2～4℃，如红玉。

（2）湿度

低温下应采用高湿度贮藏，库内湿度保持在90%～95%。常温库贮藏苹果一般以空气湿度85%～90%较为适宜。贮藏后期果实细胞的湿度不够时，可在地面洒水或在窖内放置水缸。

（3）气体

控制贮藏环境中的氧气、二氧化碳和乙烯含量，都对提高苹果贮藏效果有显著作用。对大多数苹果而言，贮藏温度0～2℃时，以二氧化碳含量3%～5%，氧气含量2%～4%为宜。

## （二）贮藏要点

应按照农业系统工程学原理，从采前、采收、采后等方面做好苹果的贮藏保鲜工作。

### 1. 选择品种

选择商品性状好、耐贮藏的中、晚熟品种。

### 2. 适时采收

根据品种特性、贮藏条件、预计贮藏期长短而确定适宜的采收期。常温贮藏或计划贮藏期较长时，应适当早采；低温或气调贮藏、计划贮藏期较短时，可适当晚采。采收时尽量避免机械损伤，并严格剔除有病虫、冰雹、日灼等伤害的果实。

### 3. 产品处理

产品处理主要包括分级和包装等。严格按照市场要求的质量标准进行分级，出口苹果必须按照国际标准或者协议标准分级。包装采用定量的小木箱、塑料箱、瓦楞纸箱、每箱装 10 kg 左右。不论使用哪种包装容器，堆垛时都要注意做到堆码稳固整齐，并留有一定的空隙，用于通风散热。

### 4. 贮藏管理

在各种贮藏方式中，都应首先做好温度和湿度的管理，使二者尽可能达到或者接近贮藏要求的适宜水平。对于 CA 贮藏和 MA 贮藏，除了调控温度和湿度条件外，还应根据品种特性，控制适宜的 $O_2$ 和 $CO_2$ 浓度。根据品种特性和贮藏条件，控制适当的贮藏期也很重要，不能因等待商机或者滞销等原因，而使苹果的贮藏期不适当延长，以免造成严重变质或者腐烂损失。

### 5. 产地选择

在苹果贮藏中，产地的生态条件、田间农业技术措施以及树龄树势等是不可忽视的采前因素。选择优生区域、田间栽培管理水平高、盛果期果园的苹果是提高贮藏效果的重要先天性条件。在我国山东、陕西、山西、河南、甘肃、辽宁等苹果主产省中，各地都有苹果的适生区域，贮藏时可就近选择产地。就全国而言，西北黄土高原地区具有适宜苹果生长发育的光、热、水、气资源，是我国乃至世界的苹果优生区域，能为内销外贸提供大量的鲜食苹果货源。

## （三）贮藏方法

### 1. 地沟贮藏法

在地势平坦、背风面阴、土质坚实、干燥不积水、运输管理方便的地段，将经过严格挑选的苹果适当降温后入沟贮藏。首先从沟的一端开始层层摆放果实，厚度为 60 ～ 70 cm。

入沟后，在上方搭好屋脊状支架，盖上稻草、玉米秸或苇席等遮阴防寒保温。在整个贮藏期间，根据气候状况和苹果贮藏特性，做好初期、中期和后期管理工作。

### 2. 窑窖贮藏

窑窖贮藏苹果可提供较理想的温度、湿度条件，既可筐装、箱装堆码，也可散放堆藏。从苹果入库到封窖前的贮藏初期，要打开密门和通风孔，充分地利用夜间低温降低窖温和土温，至窖温降到 0℃ 为止。贮藏中期当窖温降到 0℃ 左右时的重点工作是防冻，第二年春季气温回升时，严密封闭窖门和通风孔，避免外面热空气进入窖内。

### 3. 气调库贮藏

气调库是密闭条件很好的冷藏库，设有调控气体成分、温度、湿度的机械设备和仪表，管理方便，容易达到贮藏要求的条件。对于大多数苹果品种而言，控制 2% ～ 5% $O_2$ 浓度和 3% ～ 5% $CO_2$ 浓度比较适宜。苹果气调贮藏的温度可比一般冷藏高 0.5 ～ 1℃，对 $CO_2$ 敏感的品种，贮温还可以再高些，因为提高温度既可减轻 $CO_2$ 伤害，又对易受低温伤害的品种减轻冷害有利。用气调库贮藏保鲜能大大延长苹果的贮藏期限，大幅度降低由于微生物和生理病害造成的损失，并能保持苹果的营养价值。

### 4. 塑料袋贮藏法

用草将果筐的底部和四周垫好，将容量 20 ～ 25 kg 的塑料袋置入其中。果实采收后就地分级，树下入袋封闭，及时入窖库，最好是冷库贮藏，没有冷库，窖温不高于 14℃，入库初期两天检查一次，进入低温阶段，20 ～ 30 天检查 1 次，及时调整湿度和温度，剔除病果。

## （四）采后处理技术

### 1. 预冷处理

苹果采收后贮藏前进行预冷处理目的是除去苹果的田间热，将苹果的温度降到贮藏温度。这样可以延长贮藏寿命，提高果实对低温的耐性，减轻或推迟冷害的发生。

### 2. 钙处理

苹果采收后，可以采用次氯酸钙对其进行钙处理，钙处理能有效杀灭沙门菌和大肠埃希菌等。例如用 0.15 g/L 次氯酸钙处理过的红富士苹果的呼吸速率会有效降低，同时也能减少总酸和总糖的产生，且无药剂伤害。

### 3. 热处理

热处理可以使苹果适应低温，还可以加速伤口愈合，从而减少病原菌侵染的机会。研究表明升温至 35～38℃ 会引起苹果内大量乙酰辅酶 A 羧化酶的增加，乙烯的生成减少。

### 4. 臭氧处理

臭氧通过生物氧化破坏微生物的膜结构和病毒的多肽链来进行杀菌和灭毒。臭氧处理还可以保持苹果的贮藏质量。

### 5. 1-甲基环丙烯（1-MCP）处理

1-MCP 是近年来常用于果蔬保鲜的一种绿色保鲜剂。1-MCP 与乙烯受体蛋白的亲和力是乙烯的十倍，通过与乙烯竞争受体蛋白阻断乙烯的结合，从而抑制或延缓果蔬成熟相关生理生化反应。研究发现，1-MCP 可以延缓苹果的呼吸强度，增强苹果的抗病性，减少苹果灰霉病和苹果虎皮病的发生。


# 二、梨的贮藏

我国是梨属植物中心发源地之一，亚洲梨属的梨大都源于亚洲东部，日本和朝鲜也是亚洲梨的原始产地；国内栽培的白梨、沙梨、秋子梨都原产我国。尤其在我国北方，梨是仅次于苹果的第二类果树。梨含有丰富的维生素和矿物质，能维持人体细胞的健康状态，因其鲜嫩多汁，酸甜适口，所以梨又有"天然矿泉水"之称。梨不仅在国内市场占有重要地位，而且在国际市场地位亦举足轻重。

## （一）贮藏特性

### 1. 种类和品种

我国栽培梨的种类及品种很多，根据其产地、果皮颜色等分为秋子梨、白梨、沙梨、西洋梨四大系统，各系及其品种的商品性状和耐藏性有很大差异；根据果实成熟后的肉质硬度，可将梨分为硬质梨和软质梨两大类，常见的，白梨和沙梨系统属硬肉梨，秋子梨和西洋梨系统属软肉梨。一般来说，硬肉梨较软肉梨耐贮藏，但对 $CO_2$ 的敏感性强，气调贮藏时易发生 $CO_2$ 伤害。

### 2. 呼吸跃变

国内外研究公认，西洋梨是典型的呼吸跃变型果实。白梨系统也具有呼吸跃变，但其内源乙烯发生量很少，果实后熟变化不明显。

### 3.贮藏条件

**（1）温度**

大多数梨品种贮藏的适宜温度为（0±1）℃。但鸭梨等个别品种对低温比较敏感，采后若迅速降温至0℃贮藏，果实易发生黑心病。采后缓慢降温或分段降温，可减轻黑心病发生。

**（2）湿度**

梨果皮薄，表面的蜡质少，贮藏中易失水萎蔫。高湿度是梨贮藏的基本条件之一，在低温下贮藏梨的适宜相对湿度为90%～95%。

**（3）气体**

梨贮藏中的低$O_2$浓度（3%～5%）几乎对所有品种都有抑制成熟衰老的作用。但品种间对$CO_2$的适宜性却差异很大。有研究表明，除了洋梨之外，绝大多数梨品种对$CO_2$特别敏感，不适合气调贮藏。目前贮藏量较大的鸭梨、酥梨对$CO_2$的敏感性都比较突出。

## （二）贮藏要点

### 1.选择品种

梨有许多品种，中晚熟品种较早熟品种耐贮藏。当前我国栽培的众多品种中，鸭梨、酥梨、雪花梨、秋白梨、苹果梨等都是耐藏性好、经济价值高的品种，可进行长期贮藏；京白梨、巴梨等的品质也较优良，在适宜条件下可贮藏3～4个月。

### 2.适时采收

采收期主要根据梨的种类、品种特性、成熟程度、食用方法以及市场供应情况而定。过早或过迟采收的梨均不耐贮藏，故应适时采收。

采收过早，果肉中的石细胞多，风味淡，品质差，贮藏中易失水，导致皱缩，贮藏后期易发生果皮褐变；采收过晚，秋子梨和西洋梨系统的品种采后会很快软化，白梨系统和沙梨系统的品种采收过晚，果肉脆度明显下降，贮藏中后期易出现空腔，甚至果心败坏，同时对$CO_2$的敏感性增强。

### 3.产品处理

**（1）分级**

果品分级的目的是使之达到商品标准化。我国梨的分级标准分为4种：国家标准、行业标准、地方标准和企业标准。

**（2）包装**

可分为外包装和内包装，生产上外包装都用纸箱包装，每箱15～20 kg，对纸箱的要求是科学、坚固、精美、经济、防潮、轻便。内包装是用包装物（如保鲜纸、保鲜袋等）对果实进行包装。

### 4.贮藏管理

① 贮藏初期，对低温较敏感的品种（如鸭梨、京白梨等）开始降温时不能太快，应采用缓慢降温，即果实入库后将温度迅速降至12℃，1周后每天降低1℃，至0℃左右时贮藏，降温过程总共约1个月时间。

② 目前长期贮藏的梨大多数为白梨系统，它们对$CO_2$较敏感，易发生果心褐变，故气调贮藏时必须严格控制$CO_2$的浓度小于2%，普通冷库或常温库贮藏期间也应定期通风换气。

③梨的贮藏期应适当，贮藏时间过长会使果皮发生褐变，对销售造成极为不利的影响。

### 5.产地选择

梨的品种众多，分布区域广泛，我国南北各地均有梨树栽培，但每个品种都有其主要栽培的区域。主产区栽培的梨之所以高产、优质、耐贮藏，在于当地具有适宜该品种生长发育的生态条件，以及有精耕细作、科学管理等人为因素的影响。

## （三）贮藏方法

### 1.窖藏

梨采收后就地贮藏多用窖藏。将采收后的梨分级后进行包装放入纸箱中，待充分预冷，果温和窖温都接近0℃时即可放入窖中，将分好级的梨按等级堆放在窖中，各箱之间要留有通风的间隙。

### 2.通风库贮藏

选择地势高，地下水位低，阴凉通风的位置建造通风库。将采收后的梨放入箱中，同样进行预冷处理，然后放入库中，堆放时堆垛离地面15～20 cm，距顶部20～30cm，堆垛间要留有通风的间隙。

### 3.冷库贮藏

梨在进行冷库贮藏时，需要先进行预冷处理，还要对冷库进行消毒，之后将梨按批次、等级进行摆放，要注意留间隙。堆垛要离地面15～20 cm，距顶部20～30 cm，堆垛间要留有人行通道兼作通风道。

### 4.减压贮藏

利用低温和低压结合进行梨的贮藏，将贮藏梨的冷藏室用真空泵抽出空气，降低压强，并保持低压状态，并用压力调节器将新鲜空气不断通过加湿器补入冷藏室，以此来维持一个相对低温、低压、高湿、新鲜空气的贮藏环境。

### 5.气调贮藏

在低温贮藏条件下，可以用塑料薄膜将梨封闭并调节其内气体进行贮藏，一般氧气的浓度3%左右，二氧化碳浓度0～5%。这种贮藏方式并不是所有品种的梨都适合，如鸭梨、雪花梨等对二氧化碳和低氧极为敏感，就不适宜气调贮藏。

## （四）采后处理技术

梨在采收后，因其带有大量田间热，所以需要对其进行预冷处理，降至适合的贮藏温度，以此提高其贮藏质量和延长贮藏时间。此外，在贮藏前，经过钙处理和1-甲基环丙基（1-MCP）等保鲜处理，能有效延长梨的贮藏期。

## 三、香蕉的贮藏

香蕉是一种热带、亚热带水果，为芭蕉科芭蕉属植物，是我国继苹果、柑橘和梨后的第四大水果，其营养丰富，深受人们喜爱，成为世界鲜果中产量、贸易量和贸易额最大的水果。我国在世界香蕉生产中占有重要地位，是世界第二大香蕉生产国。香蕉种质资源丰富，世界上香蕉栽培品种高达上千种。我国香蕉主要分布在广东、广西、福建等地。果实香甜味美，营养丰富。

## （一）贮藏特性

### 1. 品种

我国原产的香蕉优良品种大型蕉主要有广东的大种高把、高脚、顿地雷、并尾，广西高型蕉，台湾、福建和海南的台湾北蕉。中型蕉有广东的大种矮把、矮脚地雷。短型蕉有广东高州矮香蕉、广西那龙香蕉、福建天宝蕉、云南河口香蕉。近年来引进的还有澳大利亚主栽品种"威廉斯"。

### 2. 呼吸跃变

香蕉是典型的呼吸跃变型果实，呼吸跃变是其重要的采后生理转折点。当果实一旦启动呼吸跃变，果实就会成熟变软，继而整个果实迅速衰老，难以继续贮藏和运输。香蕉果实对乙烯很敏感，因此，抑制乙烯的产生和延缓呼吸跃变的到来是香蕉贮藏保鲜的关键。

### 3. 冷害和高温

香蕉是一种热带水果，对低温很敏感，贮存和运输温度低于11℃时果实容易遭受冷害。香蕉冷害的典型症状是果皮变暗无光泽，暗灰色，严重时则变为灰黑色，催熟后果肉不能变软，果实不能正常成熟。同样的，过高温度也会对香蕉造成伤害，当温度超过35℃时，则引起果实高温烫伤，使果皮变黑，果肉糖化，失去商品价值和食用价值。香蕉适宜的贮藏温度为11～13℃，相对湿度为90%～95%，气体成分为$O_2$浓度2%～3%、$CO_2$浓度4%～5%。

## （二）贮藏要点

### 1. 采收

在发育初期，果实棱角明显，果面低陷，随着果实逐渐成熟，棱角逐渐变钝，果身渐渐变得圆而饱满。香蕉的成熟度习惯上多用饱满度来判断。贮运的香蕉要在7～8成饱满度采收，销地远时饱满度低，销地近时饱满度高。

机械损伤是致病菌侵染的主要途径，伤口还刺激果实产生伤呼吸、伤乙烯，促进果实黄熟，更易腐败。香蕉果实对摩擦十分敏感，即使是轻微擦伤，也会导致其果皮发生褐变，使果实表面伤痕累累，俗称"大花脸"，严重影响商品的外观。因此，香蕉在采收、落梳、去轴、包装等环节上都应格外注意避免机械损伤。

### 2. 条蕉

条蕉即整个果穗，是不加任何包装的短途运输常用的方法，一般只适用于就地销售。

### 3. 梳蕉

采收后用快刀把条蕉切成梳，同时将质量较差的尾蕉除去，个别伤病果也应在梳蕉时剔除。

### 4. 去轴落梳

由于蕉轴含有较高的水分和营养物质，而且结构疏松，易被微生物侵染而导致腐烂，而且带蕉轴的香蕉运输和包装起来均不方便，因此香蕉采后一般要进行去轴落梳。

### 5. 清洗

由于香蕉在生长期间可能已附生着大量的微生物，这些微生物可能会导致香蕉在贮运期间的腐烂，因此贮运前要进行清洗，清洗时可加入一定量的次氯酸钠溶液，同时除去果指（果实）上的残花。

### 6. 催熟

香蕉属后熟型水果，虽然树上或采后可自然成熟，但时间长，成熟度不一致，风味也较差，故一般采收后需人工催熟。

① 乙烯利催熟法。用乙烯利溶液浸果或喷果，于催熟房中待熟。通常浸果喷果使用的乙烯利浓度为500 ～ 1000 mg/L。浓度太高会导致香蕉果实成熟快，容易脱梳。该法是国内常用的催熟方法。

② 乙烯气体催热法。在密闭的催熟房，用乙烯气体进行催熟，乙烯的浓度为200 ～ 500 mg/L。乙烯可由碳化钙（乙炔石、电石）加水反应产生，也可由乙烯发生器用乙烯利或酒精产生。这是国外大型催熟房采用的方法。但空气中乙烯浓度达到3%左右时易发生爆炸，须注意安全。

### 7. 包装

近年来香蕉的包装多用瓦楞纸箱，内衬聚乙烯薄膜袋，聚乙烯薄膜袋厚度在0.03 ～ 0.04 mm为宜。在包装内加入浸有饱和高锰酸钾溶液的蛭石或其他轻质材料，可以显著延长香蕉的贮藏期。

### 8. 贮藏

① 选择适宜温度11 ～ 13℃。

② 选择最适相对湿度90% ～ 95%。

③ 最适气体成分，$O_2$浓度2% ～ 3%，$CO_2$浓度4% ～ 5%。

香蕉在加有乙烯吸收剂时也可在常温下贮藏，夏季常温下可贮藏15 ～ 30天，冬季常温下可贮藏1 ～ 2个月。

## （三）贮藏方法

### 1. 薄膜袋贮藏

利用半透性的薄膜袋密封，袋内放入一定的吸收饱和高锰酸钾溶液的珍珠岩或活性炭，扎紧袋口。此法利用香蕉自身呼吸降低氧气含量，利用高锰酸钾吸收乙烯和二氧化碳。薄膜袋还可防止水分蒸发，袋内相对湿度为85% ～ 95%。

### 2. 气调贮藏

香蕉气调贮藏的条件为温度13℃左右，二氧化碳5%，氧气2%，相对湿度为85% ～ 90%。

### 3. 冷藏

将采摘后的香蕉于冷库中进行贮藏，在贮藏过程中保持库温在11 ～ 13℃。要注意经常对库房进行通风换气，防止乙烯的积累。

### 4. 常温贮藏

香蕉常温贮藏一般只适用于短期或短途的贮运，并且要注意防热防冻。运输过程中常配合乙烯吸收剂使用，可以显著延长贮运时间。

## 四、葡萄的贮藏

葡萄是世界四大水果之一，是日常生活中的主要水果之一。我国葡萄生产区有新疆的和田、吐鲁番，河北的宣化、昌黎，山东的烟台、青岛等。葡萄果实属浆果，含水量高达60%～90%，细腻多汁，酸甜可口，营养丰富，素有"水果皇后"的美誉，具有助消化、抗衰老、软化血管等作用，深受消费者喜爱。

### （一）贮藏特性

#### 1. 品种

不同的葡萄品种，耐贮藏性能也会有显著差别，葡萄种类中美洲种耐贮藏性强于欧亚种，晚熟品种强于早熟品种。耐贮性好的品种具有果皮厚韧、着色好、果皮和穗轴蜡质厚、含糖量高、不易脱粒和果柄不易断裂等生理特性。我国主要耐贮品种有玫瑰香、巨峰、美人指、蓝宝石等。这些品种在适宜的贮藏条件下可贮藏3～6个月。

#### 2. 呼吸跃变

葡萄是以整穗体现其商品价值的，故耐藏性应由浆果、果梗和穗轴的生物学特性共同决定。整穗葡萄为非呼吸跃变型果实，采后其呼吸呈下降趋势，成熟期间乙烯释放量少。葡萄果梗有呼吸跃变，呼吸强度是果实的8～14倍，且易失水造成褐变、脱粒。果蒂与果粒交界处的细微伤痕，也易引起霉菌侵入。故葡萄贮藏保鲜的关键在于推迟果梗和穗轴的衰老，控制果梗和穗轴的失水变干及腐烂。

#### 3. 贮藏条件

（1）温度

温度是影响葡萄变质速度的最重要的环境因子。在最适温度基础上，每增加10℃，葡萄变质速度则增加2～3倍。

（2）湿度

葡萄失水速度依赖于产品和周围环境的蒸气压差。蒸气压差大，水分散失增加。

（3）气体

乙烯具有促进果粒老化和成熟的作用，$O_2$浓度和$CO_2$浓度影响着果实的呼吸强度和乙烯的生成速度。一般认为$O_2$浓度2%～4%，$CO_2$浓度3%～5%为适当组合，对大多数葡萄品种具有良好的贮藏效果。

### （二）贮藏要点

#### 1. 采前管理

葡萄浆果的品质是环境条件和栽培技术的综合体现。葡萄贮藏期出现的裂果、脱粒、腐烂等都与栽培措施不当有关。

（1）加强肥水管理

浆果上色始期追施硫酸钾、草木灰或根外追施磷酸二氢钾（0.1%～0.3%），有利于果实增糖、增色，提高品质。钙对延缓果实衰老、提高耐藏性十分有益。生产上采前7～15天应停止灌水，采前涝害容易导致贮藏期大量裂果。

（2）合理修剪

夏季进行合理修剪，及时防治病虫害，进行套袋等对葡萄贮藏均十分重要。用于贮藏的葡萄产量应控制在每亩❶1500～2000kg。结果量过大，果实糖分含量低，着色差，不耐贮藏。

（3）药剂处理

果实采前3天用50～100mg/L的萘乙酸或萘乙酸+适宜浓度的赤霉素处理果穗，可防止脱粒，用1mg/L的赤霉素+1000mg/L的矮壮素在盛花期浸蘸或喷洒花穗，可增加坐果率，减少脱粒。

## 2. 适时采收

葡萄是非跃变型果实，在气候和生长条件允许的情况下，采收期应尽可能延迟。充分成熟的葡萄含糖量高，着色好，果皮厚、韧性强，且果实表面蜡质充分形成，能耐久藏。在北方葡萄主产区，许多品种的果粒含糖量达15%～19%、含酸量达0.6%～0.8%时，即进入成熟期。

葡萄采收宜在天气晴朗、气温较低的清晨或傍晚进行。采摘时要用剪刀小心剪下果穗，剔除病粒、破粒、青粒，剪去穗尖成熟度低的果粒。采收后按质分级，分别平放于内衬有包装纸的筐或箱中，包装时果穗间空隙越小越好。然后置于阴凉处或运往冷库。

## 3. 防腐处理

防腐保鲜处理是葡萄贮运保鲜的关键技术之一。目前国内外使用的葡萄保鲜剂主要有以下几种。

（1）仲丁胺

每千克果用仲丁胺原液0.1mL，用脱脂棉或珍珠岩等作载体，将药袋装入开口小瓶或小塑料袋内，装药前须将仲丁胺稀释，否则易引起药害。仲丁胺防腐保鲜剂的缺点是释放速度快，药效期只有2～3个月。

（2）$SO_2$处理

$SO_2$对葡萄常见的真菌病害如灰霉菌有较强的抑制作用，同时还可降低葡萄的呼吸速率。目前葡萄贮藏中常用$SO_2$进行防腐保鲜，进行硫处理时应注意药剂用量。葡萄成熟度不同，对$SO_2$的耐性不同。$SO_2$浓度过低，达不到防腐目的，过高易使果实褪色漂白，果粒表面生成斑点。$SO_2$容易对库内的金属设备产生腐蚀，葡萄出库之后应检查清洗。但$SO_2$对呼吸道和眼睛黏膜有强烈刺激作用，操作时应注意安全。

## （三）贮藏方法

### 1. 简易贮藏

夜间气温在10℃以下的地区，可以在葡萄采收的时候就近建设贮藏场所，如土窖洞、自然通风库、冰窖等，达到贮藏效果。用该方法贮藏时，控制场所湿度为80%～90%为宜，且注意外界气温继续降低时，可采用昼开夜闭的方法，保证场所内温度在0～1℃。

### 2. 冷库贮藏

葡萄入库前需要先迅速降温，贮藏库内的温度控制在0℃左右，波动不宜太大，且相对湿度保持在90%～95%。

---

❶ 1亩＝666.7m²。

### 3. 气调贮藏

主要利用气调保鲜袋和自动气调库，调整贮藏环境中气体组分，控制$CO_2$ 2% ~ 3%，$O_2$ 3%左右，能有效抑制病原菌的生长，起到贮藏保鲜作用。

### 4. 减压贮藏

此方法因其冷却速度快、降氧快、无药物残留、贮藏效果好等优点，已经在葡萄贮藏中被利用。

### 5. 涂膜贮藏

葡萄采收后在葡萄表面喷涂多糖如壳聚糖，形成一层半透膜，能有效降低葡萄水分蒸发，减缓呼吸作用以及阻碍病原菌的侵染，有效延长葡萄的贮藏期。

# 第六节　常见蔬菜贮藏技术

## 一、马铃薯的贮藏

马铃薯又名土豆、洋芋等，属于茄科，食用部分为其块茎。

### （一）贮藏特性

马铃薯具有不易失水、愈伤能力强等特性，在采收后一般有2 ~ 4个月的休眠期。所以，马铃薯是较耐贮藏和运输的一种蔬菜。刚刚采收的马铃薯呼吸强度大，肉皮薄嫩，不耐碰撞，一旦产生较多的伤口，容易受病原菌感染而腐烂。当进入生理休眠阶段，呼吸强度降低，不会发芽。生理休眠期后，环境适宜，就会发芽。因此，马铃薯贮藏期间的主要问题是发芽和病害导致的腐烂。抑制马铃薯发芽可以采用以下方式。

### 1. 药物抑芽

化学抑芽剂处理马铃薯后可有效抑制发芽，并且具有效果良好、成本低廉及操作方便等优点，主要有氯苯胺灵（chlorpropham，CIPC）、α-萘乙酸甲酯或α-萘乙酸乙酯、四氯硝基苯等。目前，大多数国家因CIPC高效、低成本而广泛应用于马铃薯贮藏期抑芽处理，而施用CIPC有熏蒸、喷雾、粉施和洗薯等方式，但熏蒸方式效果最好，抑芽时效可长达8个月以上。鉴于CIPC常温条件下即有良好的抑芽效果，因此可在一定程度上替代低温冷藏来抑制马铃薯的发芽，普通农户所建立的储藏窖内实施CIPC处理就可以得到较好的抑芽效果，节省了冷库建造和管理的成本，也降低了低温糖化带来的风险。另外，CIPC可以与多种防腐剂混合使用，如CIPC与多菌灵、次氯酸钠混合使用可以减少薯块的干腐和软腐病的发生。但CIPC对马铃薯发芽的抑制作用是不可逆的，因此不能将其应用于种薯。

### 2. 辐射抑芽

主要应用$^{60}$Co放射源的γ射线的穿透力这一原理对马铃薯进行辐照贮藏。当其穿过植物活体时，有机体中的水分和其它物质发生电离作用，从而影响有机体的新陈代谢，一般用8 ~ 15krad剂量照射马铃薯，有明显的抑芽作用，是目前贮藏马铃薯抑芽效果较好的一种高效新技术，处理后在温度0 ~ 26℃的库房内贮藏都有明显的效果。

## （二）贮藏要点

### 1.贮藏温度

温度是影响马铃薯贮藏品质的重要因素。随着贮藏温度的升高，马铃薯发芽率、失重率及腐烂率均呈逐渐上升趋势。2℃贮藏马铃薯可使发芽率、失重率与腐烂率均处于较低水平。

### 2.贮藏湿度

为了保持贮藏块茎新鲜的外观品质、延长贮藏期，贮藏时就需要保持一定的湿度。湿度过高，块茎易被微生物侵染，造成块茎腐烂；湿度过低，会引起马铃薯块茎表皮皱缩，影响外观品质。一般马铃薯储藏库中种薯储存湿度70%～75%，加工商品薯湿度80%～85%，湿度不能超过90%，否则极易腐烂。

### 3.通风

马铃薯贮藏期间，必须保证窖（库）内良好的通风。马铃薯入库前通风尤为重要。保持通风一方面可以防止积累过多的$CO_2$，保证马铃薯块茎的正常呼吸；另一方面可以平衡窖（库）内的温、湿度，有效抑制微生物的繁殖。

## （三）贮藏方法

荷兰、美国、英国和法国等都把马铃薯的贮藏和保鲜放在马铃薯产业发展的重要位置，这些国家马铃薯的现代化贮藏已经有40多年的历史，且发展非常迅速，其贮藏技术与管理经验非常值得借鉴。发达国家的农场和加工厂都设有马铃薯贮藏设施。马铃薯贮藏库由专业的施工集团承接，采用客户协商合同制和许可证制进行保质贮藏。库内具有现代化的通风系统，还具备与通风系统相配套的制冷系统、加热加湿系统、抑芽设备及自动化控制系统。

马铃薯一般采用分类贮藏。一是根据马铃薯的不同用途进行贮藏。主要有商品薯贮藏、加工薯贮藏、种薯贮藏。二是按薯块大小分开贮藏。薯块大小不同，其间隙不同，通气性也不同，而且休眠期也不相同，所以应分开贮藏。如果袋装贮藏，则薯块大的袋子可适当堆码高一些，薯块小的袋子适当堆码低一些。三是按品种不同分开贮藏。品种不同，休眠期也不同；同一品种，成熟度不同，休眠期也不同；休眠较长的马铃薯与休眠期较短的马铃薯贮藏在一起，其休眠期会缩短。四是按贮藏时间长短分类分组贮藏。目前，我国马铃薯的贮藏主要有以下方式：

### 1.室内堆藏

可以用筐装好马铃薯在室内码堆，也可将马铃薯放在楼板上，或将马铃薯装入袋中，堆或挂在楼板上。以上方法简单，但难以控制发芽，配合药物处理或辐射处理可提高贮藏效果。大规模贮藏，可选择通风良好、场地干燥的仓库，用福尔马林和高锰酸钾混合后进行熏蒸消毒，然后将经过挑选和预处理的马铃薯进库堆放。

### 2.窖藏

贮藏窖要具备防水、防冻、通风等条件，以利于安全贮藏。窖址应选择地势高、排水良好、地下水位低、向阳背风的地方建窖。入窖前要严格挑选薯块，凡是损伤、受冻、虫蛀、感病等薯块不能入窖，以免感染病菌和烂薯。选好的薯块应先放在阴凉通风的地方摊晾几天，然后再入窖贮藏。入窖初期打开窖门和通气孔，当室外气温降到-5℃左右时关闭窖门，只开通气孔；当气温降到-10℃左右时，应关闭通气孔；气温升高后，不可随便打开窖门和气孔，以防热空气进入，只可短时间通风换气。

### 3. 通风库贮藏

将马铃薯装筐堆码于库内，每筐约25公斤，垛高以筐为宜。此外，还可散堆在库内，堆高一米，薯堆与库顶之间至少要留60～80cm的空间。薯堆中每隔2～3m放一个通气筒，还可在薯堆底部设通风道与通气筒连接，并用鼓风机吹入冷风。秋季和初冬，夜间打开通风系统，让冷空气进入，白天则关闭，阻止热空气进入，冬季注意保温，必要时还要加温。春季气温回升后，则采用夜间短时间放风、白天关闭的方法，以缓和库温的上升。

### 4. 冷库贮藏

马铃薯经挑选后装入荆条筐或塑料筐，在3℃下预冷。贮藏期间，冷库温床控制在2～3℃，空气相对湿度85%～90%，一般每隔1个月检查一次，发现生病的薯块要及时拣出，防止传染。

## 二、番茄的贮藏

目前，中国番茄的种植、加工和出口都处于持续增长态势，经过20多年的发展，中国已经成为全球最重要的番茄制品生产国和出口国，是继美国、欧盟之后的第三大生产地区和第一大出口国。番茄贮藏应选皮厚、肉质紧密、干物质和含糖量高、组织保水能力强的品种，要求果型一致且没有生长和采收后的瑕疵。采收后，按番茄的形状、颜色和外观等分级。

### （一）贮藏特性

番茄果实的成熟期可分为绿熟期、微熟期（转色期至顶红期）、半熟期（半红期）、坚熟期和软熟期等。新鲜食用番茄应达到半熟期至坚熟期，由于这种果实已进入呼吸跃变后期的生理衰老阶段，所以在冬季低温条件下也难以长期贮存。绿熟期至顶红期的番茄果实耐贮性、抗病性较强，能在贮藏中完熟，可以获得接近在植床上充分成熟的品质。所以，长期贮藏的番茄应在此时采收，并在贮藏中使其尽可能地滞留在这个阶段。番茄成熟过程中会产生乙烯，及时排出贮藏环境中的乙烯可以延缓番茄的转红和衰老。

### （二）贮藏要点

#### 1. 温度

番茄是呼吸跃变型果实，半熟期的番茄已产生呼吸跃变，因此低温冷藏虽然可以减轻腐烂，但冷藏期较短。为了延长番茄的贮藏期，可以在番茄呼吸跃变峰来临前，即对绿熟番茄进行贮藏，然而绿熟番茄低温冷藏易发生冷害，贮藏时间超过2周就可以观察到冷害的症状。轻微冷害的症状主要表现为果实表面出现针状褐色斑点，冷害严重时果实不能正常后熟，从而影响番茄的贮藏时间和贮藏后的商品质量。绿熟番茄贮藏的适宜温度是10～12℃，低于8℃，易产生冷害。在16℃中贮藏后熟较快。

### 2. 湿度

番茄贮藏适宜的相对湿度为85%～95%，湿度过低水分易蒸发，湿度过高，容易受到病菌侵染。

### 3. 气体

$O_2$ 2%～5%，$CO_2$ 浓度2%～5%利于番茄贮藏。

## （三）贮藏方法

### 1. 简易贮藏

（1）缸藏

此法适于农户小量贮藏。将大缸消毒晾干，选好的番茄轻轻装入缸内，3～4个果为1层，层间设支架隔离，装满后用塑料薄膜封口，15～20天打开检查一次，挑出腐烂果后重新密封贮藏。

（2）窖藏

将果实轻轻放入衬有蒲包的条筐中，放入土窖内，四周和顶部留空隙，晚上打开天窗及窖门通风换气，调控窖温在11～13℃。每3～5天翻拣1次，及时将腐烂果拣出。

（3）塑料袋包装贮藏

把经过认真筛选的绿熟番茄慢慢装入聚乙烯袋，一袋5kg左右，扎紧袋口，放在阴凉处。贮藏初期间隔2～3天选择早上或傍晚把袋口打开20min左右，适当通风，以补入新鲜空气。同时将聚乙烯壁上的水珠擦干，然后再将袋口密封好，继续进行贮藏。一般经两个星期左右，番茄开始变红，如果再继续贮藏，则应减少袋内番茄的数量，以免相互挤伤。果实红熟后，宜把袋口敞开，不需扎紧。

### 2. 气调贮藏

气调贮藏是目前番茄贮藏常采用的方式。目前，我国气调贮藏番茄常用的方法有快速降氧、自然降氧两种。

（1）适温快速降氧贮藏

将贮藏温度控制在10～13℃，相对湿度在85%～90%，$O_2$ 2%～4%，$CO_2$ 5%以下，此条件下番茄可贮藏45天，好果率可达85%，基本达到自然成熟番茄的质量。

（2）常温快速降氧法

只控制气体成分，不调节库温，要求 $O_2$ 2%～4%、$CO_2$ 5%以下，一般可贮藏25～30天。

（3）自然降氧法

番茄入库密封后，贮藏室内的氧气自行降低到3%～6%或2%～4%时，再采用人工调节控制，稳定在这一范围。用这种方法贮藏番茄时，在地下室或秋季气温较低的条件下，效果较好。

（4）半自然降氧法

贮藏室内充入 $N_2$，使 $O_2$ 含量降到10%，然后用自然降氧法将贮藏室的氧气含量再降到2%～4%，用常规气调法进行操作管理。

### 3. 冷库贮藏

冷库贮藏目前基本上是利用机械制冷，使库内温度维持在番茄贮藏的适宜温度，适宜夏秋季番茄贮藏保鲜。冷库贮藏首先是挑选无病斑和无损伤的果实，然后把挑选好的果实进行预冷。将经过预冷的番茄再次挑选装好筐后堆放在冷库的货架上，注意不能与能释放出乙烯的水果混放，因为乙烯气体对番茄起到催熟的作用，缩短贮藏期。货架之间应保持适当的通风道，应留有走道便于操作，而且与墙壁和出风口保持0.3m左右的距离，堆放的高度也应与天花板保持0.3m左右。

### 4.亚硫酸盐浸渍法

将番茄浸泡在一定浓度的亚硫酸盐溶液中进行保鲜。先将番茄洗净后放入密封容器，注入亚硫酸盐溶液，直到番茄被淹没并密封。亚硫酸盐浓度以有效二氧化硫计算，一般要求为水果和溶液总重量的0.1%～0.2%。实践表明，此法贮存113天，好果率达95%以上，果实硬度与鲜果相近。用此法贮藏的番茄不能生食，须加热熟食方能除其硫味。

### 5.辐照法贮藏

辐照法贮藏番茄已经在美国、加拿大、埃及和瑞士等国都有相关研究报道，且均有良效。埃及原子能委员会研究中心报道了一种热处理和辐照同时使用的番茄贮藏方法。即先将番茄在60℃的热水中浸泡2min，然后施以100krad剂量的辐照处理。处理后的番茄比对照组延长货架寿命13天。分析检测发现，辐射处理后的番茄中糖分、氨基酸以及维生素等营养成分均与鲜番茄无差异。

## 三、大白菜的贮藏技术

大白菜又名结球白菜、包心白菜和胶菜，十字花科芸薹属植物，素有"菜中之王"的美称。含水量较高，属易腐烂产品，且生产季节性较强，是冬季主要蔬菜品种，生产产地也主要集中在我国北方。通常在贮藏、运输、销售过程中会对产品造成一定不可逆的浪费和损失。为了延长大白菜供应期，缓解生产的季节性和供应的矛盾，提高经济效益，大白菜的贮藏保鲜技术日渐受到重视。

### （一）贮藏特性

大白菜的品种不同其耐贮性也会有所不同。通常来说，早熟品种比晚熟品种更具耐贮性，青帮类型比白帮类型耐贮。但由于各地自然条件和栽培管理上的差异，同一品种不同产地其耐贮性也有差别。叶球成熟度也与耐贮藏性有关。过紧的叶片，即完全成熟的叶球不利于长期保存，而包心八成的白菜则可长期保存。其次播种期也会影响贮藏性，如播种期早，叶球过度成熟，耐贮性差；播期太晚，叶球未成熟，则其代谢旺盛，不能进入稳定休眠，不利于长期贮藏。再者大白菜采收过早，外部温度高，预贮期过长，容易受热脱落，不利于贮藏；如果收获太晚，在田地里容易受到冻害。因此，贮藏大白菜宜选择适当晚播、适时收获、包心八成的健康个体进行贮藏。

### （二）贮藏要点

#### 1.温度

大白菜供食部分是作为营养贮藏器官的叶球，它是在冷凉湿润的气候条件下发育形成的。其心叶冰点温度在-1.2℃，于-0.6℃时外叶开始结冰，如果长期贮藏在-0.6℃可发生冻坏，所以，大白菜的最适贮藏温度为0℃。随着温度升高，大白菜容易受到病原微生物侵染，大白菜的病原菌在0～2℃时就能活动危害，温度越高腐烂越重。

### 2. 湿度

空气湿度也是造成大白菜腐烂的一个主要因素。由于大白菜含水量高，菜叶柔嫩，且表面积大，所以在储存时很容易发生水流失。一般认为，湿度过低，失水严重；湿度过高，增加腐烂和脱帮的概率，但依环境的温度不同又有差异。因此，湿度的调节要结合温度的变化灵活掌握。

### 3. 气体条件

大白菜贮藏过程中会产生乙烯，乙烯是造成大白菜脱帮的重要原因之一，当乙烯含量超过$2.3×10^{-7}$时，即可导致脱帮。环境温度越高，乙烯释放量越多，损耗越重。因此大白菜贮藏过程中应及时通风换气，尽量降低贮藏环境的乙烯含量。

### 4. 药剂处理

针对大白菜的脱帮问题，可通过药剂处理加以改善。收菜前10天用100～200mg/kg的萘乙酸溶液进行田间喷洒或收后浸根，能明显抑制脱帮，但处理后细胞保水力增强，抗寒力减弱，烂叶也不易脱落，不便于修菜。

## （三）贮藏方法

大白菜入贮之前，要加以适当整理，摘除黄帮烂叶，不黄烂的叶片要尽量保留以保护叶球，同时进行分级挑选。大白菜的贮藏方法有传统贮藏方式如堆藏、窖藏和通风库贮藏以及智能化贮藏如气调贮藏和减压贮藏等。

### 1. 堆藏

大白菜采收整理后，在背阴处将其堆成单行、双行或者是圆形的菜垛。双行的菜垛应为菜根向里，菜叶向外，从侧面看类似于"人"字形，然后在堆（垛）上盖上覆盖物。天气稍冷时可适当在堆垛上增加防冻装置。此种方法由于堆藏的产品全部或大部分在地面上，受气温的影响很大，所以秋季容易降温，而冬季保温却较困难，在使用上有一定的局限性，且贮藏期短，损耗大。

### 2. 沟藏

沟藏是将大白菜整理并相互紧密地排放在露天的沟或坑内，再覆土处理，利用土壤的保温、保湿性进行贮藏的方式。贮藏沟要选择地势平坦、干燥、黏实、水位低、排水好、交通便利的地段，贮藏沟在不同地区方向有所差异，在较为寒冷的地区贮藏沟应为南北向，而在较温暖的地区则为东西向。挖掘深度也应根据当地具体情况而定，大白菜下沟时间以外叶稍微松动为适宜，入窖前应先铺垫一层稻草或者菜叶，然后将大白菜根朝下，相互之间紧密挤码在窖内，上盖即可，覆土厚度也根据温度的高低而定。

### 3. 窖藏

窖藏是一种较为经济的贮藏方式，可根据不同地区的温度差异，对应选择地下式、半地下式与地上式等方式贮藏，东北、西北较为寒冷的地区采用地下式，南方较温暖的地区采用地上式，中原部分地区则采用半地下式。窖藏大白菜大致可分为前、中、后3个不同时期，应分别进行相应的调控管理。

（1）前期管理

以入窖到大雪或冬至为贮藏前期。此期是大白菜贮藏中的"热关"。此时外界及窖内温度都较高，白菜的新陈代谢旺盛，所以应该进行大量通风及勤倒菜等措施来降温散热。

（2）中期管理

冬至到立春，是全年最冷的季节，此期是贮藏中的"冻关"。此时气温较低，大白菜的呼吸强度也相应减弱，所以应该适当控制通风量，做好防冻工作。倒菜的间隔时间也可适当延长。

（3）后期管理

立春后进入贮藏后期。此时外界气温逐渐回暖，大白菜的耐贮性和抗病性已明显衰降，易受病菌侵害而腐烂，窖内的温度、湿度都应调控得当，并且倒菜要勤，并降低菜垛高度。

### 4. 机械冷藏

为了提高利用效率，多采用码垛装筐的方法堆码在冷库中，入库要分批次进行，对贮藏温度严加控制，筐间及垛间要留有空隙，便于查看管理，这种方法可通过机械运输冷空气来调控仓库内的温度，贮藏期间应定期检查。在此期间倒菜时要注意变换上下层次，库内通常采用冷风降温，以防止大白菜失水过多，也可以在筐周或顶部覆盖一层薄膜。其优点是，它能精确地控制温度和湿度，贮藏的大白菜品质高，但其缺点是设备投资较大，成本较高。

### 5. 气调贮藏

气调贮藏是通过控制贮藏环境气体成分来抑制大白菜生理活性的贮藏方法。可以通过降低 $O_2$ 浓度至3%和提高 $CO_2$ 浓度至3%以上，达到限制白菜呼吸作用，延缓衰老和变质，使大白菜处于近休眠状态，从而较长时间地保持白菜的品质，达到贮藏保鲜的效果。

## 四、大蒜的贮藏技术

大蒜为百合科葱属植物的地下鳞茎，原产于西亚和中亚，大蒜整棵植株具有强烈的蒜臭味，是药食两用植物。自汉代张骞出使西域，将大蒜带回国安家落户，至今已有两千多年的历史。大蒜除含有常规的营养成分外，还有蒜氨酸、大蒜辣素、大蒜新素，对多种球菌、杆菌、霉菌、真菌、病毒都有抑制和杀灭作用，不仅是一种天然的广谱抗菌食物，也是人类日常生活中不可缺少的调味品。

### （一）贮藏特性

因为大蒜具有明显的休眠期，所以其贮藏关键就是创造适宜休眠的环境条件，在控制蒜头腐烂变质的前提下，尽量延长其生理休眠期和进入强迫休眠期的过程，以达到抑制幼芽萌发生长和腐烂的目的，休眠期一般为2～3个月。

### （二）贮藏要点

#### 1. 采后处理

适时收获是贮藏大蒜的重要条件，应在大蒜叶片开始变黄且晴天时采收，采收后的大蒜，要选择蒜瓣肥大、色泽洁白、无病斑、无机械损伤的进行贮藏。剔除发黄、发软、腐烂的蒜瓣，然后及时给予高温干燥的条件，使叶鞘、鳞片充分干燥失水，促使蒜头迅速进入休眠期，这个过程也叫预藏，是大蒜任何一种贮藏方式必不可少的环节。

### 2. 温度

大蒜耐寒性强，喜冷凉，适宜温度为 $-5 \sim 26℃$，$3 \sim 5℃$ 即可萌发，鳞茎可抵抗 $-7 \sim -6℃$ 的低温，适宜的贮藏温度为 $-3 \sim -1℃$，大蒜的冰点是 $-3℃$，若贮藏温度低于 $-7℃$ 时，大蒜会受到冻害。温度波动应尽量小，温度波动大，容易引起生理病变。

### 3. 湿度

大蒜喜湿怕旱，但空气的相对湿度也不应高于80%，以65% ~ 75%为宜。另外，大蒜对湿度的要求比较严格，若相对湿度过高，鳞茎吸水受潮，大蒜表面易霉变，并逐渐影响内部质量；相对湿度过低，干耗大，大蒜易干瘪。

### 4. 环境气体

大蒜贮藏的适宜气体指标：$O_2$ 浓度3% ~ 5%，$CO_2$ 浓度10% ~ 15%。若 $O_2 < 1\%$、$CO_2 > 7\% \sim 13\%$ 时，贮藏效果差。另外，贮藏环境中的其他一些气体也会影响大蒜的保存品质，比如煤烟气、汽油气，以及乙烯、乙醛等，所以应该尽量排除这些气体。

## （三）贮藏方法

### 1. 简易贮藏

（1）挂藏

当大蒜收割时，应仔细挑选贮存的大蒜，除去掉地上非常细小、腐败、破碎、穿孔的大蒜，然后干燥，直到茎叶变得柔软发黄，大蒜干燥为止。最后，再选择50到100个同样大小的大蒜编成一组，挂在一个冰冷无雨的屋顶上，保持干燥。

（2）架藏

对贮存场地要求比较高，通常选择通风良好、干燥的室内场地，室内放置木制或竹制的梯架，架形有台形梯架、锥形梯架等。

（3）窖藏

贮存窖多数为地下式或半地下式。窖址宜选在干燥、地势高、无水、通风良好的地方。窖内储存的温度取决于储层的深度，储存窖有多种形式，采用较多的是窑窖、井窖，大蒜在窖内可以散堆，也可以围垛。最好的办法是在储存窖底铺上晒干的稻草和谷壳，然后一层大蒜一层稻草或谷壳相互堆放，不要堆得太厚，窖内设置通风孔，要经常清理窖，及时剔除病变烂蒜。

### 2. 冷库贮藏

冷库贮藏是借助机械制冷的方法来降低贮藏环境的温度，它是大蒜实现安全贮存的高级形式，尤其是夏季高温季节用来冷藏保鲜大蒜的理想方法。冷库内的温度要保持恒定，库内不同位置要分别放置温度计，保持温度在（0±1）℃且分布均匀；库内空气湿度也需经常测定，保持在65% ~ 75%的相对湿度，若湿度过高可在库内墙根处放吸湿剂，如 $CaO$、$CaCl_2$。在入冷库贮藏期间，要严格控制温度、湿度，温度波动较大容易引起生理病变，相对湿度过低干耗大，过高易引起大蒜表面霉变。

### 3. 气调贮藏

大蒜贮藏库中的氧气越少，二氧化碳含量就越高，对芽的生长产生的抑制作用就越大。然而，$O_2$含量不应低于2%，$CO_2$含量不应超过16%。最好将$O_2$水平保持在3% ～ 5%之间，而$CO_2$含量则保持在10% ～ 15%之间。

### 4. 涂膜贮藏保鲜

在涂膜保鲜液中浸泡一下，使其表面形成一层薄薄的表面层，然后储存在干燥的地方。由于涂膜可隔绝空气，减少大蒜的呼吸力，从而抑制其发芽、失水、霉变。这种贮藏技术简单，成本低，效果好。

### 5. 辐射贮藏

辐射处理是利用γ射线照射大蒜，以防止发芽的方法。在接触时，γ射线透过鳞茎会使大蒜机体中的水和其它物质发生电离作用，产生游离基或离子，用热辐射影响其新陈代谢，而大蒜中的幼芽本身对射线的敏感度很大，在剂量为5000 ～ 8000R❶，最高为20000R的射线中，就可以抑制蒜头发芽，达到长期贮藏的目的。该方法操作简便而又高质量，可在室温下大蒜可保存约一至两年。

---

❶ $1R = 2.58 \times 10^{-4}C \cdot kg^{-1}$。

# 第五章

# 果蔬加工基础知识

## 第一节　果蔬加工原理与加工产品分类

以新鲜果蔬为原料，根据它们的理化性质，采用不同的加工工艺处理，消灭或抑制果蔬中存在的有害微生物，保持或改进果蔬的食用品质，制成各种不同于新鲜果蔬的制品，这一系列过程称之为果蔬加工，所得到的制品即为果蔬加工产品。

### 一、果蔬加工的作用

果蔬加工后种类丰富，更好地满足市场的需要；通过加工，改善果蔬风味，提高果蔬产品质量；可以变一用为多用，变废为宝，综合利用，提高经济价值；可以更好地开发我国现有的野生资源，振兴农业。

### 二、果蔬加工的原理

果蔬生产中存在的地域性、季节性及易腐性是影响果蔬生产效益的主要原因。而解决易腐性，是打破地域性与季节性的基础与必要条件。果蔬加工的作用就是通过各种手段，最大限度地防止产品的败坏。

#### （一）果蔬加工产品败坏的原因

果蔬加工产品败坏是指改变了果蔬加工产品原有的性质和状态，而使质量劣变的现象。造成果蔬加工产品败坏的原因主要是果蔬本身所含的酶及周围理化因素引起的物理、化学和生化变化以及微生物活动引起的腐烂。

### 1. 微生物败坏

有害微生物的生长发育是导致果蔬加工产品败坏的主要原因。由微生物引起的败坏主要表现为生霉、发酵、酸败、软化、产气、混浊、变色、腐烂等，对果蔬及其制品的危害最大。微生物在自然界无处不在，通过空气、水、加工机械和盛装容器等均能污染果蔬，再加上新鲜果蔬含有大量的水分和丰富的营养物质，是微生物良好的培养基，极易滋生微生物。引起果蔬及其制品败坏的微生物主要有细菌、霉菌和酵母菌。加工中，如原料不清洁、清洗不充分、杀菌不完全、卫生条件差、加工用水被污染等都能引起微生物感染。

### 2. 酶败坏

在自身酶的作用下或在微生物分泌酶的作用下，果蔬中的蛋白质水解，果胶物质分解导致产品软烂和酶褐变发生等，造成食品的变色、变味、变软和营养价值下降。

### 3. 理化败坏

物理性败坏是指由光线、温度、重力和机械创伤等物理因素引起的果蔬败坏。化学性败坏是指由不适宜的化学变化引起的败坏，如氧化、还原、分解、合成、溶解、晶析等。理化败坏程度较轻，一般无毒，但易造成色、香、味和维生素等的损失，这类败坏与果蔬的化学成分密切相关。

## （二）防止败坏的加工方法及原理

### 1. 抑菌保存

（1）低温原理

将原料或成品在低温下保存，也就是冷藏。低温可以有效抑制微生物的活动，产品内部的各种生化反应速度也很缓慢，使产品得以较好地保藏。

（2）干制原理

水分是微生物生命活动的重要物质。干制原理就是利用热能或其他能源排除果蔬原料中所含的大量游离水和部分胶体结合水，降低果蔬的水分活度，微生物由于缺水而无法生长繁殖；果蔬中的酶也由于缺少可利用的水分作为反应介质，其活性也大大降低，使制品得到很好的保存。干制的产品贮藏时应须注意适当的包装和贮藏环境温度湿度的管理，避免吸潮使制品发生霉变。

（3）高渗透压原理

利用高浓度的食糖溶液或食盐溶液提高制品渗透压和降低水分活性的原理来进行保藏。微生物对高渗透压和低水分活性都有一定的适应范围，超出这个范围就不能生长。食糖和食盐均可提高产品的渗透压。当制品中的糖液浓度达到60%～70%或食盐浓度达到15%～20%时，绝大多数微生物的生长受到抑制，所以常用高浓度的食糖和食盐溶液进行果蔬加工产品或半成品的保藏。果脯蜜饯类、果酱类制品和一些果蔬腌制品就是利用此原理得以保藏的。

（4）速冻原理

将原料经一定处理，利用-30℃以下的低温，将果蔬原料在30min或更短的时间内使组织内80%的水迅速冻结成冰，并放在-18℃以下的低温条件下长期保存。低温可以有效地抑制酶和微生物的活动，冻结条件下产品的水活性值也大大降低，可利用的水分少，使制品得以长期保藏。解冻后产品能基本保持原有品质。

### 2. 杀菌保存

杀菌保存是指将制品中的微生物杀死，防止微生物的生命活动引起食品败坏，考虑到高温对食品品质的影响，现在的杀菌保存也称之为商品无菌，其原理是通过热处理、微波、辐射、过滤等工艺手段，使制品中腐败菌数量减少或消灭达到能使制品长期保存所允许的最低限度，杀灭所有致病微生物。传统的杀菌是热力杀菌，根据微生物对高温的承受能力不同，及杀菌的目标菌不同，杀菌分为常压杀菌与高压杀菌。杀菌必须配合抽真空、密封等处理，防止产品的再次污染，从而保证制品的安全性。真空处理不仅可以防止氧化引起的品质劣变，不利于微生物的繁殖，还可以缩短加工时间，能在较低的温度下完成加工过程，使制品的品质得到进一步提高。其中密封是保证加工产品与外界空气隔绝的一种必要措施，只有密封才能保证一定的真空度。无论何种加工产品，只要在无菌条件下密封保持一定的真空度，避免与外界的水分、氧气和微生物接触则可长期保藏。

### 3. 发酵保存

发酵保存又称生物化学保藏，是果蔬内所含的糖在微生物的作用下发酵，产生具有一定保藏作用的乳酸、酒精、醋酸等代谢产物来抑制有害微生物的活动，使制品得以保藏。果蔬加工中的发酵保藏主要有乳酸发酵、酒精发酵、醋酸发酵。发酵产物乳酸、酒精、醋酸等对有害微生物的毒害作用十分显著。果酒、果醋、酸菜及泡菜等是利用发酵保藏的原理来保藏的。

### 4. 化学防腐原理

果蔬加工中利用化学防腐剂使制品得以保藏。化学防腐剂是一种能杀死或抑制食品中有害微生物生长繁殖的化学药剂，其主要用在半成品保藏上。化学防腐剂必须低毒、高效、经济、无异味，不影响人体健康，不破坏食品营养成分。

## 三、果蔬加工产品的分类

果蔬加工产品种类非常多，根据传统分类及现代食品具有的新特点，以及其不同的保藏原理和加工工艺，可以分为鲜切果蔬、罐制品、汁制品、糖制品、酒制品、干制品、速冻制品、腌制品和果蔬脆片等。

### （一）鲜切果蔬

鲜切果蔬又称最少加工果蔬、切割果蔬、最少加工冷藏果蔬等，是新鲜果蔬原料经清洗、去皮、切分、包装而成的即食即用果蔬制品。所用的保鲜方法主要有微量的热处理、控制 pH 值、应用抗氧化剂、氯化水浸渍或各种方法的结合使用。鲜切果蔬，食用方便，能最大限度保持产品原有的品质，但货架期短，甚至比新鲜果蔬更短，必须在冷藏条件下流通。

### （二）罐制品

罐制品俗称罐头，是将原料进行预处理后装罐或装袋，经排气、封罐、杀菌等形成密封、真空和无菌状态，使制品能较长期保藏。果蔬罐头主要有糖水水果罐头和清渍蔬菜罐头，此外，糖渍蜜饯、果酱、果冻、盐渍蔬菜、酱渍蔬菜、糖醋渍蔬菜等，也可采用罐头包装的形式，制成罐头制品。

## （三）汁制品

汁制品是以新鲜果蔬为原料，经过破碎、压榨或浸提等方法制成的汁液，装入包装容器内，再经密封杀菌而得到的产品，也称为果蔬汁制品。例如：苹果汁、山楂汁、梨汁、柑橘汁、椰子汁、胡萝卜汁、多维果蔬汁等。这类产品酸甜可口，营养价值高，易被人体吸收，有的还有医疗效果，可以直接饮用，也可以制成各种饮料。

## （四）糖制品

果蔬糖制是以新鲜果蔬为原料，利用高浓度糖液的渗透脱水作用，将果蔬加工成高糖食品的加工技术。果蔬糖制品分为果脯蜜饯类和果酱类，如桃脯、杏脯、金丝蜜枣、山楂果冻、草莓果酱、果丹皮等，具有高糖高酸的特点。

## （五）酒制品

果酒是果汁（果浆）经过酒精发酵酿制而成的含醇饮料，如白葡萄酒、红葡萄酒、苹果酒、山楂酒等。果酒具有色泽鲜艳、果香浓郁、醇厚柔和、营养丰富、酒精度数低等特点。

## （六）干制品

干制又称干燥或脱水，是指采用自然条件或人工控制条件促使果蔬水分蒸发的过程。果蔬干制品能较好地保持果蔬原有的风味，且保藏期较长。例如，红枣、葡萄干、柿饼、杏干、苹果干、黄花菜、萝卜干等。干制品同时具有体积小质量轻、便于运输和携带等优点。

## （七）速冻制品

果蔬速冻是将经过一定处理的新鲜果蔬原料采用快速冷冻的方法使之冻结，然后在 $-20 \sim -18℃$ 的低温中保藏。速冻果蔬基本上保持了果品蔬菜原有的色香味和营养成分，保藏时间长，品质优良，是国内外很有发展潜势的果蔬加工产品。

## （八）腌制品

腌渍保藏是我国普遍而传统的蔬菜保藏法，是将新鲜的蔬菜经过适当处理后用食盐和香料等进行腌制，使其进行一系列的生物化学变化，制成鲜香嫩脆、咸淡（或甜酸）适口且耐保存的制品的过程。腌制品分为发酵性和非发酵性，如涪陵榨菜、东北酸菜、四川泡菜、北京八宝菜、南京糖醋萝卜等都是全国有名的腌制品，是我国蔬菜加工量最大的一类加工产品。

## （九）果蔬脆片

果蔬脆片是以新鲜果蔬为原料，采用先进的真空油炸技术、微波膨化技术和速冻技术精制而成的。产品形态平整，酥脆。主要品种有：苹果脆片、胡萝卜脆片、香蕉脆片、南瓜脆片和地瓜脆片等几十种果蔬脆片。产品具有全天然和高营养的特点，不含化学添加剂和防腐剂，极少破坏果蔬中的维生素成分，被食品营养界称为"二十一世纪食品"，是国际上流行的休闲食品。

## 第二节　果蔬加工对原辅料的要求及处理

### 一、果蔬加工对果蔬的要求及处理

果蔬加工的方法较多，不同的加工方法和产品对原料的要求不同，高品质的加工制品除受加工工艺和设备的影响外，与原料品质的好坏及原料的加工适应性密切相关。因此，要根据不同的加工产品有目的地选择原料。同一种原料，因品种不同，加工效果差异较大。如加工梨脯，就要选用含水少、石细胞少的洋梨系统中的品种。不同的加工产品，选择原料的成熟度也不同，如加工果脯、蜜饯要求果实生产成熟度在七八成（即果实坚熟期），要以肉质丰富、组织紧密、含单宁量较少、色泽鲜明时为好。果蔬类罐藏一般要求坚熟，此时果实已充分发育，有适当的风味和色泽，肉质紧密而不软，杀菌后不变形。但叶菜类与大部分果实不同，一般要求在生长期采收，此时粗纤维较少，品质好。果蔬加工对原料总的要求是合适的种类、品种，适当的成熟度和新鲜完整的状态。

### 二、果蔬加工对水质的要求及处理

#### （一）果蔬加工用水要求

果蔬产品的加工厂用水量要远远大于一般食品加工厂，如生产一吨果蔬类罐头，需水量 $40 \sim 60t$，一吨糖制品消耗 $10 \sim 20t$ 的水。所以，水的卫生、水质的好坏等直接影响加工产品的质量。

凡是与果蔬原料及其制品接触的水，均应符合 GB 5749—2022《生活饮用水卫生标准》。水的硬度对加工产品质量有很大影响。水的硬度过大，钙、镁与蛋白质等物质结合，使罐头汁液或果汁发生混浊或沉淀，还与果蔬中的果胶酸结合生成果胶酸钙，使果肉表面粗糙，加工制品发硬；镁盐如果含量过高，加工产品有苦味。水的硬度取决于水中钙、镁盐的含量，我国常用 CaO 含量表示水的硬度的大小，硬度 1°相当于 1 L 水中含 10 mg CaO。凡是硬度在8°以下的水为软水，硬度在8°～16°的水为中度硬水，硬度在16°以上的水为高度硬水。

不同的加工产品对水的硬度有不同的要求。制作果脯蜜饯、蔬菜腌制品及半成品时应以硬水为好，以增加制品的脆度和硬度，以防止煮烂和软烂；脱水干制品加工可用中度硬水，使组织不致软化；罐头制品、速冻制品、果蔬汁、果酒等加工产品均要求使用软水。而锅炉用水硬度高，容易造成水垢，不仅影响锅炉的传热，严重时还易发生爆炸。

#### （二）加工用水处理

无论是江河、湖泊、水库、海水中的水或是深井水、自来水等均可作为加工用水源。深井水和自来水符合加工用水的水质要求，可以直接使用。对不符合要求的，需进行一定的处理，其目的是保持水质的稳定性和一致性。除去水中的悬浮物和胶体，去除有机物、异臭、异味，进行脱色，将水的碱度降到标准以下，去除微生物，使微生物指标符合规定标准。若需要，还要去除水中的铁、锰化合物和溶解于水中的气体。

### 1. 水中悬浮物质、胶体物质的去除

除去原水中的悬浮物质和胶体物质，通常采用混凝和过滤两种方法。

（1）混凝

常用的混凝剂有铝盐和铁盐两类。铝盐有明矾、硫酸铝、碱式氯化铝等；铁盐有硫酸亚铁、硫酸铁及三氯化铁等。明矾的用量一般为0.001%～0.02%，硫酸铝的有效剂量为20～100 mg/L。为提高混凝效果，常加入助凝剂。常用的有活性硅酸、海藻酸钠、羧甲基纤维素钠、黏土以及聚丙烯、聚丙烯胺、聚丙烯酰胺（PMA）等高分子物质。助凝剂还可保证在较大的pH值范围内获得良好的混凝效果。

（2）过滤

原水通过滤料层时，一些悬浮物和胶体物被截流在孔隙中或介质表面，这种通过粒状介质层分离不溶性杂质的方法称为过滤。

① 砂过滤。过滤介质是石英砂，含有悬浮物的水经过砂滤层时，悬浮物等被截留，使水澄清。砂滤层可用细砂、中砂和粗砂，也可用卵石，有时上面放滤砂，下面放卵石和碎石作垫层。在使用过程中，当水的净化效果变差或出水量变小时，需要定期将水反向流动或进行清洗。

② 砂滤棒过滤。当用水量较少，原水中硬度、碱度指标基本符合要求，只含有少量的有机物、细菌及其他杂质时，可采用砂滤棒过滤器。砂滤棒又名砂芯，采用细微颗粒的硅藻土和骨灰等可燃性物质，在高温下焙烧，使其熔化，可燃性物质变为气体逸散，形成直径0.000016～0.00041 mm的小孔，待处理水在外压作用下，通过砂滤棒的微小孔隙，水中存在的少量有机物及微生物被微孔吸附截留在砂滤棒表面。

砂滤棒过滤外壳是用铝合金或不锈钢铸成锅形的密封容器，分上、下两层，中间以隔板隔开，隔板上（或下）为待滤水，隔板下（或上）为砂滤水，容器内安装一至数十根砂滤棒。长时间连续过滤后，杂质吸附会使过滤速度下降，应进行冲洗、消毒；消毒通常用10%的漂白粉溶液或其他氯化物溶液浸泡30 min，也可用75%的酒精浸泡杀菌。

③ 活性炭过滤。为了去除水中的有机垢和余氯，降低色度，或作为离子交换的预处理工序，可用活性炭过滤。用氯处理过的水会损害产品的风味，须用活性炭脱氯。另外，当水质较差，出现异味时，也可用活性炭过滤。活性炭是一种多孔性物质，能吸附水中的气体、臭味、氯离子、有机物、细菌及铁、锰等杂质，一般可将水中90%以上的有机物质除去。

此外，还有微孔膜过滤器和精滤等。

### 2. 水中溶解杂质的去除

为满足生产用水的水质要求，不仅要除去水中的悬浮杂质，还要降低水中的溶解性杂质，也就是降低水的硬度。常用的软化方法有化学软化法、离子交换法、电渗析、反渗透等。

（1）化学软化法

化学法软化水质一般多采用石灰软化法或石灰-纯碱软化法。

① 石灰软化法。适用于碳酸盐硬度较高，非碳酸盐硬度较低，而且对水质不要求高度软化的情况。先将石灰（CaO）调成石灰乳，再加到原水中搅拌，即可消除原水的暂时硬度。实践证明，每降低一吨水的暂时硬度1°，需加CaO（纯度70%）约15g。用石灰处理水的硬度常同水的凝聚处理同时进行。此法不能使水彻底软化。

② 石灰-纯碱软化法。此法既加石灰也加纯碱，同时降低水中碳酸盐硬度和非碳酸盐硬度。

（2）离子交换软化法

离子交换软化法是用离子交换剂（离子交换树脂）吸附水中所含的钙、镁离子，使水质软化。离子交换树脂分阳离子交换树脂和阴离子交换树脂两类，前者在水中以 $H^+$ 与水中的金属离子或其他阳离子发生交换，后者在水中以 $OH^-$ 与水中的阴离子发生交换。通过阴阳离子交换树脂与水的交换反应，阴、阳离子树脂交换后留在水中的 $H^+$ 和 $OH^-$ 结合成水，水的硬度被消除，水的酸度和碱度也可控制。

（3）电渗析法

电渗析技术常用于海水和咸水的淡化，或用自来水制备初级纯水。它是通过具有选择透过性和良好导电性的离子交换膜，在外加直流电场中，根据同性相斥、异性相吸的原理，使原水中阴阳离子分别通过阴离子交换膜和阳离子交换膜达到净化作用。如果原水中悬浮物较多，水质污染严重或含盐量过高，则不能直接用电渗析法处理。此时应先对原水进行预处理，如混凝、过滤、软化等，再进行电渗析，方能收到良好效果。

（4）反渗透法

反渗透技术作为一种近代新型膜分离技术，其原理是以半透膜为介质，对被处理水的一侧施以压力，使水穿过半透膜，而达到除盐的目的，见图5-1。

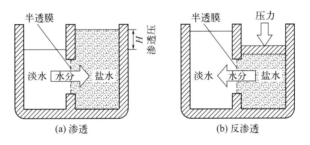

**图5-1　反渗透原理**

（引自高愿军，2002）

反渗透膜对 $Ca^{2+}$ 和 $Mg^{2+}$ 的去除率达92%～99%，对 $Cl^-$ 和 $HCO^-$ 的去除率达80%～95%，对 $Na^+$ 和 $K^+$ 的去除率达75%～95%，$Mn^{2+}$、$Al^{3+}$ 的去除率达95%～99%，对细菌的去除率达99%。反渗透膜器在使用一段时间后，水中悬浮物、微生物、有机物等杂质易在膜表面结成一层薄垢，影响膜的透水性和操作压力，要对膜及时清洗。

### 3.水的消毒

在水质处理过程中，绝大多数微生物由于经过混凝、过滤、软化已被除去，但是仍有部分微生物留在水中。为了确保饮食卫生，还应进行严格消毒。

（1）加氯

水中加氯消毒，是当前世界各国最普遍使用的饮用水消毒法。根据水质不同，采用滤前加氯和滤后加氯的方法进行水体消毒。当原水水质差、有机物多时，可在原水处理前加氯，防止沉淀物中微生物繁殖，且氯的用量要多。原水经沉淀过滤后加氯，加氯量可以比滤前加氯少，且消毒效果好。常用的药物有杀菌氯气或其他有效氯的化合物，如漂白粉、氯胺、次氯酸钠、二氧化氯等。我国水质标准规定，管网末端自由余氯应保持在0.1～0.3mg/L，小于0.1mg/L时不安全，大于0.3mg/L时水有明显的氯臭。

（2）臭氧消毒

臭氧（$O_3$）是特别强的氧化剂，极不稳定，很容易解离出活泼的、氧化性极强的新生态原子氧，原子氧可以最终导致微生物的死亡。臭氧的瞬间杀菌作用优于氯，比氯的作用快15～30倍，同时可以除去水臭、水色以及铁和锰等，不产生二次污染。可利用高压放电或采用臭氧发生器生产臭氧。

（3）紫外线消毒

紫外线消毒的原理是微生物经紫外线照射后，细胞内蛋白质和核酸的结构发生裂变，致使微生物死亡。因紫外线对水有一定的穿透能力，故能杀灭水中的微生物，使水得以消毒。紫外线的杀菌效果对原水的水质要求较高。原水必须无色，浊度在1.6以下，微生物数量很少，否则影响杀菌的效果。

目前使用的紫外线杀菌设备主要是紫外线饮水消毒器。

## 三、果蔬加工对食品添加剂的要求

为改善食品品质和色、香、味，以及为防腐、保鲜和加工工艺的需要而加入食品中的人工合成或者天然物质统称为食品添加剂，食品用香料、胶基糖果中基础剂物质、食品工业用加工助剂也包括在内。食品添加剂的使用，必须遵循《食品安全国家标准　食品添加剂使用标准》（GB 2760—2014）的要求，不能破坏加工产品的营养和性质，也不能掩盖加工产品本身的品质。

### （一）食品添加剂种类

食品添加剂的种类很多，按照其来源的不同可分为天然食品添加剂和化学合成食品添加剂两大类，目前使用化学合成食品添加剂较多，为了食品安全和人类的身体健康，提倡使用天然食品添加剂。目前，在果蔬加工中常用的添加剂有以下几种。

1. 甜味剂

甜味剂是以赋予食品甜味为主要目的食品添加剂。甜味剂通常指一些具有甜味但并非糖类的化学物质，蔗糖、淀粉糖浆等通常不作为食品添加剂看待，而称为食品原料。甜味剂主要包括糖醇类，如山梨糖醇、木糖醇、麦芽糖醇；非糖天然甜味剂，如甜菊糖苷、甘草酸铵、罗汉果甜苷等；人工合成甜味剂如甜蜜素、阿斯巴甜等。人工合成甜味剂有一定的毒性和副作用，使用有一定限制。糖醇类甜味剂和非糖天然甜味剂是低热能甜味剂和非营养型甜味剂，对肥胖病、高血压、糖尿病和龋齿等患者有积极作用，近年来日益受到重视和发展。

2. 酸味剂

酸味剂是赋予食品酸味的一类食品添加剂。酸味剂除了赋予食品酸味外，还有调节食品的pH值、防止食品败坏和褐变、用作抗氧化剂的增效剂、抑制微生物生长等作用。我国允许使用的酸味剂主要是有机酸，包括柠檬酸、苹果酸、酒石酸、乳酸等，无机酸使用较多的仅有磷酸等。

3. 增稠剂

增稠剂是指在水中溶解或分散，能增加流体或半流体食品的黏度，并能保持所在体系的相对稳定的亲水性食品添加剂，又称稳定剂或乳化稳定剂，具有稳定、增稠、凝胶和保水等作用，广泛地应用于食品中。在果蔬食品中常用的增稠剂有天然增稠剂，如酪蛋白酸钠、阿拉伯胶、海藻酸钠、卡拉胶、果胶、黄原胶、$\beta$-环糊精等；化学合成增稠剂，如羧甲基纤维素钠（CMC-Na）等。

### 4. 着色剂

食品着色剂是以食品着色为目的的一类食品添加剂，又称食用色素。食品着色剂按其来源和性质可分为合成着色剂和天然着色剂。合成着色剂，也称为食品合成染料，指用人工方法合成的有机着色剂。合成着色剂的着色力强、色泽鲜艳、不易褪色、稳定性好、易溶解、易调色、成本低，但安全性低。常用的食用合成着色剂有苋菜红、胭脂红、柠檬黄、日落黄和亮蓝等几种，一般在食品中的最大用量不能超过0.05g/kg。天然着色剂主要是从动、植物和微生物中提取的，具有天然、无毒、安全等性质，常用的食用天然着色剂有$\beta$-胡萝卜素、甜菜红、姜黄、红花黄、紫胶红、越橘红和辣椒红等。

### 5. 增香剂

增香剂是指在食品加工过程中改善或增强食品的香气和香味的香精或香料，需要的量一般很少，但对于食品的感官具有重要作用。通常将几种香料配制成香精使用。有水溶性和脂溶性两种，常用的有橘子香精、柠檬香精、香草香精、杨梅香精、乳化香精和奶油香精等。

### 6. 防腐剂

为了防止食品腐败变质而添加到其中的化学物质，称为防腐剂。理想的防腐剂应具有如下特点：性质稳定，安全无毒；使用量少，抑菌效果好；无刺激性和异味；价格合理，使用方便。常有的食品防腐剂有苯甲酸及其钠盐、山梨酸及其钾盐、对羟基苯甲酸乙酯、脱氢乙酸、$SO_2$及亚硫酸盐类等。

## （二）食品添加剂的使用要求

对于食品添加剂的要求，首先应该是对人类无毒无害，其次才是它对食品色、香、味等性质的改善和提高。因此，对食品添加剂的一般要求为：

① 食品添加剂应进行充分的毒理学鉴定，保证在允许使用的范围内长期摄入而对人体无害。食品添加剂进入人体后，应能参与人体正常的新陈代谢或能被正常的解毒过程解毒后完全排出体外或因不被消化吸收而完全排出体外。

② 不破坏食品本身的营养物质，也不影响食品的质量及风味。

③ 食品添加剂应有助于食品的生产、加工、制造及储运过程，具有保持食品营养价值、防止腐败变质、增强感官性能及提高产品质量等作用，并应在较低的使用量下具有显著效果，而不得用于掩盖食品腐败变质等缺陷。

④ 食品添加剂添加于食品后应能被分析鉴定出来。

⑤ 不以掺杂、掺假、伪造为目的而使用食品添加剂。

⑥ 按照国家标准，严格规范食品添加剂的使用种类和使用量。

# 第六章

# 果蔬加工实用技术

## 第一节　鲜切果蔬加工

### 一、鲜切果蔬加工原理

鲜切果蔬是以新鲜果蔬为原料，经分级、整理、清洗、去皮、切分、修整、护色保鲜、包装等工序加工制成的保持生鲜状态的果蔬加工制品，又称半加工果蔬、轻度加工果蔬或最少加工（minimally processed, MP）果蔬，即MP果蔬或预制果蔬。鲜切果蔬作为一种新兴食品工业产品起源于20世纪50年代的美国，20世纪80年代后在加拿大、日本、欧洲等国家和地区得到迅速发展，20世纪末在我国开始出现。鲜切果蔬具有新鲜、卫生、方便、环保等特点，正日益受到我国消费者的广泛关注。

### 二、鲜切果蔬加工工艺流程及操作要点

#### （一）工艺流程

原料→采收→初选→预处理→清洗→冷却→脱水→包装预冷→成品→冷藏、运销

#### （二）操作要点

鲜切果蔬的操作要点主要有挑选、去皮、切割、清洗、冷却、脱水等工序。在加工过程中仍然以手工为主、以机械设备为辅，同时必须尽可能地减少对果蔬组织的损伤。

#### 1. 原料的选择

果蔬原料是保证鲜切果蔬质量的基础，一般挑选新鲜、饱满、成熟度一致、无异味、无病虫害的个体。

## 2. 采收

果蔬成熟后手工采收或机械采收，采后立即送至加工点进行加工。

## 3. 初选

包括大小、成熟度分级、去除缺陷、预冷等。豌豆和其他豆类在田间去荚，萝卜、胡萝卜切叶等。

## 4. 预处理

鲜切果蔬可以分成三种类型。第一，即食型，主要用于汉堡包和色拉；第二，即用型，用于加工冷冻水饺及其他食品的配料；第三，即煮型，用在烹饪中。它们的处理方式有一定的差异，大致有挑选、分级、盐水浸渍、脱水、沥水、去核等等。

（1）挑选

通过手工作业，剔除腐烂次级果蔬，摘除外叶、黄叶，然后用清水洗涤，送往输送机。

（2）去皮

有手工去皮、机械去皮，也有加热或化学处理去皮。

（3）切分

切分会根据产品的不同切成丁、块、片、条、丝、半片等各种形式，是一项重要的工作。切分刀具需要特别锋利，一般用机械切分，有时也可用手工切分。

（4）去杂、清洗和消毒

去杂指在加工中去除外来物质，如枝条、果柄、沙粒、泥土、昆虫、残留杀虫剂和化肥等。清洗机械应单独设计，有浸泡式、搅动式、喷洗式、摩擦式、浮流式及各种方式的组合式等。清洗水中可添加各种杀菌剂，主要有以下4种。

① 有效氯。氯气、次氯酸钠或次氯酸钙，200 mg/L以上的有效氯可以防止污染。

② 稳定性二氧化氯。二氧化氯消毒不产生三卤甲烷等有害副产物，用量少，作用快，杀菌效果好。

③ 电解酸性水。pH可达2.7，具有很好的杀菌效果。

④ 臭氧。有极强的氧化杀菌特性，不产生三卤甲烷类残留。

清洗之后，一般用低速离心机脱水。脱水后用抗氧化剂加强保护，抗氧化剂的使用应符合GB 2760—2014《食品安全国家标准　食品添加剂使用标准》。

## 5. 混合和配菜包装

对于即食型的色拉类果蔬需有此工艺。色拉类需将果蔬与蛋黄酱及其他配料混合均匀，最好在无菌条件下包装。

## 6. 流通和使用

鲜切果蔬的流通过程是一个品质和数量下降的过程，因此建立完美的配送体系是成功的关键，应注意如下几点：①尽量减少中转次数；②贮藏和运输中提供连续的温度、湿度控制，以及$O_2$和$CO_2$控制；③立即将产品送入冷库中；④掌握优质进来优质出去的原则，存货时间尽量短；⑤单箱堆积高度不超过5箱。

## 三、鲜切果蔬质量控制

在切分果蔬的加工和贮藏过程中存在两个问题：一是在去皮和切分加工过程中会发生酶促褐变而产生令人不愉快的褐色；二是果蔬组织的损伤导致果蔬呼吸加强，加速了果蔬的成熟和衰老，腐烂加快。影响鲜切果蔬褐变及呼吸强度的因素有切分大小、刀刃的状况、洗净和控水情况、包装形式以及保存温度和时间等。

### 1. 切分大小和刀刃状况

（1）切分大小

切分大小是影响切分果蔬品质的重要因素之一，切分越小，切分面积越大，保存性越差。如需要贮藏时，一定以完整的果蔬贮装，到销售时再加工处理，加工后要及时配送，尽可能缩短切分后的贮藏时间。

（2）刀刃状况

锋利刀切割的保存时间长，钝刀切割的切面受伤多，容易引起变色、腐败。

### 2. 洗净和控水情况

病原菌数多的比少的保存时间明显缩短。洗净可以延长切分果蔬保存时间。洗净不仅可以减少病原菌数，还可洗去附着在切分果蔬表面的细胞液，减少色变。切分果蔬洗净后，如在湿润状态放置，比不洗的更容易变坏或老化。通常使用离心机进行脱水，但过分脱水容易干燥枯萎，反而使品质下降，故离心脱水时间要适宜。

### 3. 包装

切分果蔬暴露于空气中，会发生萎蔫、切断面褐变等现象，通过适合的包装可防止或减轻这些不利变化。还应注意的是包装材料的厚薄或透气率大小以及真空度选择因切分果蔬的种类而不同。透气率大或真空度低时易发生褐变，透气率小或真空度高时易发生无氧呼吸产生异味。因此，要选择厚薄适宜的包装材料来控制合适的透气率或合适的真空度，以保持其最低限度的有氧呼吸和造成低$O_2$高$CO_2$的环境，延长切分果蔬货架期。

## 四、鲜切果蔬加工案例

### （一）工艺流程

鲜切藕片加工工艺流程如下：

鲜藕→挑选、整理→清洗→去皮→切片→烫漂→冷却→护色液浸泡
→沥水控干→真空包装→灭菌→成品→冷藏

### （二）操作要点

### 1. 原料

鲜切莲藕要求藕身新鲜完整，具有2节或3节，藕节完好，藕身较粗，乳白，色泽一致，无机械损伤，无病虫害和异色斑点，无腐烂、变质，基本不带泥沙。

### 2. 清洗

清洗处理是鲜切果蔬加工中不可缺少的环节。由于果蔬表面容易被微生物侵入而变质，因此，加工前要进行认真清洗处理。

### 3. 去皮切片

去皮应尽量保持厚度均匀，去皮完全，并去除藕蒂，以达到除去藕表面细菌的目

的。切片保持厚度均匀，每片质量10 g左右，应切成均匀薄片状，不要造成不必要的机械伤害。为了尽量避免细菌污染，在操作过程中所用的刀具、菜板和操作人员的手应先消毒处理。

### 4.漂烫

在90～100℃的水中漂烫2～3s即可，使新鲜莲藕中多酚氧化酶失活的同时不至于使藕片的硬度和脆度受太大影响。

### 5.冷却

迅速于冷水中冷却，防止藕片持续受热，影响硬度和脆度。

### 6.护色液浸泡

护色液的配方可以有很多种，使用柠檬酸、抗坏血酸以及食盐的复配型护色液效果较好，又不影响安全性。

### 7.真空包装

尽量提高真空度。

### 8.灭菌

高温短时灭菌，保证藕片质构不受影响的前提下进一步杀灭微生物。

### 9.冷藏

于4℃冷藏可延长藕片的保质期。

# 第二节　果蔬汁加工

## 一、果蔬汁加工原理

果蔬汁也被称为"液体果蔬"，是指天然果蔬经过物理方法如压榨、离心、萃取等得到的汁液产品，较好地保留了果蔬原料中的营养成分，例如维生素、矿物质、糖分和膳食纤维等。常喝果蔬汁可以助消化、润肠道，补充膳食中营养成分的不足。

随着生活水平和健康意识的提高，人们对果蔬汁"安全、营养、天然、新鲜和美味"的要求越来越高。为了满足这些要求，伴随着科学技术的发展，现代果蔬汁的加工方式也越来越多。一款果蔬汁饮料是否受消费者青睐涉及的因素很多，包括原辅料的选择、原料成熟度、加工工艺、杀菌方式、包装方式等。

## 二、果蔬汁加工工艺流程及操作要点

### （一）工艺流程

果蔬汁加工的工艺流程如下：

原料选择→洗涤→破碎(打浆)→(预煮)→榨汁(浸提)粗滤→

原果汁→

澄清、过滤→调配→杀菌→装瓶→澄清果蔬汁

均质、脱气→调配→杀菌→装瓶→混浊果蔬汁

浓缩→调配→装罐→杀菌→浓缩果蔬汁

## （二）操作要点

### 1.原料的选择

（1）果实的质量要求

选择含汁液丰富、糖酸比适度、具有良好风味和香气、色泽稳定的品种，要求原料新鲜，成熟度高。剔除过生、过熟以及虫、病、烂果和蔬菜。

① 果蔬的新鲜度。加工用的原料越新鲜完整，成品的品质就越好。采摘存放时间太长的果蔬由于水分蒸发损失，新鲜度降低，维生素损失也会较大。

② 果蔬的品质。选用汁液丰富、易获取、糖分含量高、香味浓郁的果蔬是保证出汁率和风味的另一重要因素。

③ 果蔬的成熟度。果蔬汁加工要求成熟度在九成左右，酸低糖高。

（2）适宜加工果蔬汁的原料种类

大部分果品及部分蔬菜适合于制汁，如苹果、梨、葡萄、菠萝、柑橘、柠檬、葡萄柚、杨梅、桃、山楂、番石榴、番茄、胡萝卜、芹菜以及野生果品刺梨、醋栗、酸枣等均能用来制作果蔬汁。

### 2.原料洗涤

采用流动水或喷水对果蔬原料进行充分漂洗，以免杂质进入汁中。对于农药残留量较多的果实，可用稀酸溶液或洗涤剂处理后再用清水洗净。果实原料的洗涤方法，可根据原料的性质、形状和设备条件加以选择。

### 3.破碎或打浆

破碎粒度要适当，粒度过大，出汁率低，榨汁不完全；粒度过小，压榨时外层汁液很快榨出，形成厚层，会阻碍内层果汁榨出，降低汁液滤出速度。果蔬汁加工使用的破碎设备要根据果实的特性和破碎的要求进行选择。如对于葡萄、草莓等浆果，可选用浆叶型破碎机，使破碎与粗滤一起完成；对于肉厚且致密的苹果、梨等，可选用锤碎机、辊式破碎机；供制带肉果汁的桃和杏等果品，不宜用破碎压榨取汁，可以用磨碎机将果实磨成浆状；对于山楂果汁，按工艺要求，宜压不宜碎，可以选用挤压式破碎机，将果实压裂而不使果肉分离成细粒时最合适；葡萄等浆果也可选用挤压式破碎机，通过调节辊距的大小，使果实破裂而不损伤种子。果实在破碎时常加入适量的氯化钠及维生素C配成的抗氧化剂，防止或减少氧化作用的发生，以保持果蔬汁的色泽和营养。破碎时还要注意避免压破种子，否则种子中糖苷物质进入汁液，会出现苦味。

有些种类的蔬菜如番茄可采用打浆机加工成碎末状再进行取汁。有一些原料在破碎后须进行预煮，使果肉软化，果胶物质降解，以降低黏度，便于后续榨汁工序，如桃、杏、山楂等。

### 4.榨汁或浸提

榨汁的方法依果实的结构、果汁存在的部位、组织性质以及成品的品质要求而异。对于大多数水果来说，一般通过破碎就可榨取果汁。但对于柑橘、石榴这类果实来说，其表皮很厚，榨汁时外皮中的苦涩物质和一些可溶性色素会一起进入到果汁中，影响产品的风味和色泽，应先去除后再进行榨汁。果实的出汁率取决于果实的质地、品种、成熟度、新鲜度和榨汁方法等。一般情况下，浆果类出汁率最高，柑橘类和仁果类略低。榨汁的工艺过程应尽可能短，要最大限度地防止空气的混入，减少果汁色、香、味的损失。

榨汁机主要有螺旋榨汁机、带式榨汁机等，一般原料经破碎后即可用榨汁机进行压榨。对于汁液含量少的原料如山楂、枣等，可采用浸提法取汁，即将原料用水浸泡，使原料中的可溶性营养成分以及色素等溶解于水中，然后滤出浸提液即可。

### 5. 粗滤

粗滤或称筛滤。粗滤可除去果（菜）汁中的粗大果肉颗粒及一些其它悬浮物质。混浊果汁要求保存色粒以获得色泽、风味和香气，除去分散在果汁中的粗大颗粒或悬浮颗粒即可。透明果汁，粗滤后还需精滤。粗滤一般采用筛滤机，滤孔大小为 2 mm 左右。生产上粗滤往往与榨汁同时进行，也可在榨汁后独立操作。

### 6. 精滤

精滤是生产澄清汁必经的一道工序。精滤的目的就是要除去粗滤后汁液中还含有的大量的微细果肉、果皮、色粒、胶体物质等。精滤是包括澄清和过滤两个步骤。澄清的方法有自然澄清法、明胶单宁澄清法、加酶澄清法、加热凝聚澄清法、冷冻澄清法等；常用的过滤设备有袋滤器、纤维过滤器、板框压滤机、离心分离机，滤材有帆布、不锈钢丝布、纤维、硅藻土等。

### 7. 均质

均质是混浊汁必经的一道工序，其作用是使果蔬汁中的悬浮微粒进一步破碎，减小粒度，保持均匀的混浊状态，增强混浊汁的稳定性。均质设备有高压式、回转式和超声波式等。高压式主要有高压均质机，混浊果蔬汁饮料的均质压力一般为 18～20 MPa，果肉型果蔬汁饮料宜采用 30～40 MPa 的均质压力。果蔬汁在均质前，必须先进行过滤除去其中的大颗粒果肉、纤维和砂粒，以防止均质阀间隙堵塞。高压均质机磨碎力大，均质时空气不会混入物料，操作结束后宜清洗。但物料在高压下通过狭小的间隙容易引起均质阀的磨损。另外，也可以考虑采用超声波均质机和胶体磨进行均质。

### 8. 脱气

脱气是生产混浊汁必经的另一道工序，其目的是减少汁液中的空气。这些气体的存在，特别是大量的氧气，会破坏果蔬汁中的维生素 C，同时与果蔬汁中的各种成分发生氧化反应，影响果蔬汁的色泽和香气。附着于悬浮微粒上的气体，会导致微粒上浮而影响制品的外观。气体的存在还会造成装罐和杀菌时产生气泡，从而影响杀菌效果。生产中常采用的脱气法有真空法、氮气交换法、酶法脱气法和抗氧化剂法等。果蔬加工一般常采用真空脱气罐进行脱气，真空度为 90.7～93.3 Pa。

### 9. 糖酸调整

果蔬汁饮料的糖酸比例是决定其口感和风味的主要因素。果蔬汁的糖酸调整是为了改善制品的风味，使之更适宜于消费者的需要，但调整范围不宜过大。非浓缩果汁适宜的糖分和酸分的比例在（13～15）：1 范围内，适宜于大多数人的口味。调整时一般使用砂糖和柠檬酸。

### 10. 浓缩

浓缩是生产浓缩汁的关键工序。浓缩果汁体积小，可溶性物质含量达到 65%～68%。浓缩方法主要有真空浓缩法、冷冻浓缩法、反渗透浓缩法、超滤浓缩法等。

### 11. 杀菌

果蔬汁热敏性较强。为了保持制品的色、香、味，一般采用高温瞬时杀菌法，即

（93+2）℃保持15～30s杀菌，特殊情况下可采用120℃以上温度保持3～10s杀菌。果蔬汁杀菌后须迅速冷却，避免余温对制品的不良影响。

## 三、果蔬汁质量控制

### （一）果蔬汁饮料的混浊与沉淀

澄清果蔬汁要求汁液清亮透明，混浊果蔬汁要求有均匀的混浊度，但果蔬汁生产后在贮藏销售期间，易出现异常，达不到要求。例如，苹果和葡萄等澄清汁常出现混浊和沉淀，柑橘、番茄和胡萝卜等混浊汁常发生沉淀和分层现象。引起混浊与沉淀的原因有：

① 加工过程中杀菌不彻底或杀菌后微生物再污染。微生物活动会产生多种代谢产物，因而导致混浊沉淀。

② 澄清果蔬汁中的悬浮颗粒以及易沉淀的物质未充分去除，在杀菌后贮藏期间会继续沉淀。混浊果蔬汁中所含的果肉颗粒太大或大小不均匀，在重力的作用下沉淀，果蔬汁中的气体附着在果肉颗粒上时，使颗粒的浮力增大，混浊果蔬汁也会分层。

③ 加工用水未达到软饮料用水标准，引入沉淀和混浊物质。

④ 金属离子与果蔬汁中的有关物质发生反应产生沉淀。

⑤ 调配时糖和其它物质质量差，可能会有导致混浊沉淀的杂质。

⑥ 香精水溶性低或用量不合适，从果蔬汁分离出来引起沉淀。

### （二）果蔬汁的败坏

果蔬汁败坏常表现为表面长霉、发酵，同时产生二氧化碳、醇或酸等而败坏。果蔬汁败坏主要是由微生物活动所致的，微生物主要是细菌、酵母菌、霉菌等。酵母能引起胀罐，甚至会使容器破裂；霉菌主要侵染新鲜果蔬原料，造成果实腐烂，污染的原料混入后易引起加工产品的霉味。它们在果蔬汁中破坏果胶引起果蔬汁混浊，分解原有的有机酸，产生新的异味酸类，使果蔬汁变味。

### （三）果蔬汁的变味

果蔬汁变味原因主要有：

① 果蔬汁饮料加工的方法不当以及贮藏期间环境条件不适宜；

② 原料不新鲜；

③ 加工时过度的热处理；

④ 调配不当；

⑤ 加工和贮藏过程中的各种氧化和褐变反应；

⑥ 微生物活动所产生的不良物质也会使果蔬汁变味。

### （四）果蔬汁的色泽变化

果蔬汁色泽的变化比较明显，包括褐变和色素物质引起的变色。

① 褐变引起的变色。主要是由非酶褐变和酶褐变引起的。

② 色素物质引起的变色。主要是由果蔬中的叶绿素、类胡萝卜素、花青素等色素在加工过程中极不稳定造成的。

## 四、果蔬汁加工案例

### （一）澄清山楂浓缩汁的加工

#### 1. 工艺流程

澄清山楂浓缩汁的工艺流程如下：

原料→挑选→清洗→破碎→软化、取汁→粗滤→澄清→精滤→浓缩→
调配→装罐→杀菌→冷却→成品

#### 2. 操作要点

① 破碎。以果实破碎成扁平状，种子完好不破裂为佳。

② 软化、取汁。软化温度 85 ～ 90℃，软化时间 20 ～ 30 min，之后自然冷却浸提 12 ～ 24h，可以反复浸提。

③ 澄清。澄清可采用自然澄清法或加酶澄清法。自然澄清法：将山楂汁静置于密闭容器中，经过 12h 即可澄清，然后过滤。加酶澄清：果汁液先于 80℃杀菌，待冷却到 30 ～ 37℃，加入酶制剂，商品果胶酶用量为原汁质量的 0.05%，搅拌加入，静置 3 ～ 5 h 后过滤。

④ 浓缩。常压浓缩，在不锈钢夹层锅内进行。浓缩过程中要不断搅拌，浓缩至汁液的可溶性固形物达 28% 左右时即可，浓缩时间不超过 40 min 为宜。

⑤ 调配。成分调整与否可根据需要进行。

⑥ 装瓶、密封。在山楂浓缩汁温度不低于 75℃条件下迅速装瓶，密封。

⑦ 杀菌、冷却。在 85 ～ 90℃下保持 20min，然后迅速冷却。

### （二）混浊胡萝卜汁的加工

#### 1. 工艺流程

混浊胡萝卜汁的加工工艺流程如下：

原料→清洗→去皮→破碎→软化→打浆→均质→灌装→杀菌

#### 2. 操作要点

① 破碎。清洗、去皮后的胡萝卜破碎成 1 ～ 2 mm 的小块。

② 软化。85 ～ 90℃，加热 10 ～ 20min。

③ 打浆。软化后的胡萝卜立即打浆。

④ 均质。均质两次，或均质前过一次胶体磨。

⑤ 杀菌。95℃、10min。

# 第三节　果蔬干制品加工

## 一、果蔬干制加工原理

水分是微生物生命活动所需的基本条件。干制原理是利用热能或其他能源去除果蔬原料中所含自由水分和部分胶体结合水，降低果蔬的水分活度，使微生物由于缺水而无法生长繁殖。果蔬中的酶也由于缺少可利用的水分作为反应介质，其活性也大大降低，使制品得到很好的保存。果蔬在干燥开始时，首先是原料表面的水吸热变为蒸汽而大量蒸发，从而使果蔬内部的水蒸气压大于表层，促使内部水分向表面移动，最终形成果蔬干制产品。一般来说，干制是干燥和脱水的统称。干制品不仅应达到耐藏的要求，而且要求复水后基本能恢复原状。

## 二、果蔬干制技术

随着现代加工技术的发展，果蔬干制加工已不仅限于为了产品的保藏，还有通过干制来获得独特口感的产品，比较典型的是果蔬脆片，例如香蕉脆片、菠萝蜜干等，这类产品以其自然的色泽、松脆的口感、天然的成分以及宜人的口味而畅销国内外。

目前，果蔬干制技术有很多，如烘焙干燥、自然干燥、热风干燥、真空冷冻干燥、辐射干燥、膨化干燥、真空油炸脱水干燥等。

### （一）热风干燥技术

热风干燥是以热空气为干燥介质，将食品物料中的水分汽化带走的过程。热风干燥是在物料表面进行的，表面水分含量随干燥的进行逐渐降低，而内部水分就随之向表面迁移。这一过程对于物料而言是一个传热传质的干燥过程；但对于干燥介质，即热空气，则是一个冷却增湿过程。热风干燥技术的热效率高，处理量大，且设备结构简单、生产能力大，操作方便，但同时也有系统流动阻力较大、设备体积大、干燥时间长等缺点。

### （二）真空冷冻干燥

真空冷冻干燥也被称为冷冻升华干燥或者冷冻干燥，常被简称为"冻干"（FD）。真空冷冻干燥不同于一般加热干燥方法，它是将物料中的水分冻结成固体的冰，然后在真空的条件下，使冰直接升华变成水蒸气逸出，从而达到物料干燥的目的。水在自然界中有三种存在状态，即气态、液态和固态。水的存在状态受温度和压力的影响。如果温度或压力条件改变，水的存在状态也会发生转变，这种现象称为相变。水的相变要吸热或者放热，如图6-1所示。

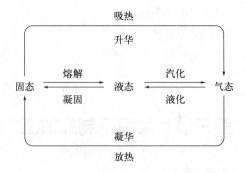

**图6-1 水的三种状态的转化及能量变化图**

当空气压力为101.33kPa（1atm）时，水的沸点温度为100℃。若压力下降，水的沸点也会随之下降。当空气压力下降到0.61kPa时，水的沸点温度为0℃，而这个温度同时也是水的冰点。所以，在这种条件下，水就以固态、液态、气态同时存在。这一条件被称为水的三相点。如果再将压力继续下降到0.61kPa以下，或将温度升高时，纯水形成的冰晶则会由固态冰直接升华成为水蒸气。真空冷冻干燥就是利用物料中的水冻结成冰后，在一定的真空条件下使之直接升华为水蒸气而干燥的方法。

真空冷冻干燥之前，首先要将原料进行冻结。生产中常用的冻结方法有两种。

### 1. 自冻法

将原料放于真空室内，利用迅速抽真空的方法，使物料中的水分瞬间大量蒸发，吸收大量的汽化潜热，促使物料温度迅速降低，实现物料自行冻结。自冻法相对成本低，对于一些外观形状要求不高的产品可用这种方法冻结。但该方法的缺点就是产品收缩变形严重，表面易起泡。

### 2. 预冻法

利用速冻机或冷库的急冻车间，预先将原料冻结，然后再运往冻干设备进行真空干燥。预冻温度要比物料溶液的共晶点温度低3～5℃。利用预冻法生产出的冻干制品，能够保持物料原有的形状，产品品质好，但成本相对较高。

真空冷冻干燥的设备初期投资大、生产费用也高，干燥成本为普通干燥的2～5倍以上。但是，真空冷冻干燥的产品可以最大限度地保持新鲜原料所具有的色、香、味及营养物质，蛋白质不易变性，表面不硬化，复水性良好，挥发物损失小，体积变化小。因此，真空冷冻干燥多用于一些中高档食品的干制加工。目前，许多果蔬脆片的制作采用了冷冻干燥法。

## （三）辐射干燥

需要干燥的物料吸收电磁波，使粒子运动加剧聚集能量，表现为温度的升高，从而使水分蒸发，达到干燥目的。主要有以下两种形式：

### 1. 远红外线干燥

远红外线干燥是利用远红外线辐射元件发出的远红外线，被物料吸收变为热能进行的一种干燥方式。红外线是介于可见光与微波之间，波长为0.72～1000μm范围内的电磁波。一般将5.5～1000μm区域的红外线称为远红外线。红外线如同可见光，也可被物体吸收、折射或反射。物质吸收红外线后，便产生自发的热效应。由于这种热效应直接产生于物体的内部，所以能快速有效地对物质加热。远红外线发射的有效距离为1m以内。远红外线干燥具有干燥速度快、生产效率高、节约能源、干燥产品质量好等优点，已被广泛用于果蔬干制中。

### 2. 微波干燥

微波干燥是利用微波为热辐射源，加热果蔬原料使之脱水干燥的一种方法。常用于食品加热与干燥的微波频率为915MHz和2450MHz。

微波的特点是：它似光线一样能传播并且易集中；具有较强的穿透性，照射于被干燥物质时，能够很快地深入到物质的内部；微波加热的热量不是由外部传入的，而是在被加热物体内部产生的，所以，尽管被加热物料形状复杂，但其加热也是均匀的，产品不会出现外焦内湿现象；微波是一种非电离性电磁波，不会改变和破坏物质分子内部的结构及分子中的键；微波具有选择性加热的特性，物料中的水分所吸收的微波要远远多于其他固形物，因而水分易因加热被蒸发，而固形物吸收的热量少，则不易过热，营养物质及色、香、味不易遭到破坏。因此,微波干燥是一种干燥速度快、干制品质好、热效率高的果蔬干燥方法,并在食品的焙烤、烹调、杀菌等工艺中得到了广泛应用。

### (四)膨化干燥

膨化干燥首先使原料含水率降至20%～30%,然后放入密闭容器内加热一定时间,再突然将容器的阀门打开,使水分骤然排出,形成膨化多孔组织。膨化后可进一步进行干燥处理,使成品的含水率降至4%～5%。

膨化产品的复水性和口感好,但体积大。膨化果蔬具有产品营养素损失少、消化吸收率高、食用快速方便、贮存性能好等优点。

### (五)真空油炸脱水干燥

在负压状态,油的沸点大大降低,以油作为传热媒介,食品内部的水分(自由水和部分结合水)会急剧蒸发,使组织形成疏松多孔结构。真空油炸脱水具有如下优势:

#### 1. 保色作用

采用真空油炸,油炸温度大大降低,而且油炸锅内的氧气也大幅度降低。油炸食品不易褪色、变色、褐变,可以保持原料本身的颜色。

#### 2. 降低油脂劣变程度

在真空油炸过程中,油炸处于负压状态,溶于油脂中的气体很快大量逸出,产生的水蒸气压力较小,而且油炸温度低,因此,油脂的劣变程度大大降低。

#### 3. 产品松脆

松脆感是真空油炸产品重要的感官指标。要保持产品的松脆状态,其水分含量应控制在5%以内,最好在1%左右。

## 三、果蔬干制加工案例

龙眼是我国名优特产水果之一,干燥制得的龙眼干是具备独特色、香、味以及滋补功能的名贵产品。龙眼干的制作有日晒和烘焙两种方式,日晒工艺简单,成本低,但是时间长,易受气候制约。目前龙眼干的大批量制作以烘焙为主,此法是龙眼产区广为采用的加工方法。

### (一)工艺流程

具体工艺流程如下:

原料选择→剪粒→分级→浸水→砂摇擦皮→清洗→初焙→再焙→
均湿→复焙→剪蒂→分级→包装

### (二)操作要点

#### 1. 原料选择与剪粒

要求原料果形大而圆整,干物质和糖分含量高,肉厚核小,果皮厚薄中等。如果皮过薄的,在干制时易凹陷或破碎,不宜选用。乌龙岭、油潭本、普明庵等可用于干制。把果粒从果穗上剪下,留梗长度为1.5mm,剔除破果、烂果。

### 2. 浸水

将龙眼果浸入清水5～10min，洗净果面的灰尘和杂质。

### 3. 砂摇擦皮

将浸湿的果倒入特制摇笼，每笼约装35kg，在摇笼内撒入250g干净的细沙，将摇笼挂在特制的木架上，急速摇荡6～8min，使龙眼在笼中不断翻滚摩擦，待果壳转为棕色即可。过摇的目的是使果壳变薄变光滑，便于烘干，但不能把果壳磨得太薄，否则，在焙干时，果壳易凹陷。

### 4. 初焙、再焙

将龙眼均匀地铺在焙灶上。一般灶前沿多放些，灶后沿少放些。每个焙灶每次可焙龙眼300～500kg，燃料可使用木炭或干木柴，温度控制在65～70℃，焙烤8h后翻动一次。8h后，进行第二次翻动，方法同第一次，再经过3～5h烘焙后可起焙，散热后装箩存放。

### 5. 均湿

初焙的龙眼经2～3天堆放，使其果核与果肉水分逐渐向外扩散，这一过程称为均湿。均湿后果肉表面含水量比刚出灶时增多，故需复焙。

### 6. 复焙

复焙需用文火（温度控制在60℃左右），时间约为1h，中间翻动2～3次。当用手指压果肉时，无果汁流出，剥开果肉后呈栗褐色时即可出焙，出焙后需进行24h的散热。烘干的龙眼果蒂用手指轻推即脱落，剥开果实，果肉手感油腻，皱纹纹理粗大，果核用牙齿咬容易裂开，易脆，断面呈草木灰色。

### 7. 剪蒂分级

去除龙眼干的果梗，并将焙干的龙眼果粒过筛，按大小分级，再进行包装处理。

## 第四节　果蔬罐制品加工

### 一、果蔬罐制品加工原理

果蔬罐制品是果蔬原料经前处理后，装入能密封的容器内，再进行排气、密封、杀菌，最后制成的一种风味独特、能长期保存的食品。罐头食品具有易贮藏、易携带、品种多、使用卫生等特点。罐头食品在加工过程中杀灭罐内能引起败坏、产毒、致病的微生物，破坏原料组织中自身的酶活性，并保持密封状态使罐头不再受到外界微生物的污染来实现长期保藏。

### （一）罐头食品杀菌的目的

罐头杀菌的目的是杀死食品中可能污染的致病菌、产毒菌和腐败菌，并破坏食物中的酶类，以使罐内的食品得以长期保存。我国的《罐头食品生产许可证审查细则》中规定：罐头食品应为商业无菌、常温下能长期存放。罐头食品的保质期一般为12个月，最长可达24个月。罐头食品经过适度的热杀菌以后，不含有致病的微生物，也不含有在通常温度下能在其中繁殖的非致病性微生物，这种状态称为商业无菌。

## （二）罐头食品的传热

热力杀菌时，低温罐头不断地从加热介质中（如蒸汽、沸水等）接收热能，罐内各位点的温度因热量不断聚积而依次不断上升，罐头中部常成为接收热量最缓慢的部位，因而热量就逐步向罐内传递。冷却时情况恰好相反，高温罐头中热量从罐内顺序向罐外的冷却介质如水、空气等传递，因此罐头热力杀菌和冷却时存在着热量的传递。各种食品罐头的传热方式和速度并不相同，同时还受到各种因素的影响。此外，在传热过程中罐内各部位上食品受热程度并不一样，这就表明在相同热力杀菌工艺条件下，各种食品罐头，甚至于同一罐头内各部位上的杀菌效果并不一定相同。为此，确定罐头食品合理的杀菌工艺条件时，罐头内的传热是极其重要的。

影响罐头食品传热的因素包括食品的物理性质（形状、大小、黏稠度和相对密度等）、食品的初温（即进入杀菌设备时罐头食品中心部位的初始温度）、容器（材质、壁厚、导热系数等）、杀菌设备的类型和其它因素（如装罐量、顶隙度、真空度、罐内汁液和固形物比例、杀菌设备装填量等）。

## （三）罐头食品的杀菌条件

导致食品腐败变质的各种微生物通常被称为腐败菌。随着罐头食品原料的种类、性质、加工和贮藏条件的不同，罐内腐败菌可以是细菌、酵母或霉菌，也可以是混合而成的某些菌类。罐头食品种类不同，其腐败的原因和结果也各不相同，罐内出现腐败菌的差异也很大。由于引起罐头食品腐败的微生物生活习性的不同，杀菌工艺条件也不同。

合理的杀菌条件，是确保罐头食品质量的关键，杀菌条件主要包括杀菌温度和时间。杀菌条件确定的原则是在保证罐藏食品安全性的基础上，尽可能地缩短杀菌温度和时间，以减少热力对食品品质的不良影响。杀菌温度的确定以对象菌为依据，一般将对象菌的热力致死温度作为杀菌温度。

正确的罐头杀菌工艺条件应恰好能够将罐内的细菌全部杀死，并使酶钝化，但同时又能使食品保持良好的食用品质。要在具有足够技术依据的基础上制定罐头食品的杀菌工艺流程，通常是根据细菌的耐热性、污染情况，以及预期贮藏温度等来确定罐头食品合理的杀菌 $F$ 值，再根据 $F$ 值和食品的性质来选用温度-时间的组合，既可选用低温长时间杀菌，也可选用高温短时间杀菌。选用杀菌工艺条件时，原则上要求保证罐头食品在贮藏过程中足以控制残留细菌的繁殖，不至于引起食品的变质。在按照选定的 $F$ 值完成杀菌任务的基础上，尽可能缩短杀菌时间，以减少热力对食品品质和营养的影响。罐头食品的杀菌工艺条件包括温度、时间、反压压力。

罐头食品杀菌操作过程包括升温阶段、恒温阶段和降温阶段三个阶段。升温阶段是将杀菌锅温度提高到杀菌时规定的杀菌温度，同时要求将杀菌锅内的空气充分排除，保证恒温杀菌时蒸气压和温度充分一致的阶段。为此，升温阶段的时间不宜过短，否则就达不到充分排气的要求，将影响杀菌效果。恒温阶段是保持杀菌锅温度稳定不变的阶段，此时要注意的是杀菌锅温度升高到杀菌温度时并不意味着罐内食品温度也达到了杀菌温度的要求，实际上食品尚处于加热升温阶段，这与罐内食品的性质有关。降温阶段是停止蒸汽加热杀菌并用冷却介质冷却，同时也是杀菌锅放气降压阶段。就冷却速度来说，冷却越迅速越好，但是要防止罐体爆裂或变形。罐内温度下降极慢，内压较高，外压突然降低常会出现爆罐，或玻璃瓶罐头的"跳盖"现象。因此，冷却时还需加压（即反压），如不反压则放气速度就应减慢，务必使杀菌锅和罐内相互间的压力差不致过大。罐头食品生产企业应根据产品的品种、规格和杀菌设备条件，制定相应的热力杀菌工艺规程，使罐头食品获得足够的杀菌，保证食品安全。

## 二、果蔬罐制品工艺流程及操作要点

### （一）工艺流程

原料选择→分级→洗涤→去皮、切分、去核、去心及整理→预煮、漂洗→装罐→排气→密封→杀菌→冷却→保温或商业无菌检查→贴标→包装

### （二）操作要点

#### 1. 原料选择

果蔬罐头原料总体要求是：①水果罐藏原料要求新鲜，成熟适度，形状整齐，大小适当，果肉组织致密，可食部分比例大，糖酸比例恰当，单宁含量少；②蔬菜罐藏原料要求色泽鲜明，成熟度一致，肉质丰富，质地柔嫩细致，纤维组织少，无不良气味，能耐高温处理。

罐藏用果蔬原料均要求有特定的成熟度，这种成熟度即称罐藏成熟度或工艺成熟度。不同的果蔬种类要求有不同的罐藏成熟度。如果选择不当，不但会影响加工产品的质量，而且会给加工处理带来困难，使产品质量下降。如青刀豆、竹笋、秋葵等要求幼嫩、纤维少；蘑菇要求无开伞，无异味，菌柄切口平整，无太空心。罐藏用果蔬原料越新鲜，加工产品的质量越好。因此，从采收到加工，间隔时间越短越好，一般不要超过24h。有些蔬菜如甜玉米、豌豆、蘑菇等应在2～6h内加工。

#### 2. 原料前处理

包括挑选、分级、洗涤、去皮、切分、去核（心）等。

（1）果蔬原料的挑选、分级

果蔬原料在加工前须先进行选择，剔除不合格的如虫害、腐烂、霉变的原料，再按原料的大小、色泽和成熟度进行分级。

（2）果蔬原料洗涤

目的是除去其表面附着的尘土、泥沙、部分微生物及可能残留的农药等。洗涤果蔬可采用漂洗法，一般在水槽或水池中用流动水漂洗或用水喷洗，也可以用滚筒式洗涤机清洗。对于杨梅、草莓等浆果类原料应小批淘洗或在水槽中通入压缩空气翻洗，防止机械损伤，在水中浸泡过久也会影响色泽和风味。有时为了较好地去除附在果蔬表面的农药或有害化学药品，常在清洗用水中加入少量的洗涤剂。清洗用水必须清洁，符合饮用水标准。

（3）去皮、切分、去核（心）及整理

果蔬的种类繁多，其表皮状况不同，有的表皮粗厚坚硬，不能食用，有的具有不良风味或在加工中容易引起不良后果，这样的果蔬必须去除表皮。手工去皮常用于莴苣、甜玉米、荸荠等产品；机械去皮常用于马铃薯、甘薯的擦皮，豌豆和青豆的剥皮等；热力去皮常与手工和机械去皮法连用；另外可以利用一定浓度和温度的碱液处理

果蔬，表皮及皮下果胶物质被水解，表皮脱落，辅以机械摩擦和清水冲洗或高压水喷淋。经碱液处理的原料，也可以用0.25%～0.5%的柠檬酸或盐酸来中和，然后用水漂洗。

切分的目的是使制品有一定的形状或统一规格。如甘蓝常切成细条状，胡萝卜等需要切片，蘑菇也可以切片。很多果蔬在去皮、切分后需进行整理，以保持一定的外观。

### 3. 热烫

热烫又称预煮、烫漂。其作用有：软化组织，便于装罐；排除组织中的空气；钝化酶，防止氧化变色和营养成分的损失，保持产品风味；除去某些果蔬的不良风味，如石刁柏中的涩味；可以杀死部分微生物和虫卵。但要注意的是热烫会造成部分蔬菜营养成分的损失，特别是维生素类，因此热烫时间不宜过长。生产上为了保持产品的色泽，使产品部分酸化，常在热烫水中加入一定浓度的柠檬酸。

热烫的温度和时间需根据原料的种类、成熟度、块形大小、工艺要求等因素而定。热烫后须迅速冷却，不需漂洗的产品应立即装罐；需漂洗的原料则于漂洗槽（池）内用清水漂洗，注意经常换水，防止变质。

### 4. 装罐

（1）空罐的准备

不同的产品应按合适的罐型、涂料类型选择不同的空罐。一般来说属于低酸性的果蔬产品，可以采用未涂料的铁罐（又称素铁罐）。但番茄制品、糖醋、酸辣菜等则应采用抗酸涂料罐。花椰菜、甜玉米、蘑菇等应采用抗硫涂料铁，以防产生硫化斑。装罐前要对空罐进行清洗和消毒以及空罐的检查。

（2）灌注液的配制

① 水果罐头。所用的糖液主要是蔗糖溶液，我国目前生产的糖水果品罐头，一般要求开罐糖度为14%～18%。每种水果罐头装罐糖液浓度可根据装罐前水果本身的可溶性固形物含量、每罐装入果肉质量及每罐实际注入的糖液质量，按下式计算：

$$Y=\frac{W_3Z-W_1X}{W_2}$$

式中　$W_1$——每罐装入果肉质量，g；

　　　$W_2$——每罐加入糖液质量，g；

　　　$W_3$——每罐净重，g；

　　　$X$——装罐前果肉可溶性固形物含量，%；

　　　$Z$——要求开罐时的糖液浓度，%；

　　　$Y$——需配制的糖水浓度，%。

② 蔬菜罐头。很多蔬菜制品在装罐时加注淡盐水，浓度一般在1%～2%。目的在于改善制品的风味，加强杀菌、冷却期间的热传递，能较好地保持制品的色泽。

配制盐液的水应为纯净的饮用水，配制时煮沸，过滤后备用。有时为了操作方便，防止生产中因盐水和酸液外溅而使用盐片，盐片可依罐头的具体用量专门制作，内含酸类、钙盐、EDTA钠盐、维生素C以及谷氨酸钠和香辛料等。

（3）调味液的配制

有些蔬菜制品在装罐时需加入调味液。蔬菜罐头调味液的种类很多，但配制的方法主要有两种，一种是将香辛料先经一定的熬煮制成香料水，再与其它调味料按比例制成调味液；另一种是将各种调味料、香辛料（可用布袋包裹，配成后连袋去除）一起一次配成调味液。

（4）装罐

原料应根据产品的品质要求按不同大小、成熟度、形态分开装罐，装罐时要求质量一致，符合规定的质量；质地上应做到大小、色泽、形状一致，不混入杂质；装罐时应留有适当的顶隙。

所谓顶隙即食品表面至罐盖之间的距离。顶隙过大则内容物常不足，且因有时加热排气温度不足、空气残留多会造成氧化；顶隙过小内容物含量过多，杀菌时食物膨胀而使压力增大，造成假胖罐。一般应控制顶隙在4～8mm。装罐时还应注意防止半成品积压，特别是在高温季节注意保持罐口的清洁。装罐可采用人工方法或机械方法进行。

### 5. 排气

排气即利用外力排除罐头产品内部空气的操作。它可以使罐头产品有适当的真空度，利于产品的保藏和保质，防止氧化，防止罐头在杀菌时因内部膨胀过度而使密封的卷边破坏，防止罐头内好气性微生物的生长繁殖，减轻罐头内壁的氧化腐蚀。真空度的形成还有利于罐头产品进行检验和在货架上确保质量。

（1）排气方法

我国常用的排气方法有加热排气法和真空抽气法。

① 加热排气法。将装好原料和注入填充液的罐头，送入排气箱加热升温，使罐头中内容物膨胀，排出原料中含有或溶解的气体，同时使顶隙的空气被热蒸汽取代。当封罐、杀菌、冷却后，蒸汽凝结成水，顶隙内就有一定的真空度。这种方法设备简单、费用低，操作方便，但设备占地面积大。

② 真空抽气法。此法是在真空封罐机特制的密封室内减压完成密封的，抽去存在于罐头顶隙中的部分空气。此法需真空封罐机，投资较大，但生产效率高，对于小型罐头特别适用且有效。

（2）影响真空度的因素

① 排气时间与温度。加热排气时的温度越高，密封时的温度也越高，罐头的真空度也就高。一般要求罐头中心温度达到70～80℃。

② 顶隙大小。当温度和时间足够时，顶隙大的真空度高，否则，真空度低。

③ 其它。原料的酸度、开罐时的气温、海拔高度等均在一定程度上影响真空度。

### 6. 密封

密封是保证真空度的前提，防止罐头食品杀菌之后被外界微生物再次污染。罐头密封应在排气后立即进行，不应造成积压，以免失去真空度。密封需借助于封罐机。金属罐封口的结构为二重卷边，其结构和密封过程等可参见《罐头工业手册》；玻璃罐有卷封式和旋开式两种，可根据制品要求而定；复合塑料薄膜袋采用热熔合方式密封。

### 7. 杀菌

罐头杀菌的主要目的在于杀灭绝大多数对罐内食品起腐败作用和产毒致病的微生物，使罐头食品在保质期内具有良好品质和食用安全性，达到商业无菌。

生产上常采用加热杀菌，其条件依产品种类、卫生条件而定，一般采用杀菌公式表示。以下式为例：

$$(T_1—T_2—T_3)/t$$

式中　$t$——杀菌锅的杀菌温度，℃；

　　　$T_1$——升温至杀菌温度所需时间，min；

　　　$T_2$——保持杀菌温度不变的时间，min；

　　　$T_3$——从杀菌温度降至常温的时间，min。

如某种罐头的杀菌式为$(10'-40'-15')/115℃$，即该罐头的杀菌温度为115℃，从密封后罐头温度升至115℃需10min，升温后应在115℃保持40min，然后在15min内降至常温。

杀菌方法根据杀菌加热的程度分为下述三种：

（1）巴氏杀菌

一般采用65～95℃，不耐高温杀菌的产品多用此方法，如糖醋菜、番茄汁、发酵蔬菜汁等。此温度范围可以杀死产品内大多数的微生物，特别是酵母和霉菌，少部分的微生物孢子在缺氧和高酸的环境中不易生长，不足以引起产品的败坏。

（2）常压杀菌

将果蔬金属罐头放入常压的热沸水中进行杀菌，凡产品pH<4.5的罐头制品均可用此法进行杀菌。在小型的立式开口锅或水槽内进行。开始时注入水，加热至沸腾后放入罐头，这时水温下降。继续升温，当升温至所要求的杀菌温度时，开始计算保温时间。达到杀菌时间后，进行冷却。常压杀菌也可采用连线设备，在进、出罐运动中杀菌。

（3）加压杀菌

在密闭条件下增加杀菌器的压力，由于锅内的水蒸气压力升高，水的沸点也升高，从而维持较高的杀菌温度。

## 8. 冷却

罐头杀菌完毕，应迅速冷却，防止继续高温使产品色泽、风味发生不良变化，质地软烂。常压杀菌后的产品直接放入冷水中冷却，使罐头温度下降，冷却用水必须清洁卫生。高压杀菌的产品待压力消除后即可取出，在冷水中降温至38～40℃取出，利用罐内的余热使罐外附着的水分蒸发。如果冷却过度，则附着的水分不易蒸发，特别是罐中缝隙的水分难以逸出，导致铁皮锈蚀，影响外观，降低产品保藏寿命。由于玻璃罐导热能力较差，杀菌后不能将其直接置于冷水中，否则会发生爆裂，应进行分段冷却，每次的水温不宜相差20℃以上。

某些加压杀菌的罐头，由于杀菌时罐内食品因高温而膨胀，罐内压力显著增加。如果杀菌完毕迅速降至常压，就会因为内压过大而造成罐头变形或破裂，玻璃瓶会"跳盖"。因此，这类罐头要采用反压冷却，即冷却时加外压，使杀菌锅内的压力稍大于罐内压力。

## 9. 保温与商业无菌检查

为了保证罐头在保质期内不发生因杀菌不足引起的败坏，通常在杀菌冷却之后采用保温处理。具体操作是将杀菌冷却后的罐头放入保温室内，中性或低酸性罐头在37℃下最少保温一周，酸性罐头在25℃保温7～10天，然后挑选出胀罐，再装箱出厂。但这种方法会使罐头质地和色泽变差，风味不良。同时有许多耐热菌也不一定在此条件下发生增殖而导致产品败坏，因而，这一方法并非万无一失的。

目前推荐采用商业无菌检验法，其方法要点如下：

① 审查生产操作记录如空罐检验记录、杀菌记录、冷却水的余氯量等。

② 按照每杀菌锅抽两罐或0.1%的比例进行抽样。

③ 称重。

④ 保温。

低酸性食品在（36±1）℃下保温10天，酸性食品在（30±1）℃下保温10天。预定销往40℃以上热带地区的低酸性食品在（55±1）℃下保温10天。

⑤ 开罐检查。开罐后留样、涂片、测pH、进行感官检查。此时如发现pH、感官质量有问题即进行革兰氏染色，镜检。显微镜观察细菌染色反应、形态、特征及每个视野菌数，与正常样品对照，判别是否有明显的微生物增殖现象。

⑥ 结果判定。

a. 通过保温发现胖听或泄漏的为非商业无菌。

b. 通过保温后正常罐开罐后的检验结果可参照表6-1进行。

表6-1  正常罐藏保温后的结果判定

| pH 值 | 感官检查 | 镜检 | 培养 | 结果 |
|---|---|---|---|---|
| − | − | \ | \ | 商业无菌 |
| + | + | \ | \ | 非商业无菌 |
| + | − | + | + | 非商业无菌 |
| + | − | + | − | 商业无菌 |
| − | + | + | + | 非商业无菌 |
| − | + | + | − | 商业无菌 |
| + | + | − | \ | 商业无菌 |
| + | + | − | \ | 商业无菌 |

注："−"代表正常，"+"代表不正常，"\"代表数据空缺。

### 10. 贴标签、贮藏

经过保温或商业无菌检查后，如未发现胀罐或其他腐败现象，即检验合格，贴标签。标签要求贴得紧实、端正、无褶皱。

装箱后，罐头贮藏于专用仓库内。按照标准规定，贮存温度以20℃左右为宜，相对湿度一般不超过75%，远离火源，保持清洁。

## 三、果蔬罐制品质量控制

### （一）杀菌

杀菌是罐头食品的关键工艺，直接影响产品的品质。掌握影响杀菌效果的因素，及时控制杀菌的效果是罐头食品生产的关键环节。影响杀菌效果的因素：

#### 1. 产品在杀菌前的污染状况

污染程度越高，同一温度下，杀菌所需时间越长。

#### 2. 细菌的种类和状态

细菌的种类不同，耐热性相差很大，细菌在芽孢状态下比营养体状态下要耐热。

### 3. 果蔬的成分

果蔬中的酸含量对微生物的生长和抗热性影响很大，常以pH4.5为界，pH高于4.5的称低酸性食品，需进行高温高压杀菌，pH低于4.5的称酸性或高酸性产品，可以采用常压杀菌或巴氏杀菌。

### 4. 罐头食品杀菌时的传热状况

总体来说，传热好，杀菌容易。对流比传导和辐射的传热速度快，所以加汤汁的产品杀菌较容易，而固体食品则较难，质地黏稠的产品也难杀菌。一般说来，小型罐的杀菌效果比大型罐好，马口铁罐好于玻璃瓶制品，扁形罐头好于高罐。

## （二）罐头胀罐

罐头底或盖不像正常情况下呈平坦状或向内凹，而出现外凸的现象称为胀罐，也称胖听。根据底部或盖外凸的程度，又可分为隐胀、轻胀和硬胀三种情况。根据胀罐产生的原因又可分为三类，即物理性胀罐、化学性胀罐和细菌性胀罐。

### 1. 物理性胀罐

罐制品内容物装得太满，顶隙过小，加压杀菌后，降压过快，冷却过速，排气不足或贮藏温度过高等均会导致物理性胀罐。

### 2. 化学性胀罐（氢胀罐）

高酸性食品中的有机酸与罐藏容器（马口铁罐）内壁起化学反应，产生氢气，导致内压增大而引起胀罐。

### 3. 细菌性胀罐

杀菌不彻底或密封不严使细菌重新侵入而分解内容物，产生气体，使罐内压力增大而造成胀罐。

## （三）玻璃罐头杀菌冷却过程中的跳盖现象以及破损率高

原因：①罐头排气不足；②罐头内真空度不够；③杀菌时降温、降压速度快；④罐头内容物装得太多，顶隙太小；⑤玻璃罐本身的质量差，尤其是耐温性差。

## （四）果蔬罐头加工过程中发生变色现象

原因：①果蔬中固有化学成分引起的变色，如果蔬中的单宁、色素、含氮物质、抗坏血酸氧化引起的变色；②加工罐头时，原料处理不当引起的变色；③罐头成品贮藏温度不当，导致罐头变质变色。

## （五）果蔬罐头固形物软烂及汁液混浊

原因：①果蔬原料成熟度过高；②原料进行热处理或杀菌时的温度过高，时间过长；③运销中的急剧震荡、内容物的冻融、微生物对罐内食品的分解。

## 四、果蔬罐制品加工案例

以糖水菠萝罐头的生产工艺为案例。

## （一）工艺流程

原料验收→选果分级→清洗→切端→去皮→捅心→挑目→修整→切片→分选→
合格片漂洗→装罐→抽空→注糖水→排气、密封→杀菌冷却→检验→成品

## （二）操作要点

### 1. 挑选分级

将烂果、病变、过熟果等不符合要求的菠萝剔除，并根据菠萝横径大小进行等级
分类。

### 2. 切端

用水果刀将果实两端垂直于轴线切下，要求切面光滑，切端厚度在 12～25mm，以
使切面横径约等于去皮圆筒刀的内径。

### 3. 去皮捅心

用薄钢片制成的圆筒形去皮刀对准切端平面于轴心同心切下外皮。去掉外皮后用通
心圆筒刀垂直切端平面于轴心切下，除掉菠萝的通心部位。此步骤可用菠萝去皮捅心专
用设备完成。

### 4. 挑目

去皮捅心后的菠萝清洗一遍，除去碎屑，然后用锋利小刀修整果肉沟道。要求按果
目的自然分布及深浅程度雕成螺旋形的沟纹。沟纹要整齐，深浅恰当，切边不起毛。

### 5. 切片

挑目后再用小刀削去残留表皮及残芽，清洗后用锋利片刀切成厚度为 9～15 mm 的
薄片。一般全圆片直径为 60～70 mm。

### 6. 选片装罐

选择片形完整、色泽一致、无伤痕等缺陷的全圆及旋片分别装罐。根据 GB/T
13207—2011《菠萝罐头》要求进行分级。

### 7. 果块抽空处理

采用干抽法。装好果块的罐头置于真空箱中，在 0.087 MPa 真空度条件下保持 10s，
使果肉中空气排出。

### 8. 注糖水

配制好糖水并煮沸 15min 脱硫。每罐按最终净重公差 ±3% 注入糖水，并保持 90℃
以上的温度。

### 9. 排气和密封

铁罐可用真空封罐机排气密封一次完成（0.048～0.053 MPa 真空度），或在 90℃热
水浴中热力排气 5min 再常压进行卷封。若为玻璃瓶，则热力排气后，用手或拧盖机旋
盖密封。

### 10. 杀菌、冷却

采用高温常压蒸汽杀菌法。100℃保持 15min 左右，然后常压水冷却至 38℃以下。
注意玻璃罐要分几个温度段冷却。

# 第五节　果蔬糖制品加工

## 一、果蔬糖制原理

果蔬糖制是利用高浓度糖液的渗透脱水作用，将果品蔬菜加工成糖制品的加工技术。加工过程中糖液渗入组织内部，从而降低水分活度，提高渗透压，有效地抑制微生物的生长繁殖，防止腐败变质，达到长期保藏的目的。糖制品对原料的要求一般不高，通过综合加工，可充分利用果蔬的皮、肉、汁、渣或残、次、落果，甚至不宜生食的橄榄和梅子也可制成美味的果脯、蜜饯和果酱。尤其值得重视的野生果实，如野生猕猴桃、野山楂、刺梨和毛桃等，均可制成香甜可口的糖制品。所以，糖制品加工也是果蔬原料综合利用的重要途径之一。

果蔬糖制品具有高糖、高酸等特点，这不仅改善了原料的食用品质，赋予产品良好的色泽和风味，而且提高了产品在保藏和贮运期的品质和期限。糖制食品除可增长保藏期外，还可增加糖类营养素和起调味作用。

糖制品是以食糖的保藏作用为基础的加工保藏法。食糖的种类、性质、浓度及原料中果胶含量和特性对制品的质量、保藏性都有较大的影响。因此，了解食糖的保藏作用和理化性质是科学调控生产工艺、获得优质耐藏制品的关键所在。

### 1. 食糖的保藏作用

糖制品要做到较长时间的保藏，必须使制品的含糖量达到一定的浓度。果蔬糖制保藏主要是基于糖液有如下作用。

（1）高渗透压

糖溶液都具有一定的渗透压，糖液的渗透压与其浓度和分子量大小有关，浓度越高，渗透压越大。据测定，1%的葡萄糖溶液可产生121.59 kPa的渗透压，1%的蔗糖溶液可产生70.93 kPa的渗透压。高浓度糖液具有较强的渗透压，能使微生物细胞质脱水收缩，发生生理干燥而无法正常活动。

（2）降低水分活度

食品的水分活度，表示食品中游离水的数量。大部分微生物要求适宜生长的水分活度在0.9以上。当食品中的可溶性固形物增加，游离水含量减少，即$A_w$值降低，微生物就会因游离水的减少而受到抑制。值得注意的是，少数真菌和酵母菌在高渗透压和低水分活度时依然能生长，因此对于长期保存的糖制品，宜采用杀菌或加酸降低pH以及真空包装等有效措施来防止产品的变质。

（3）减少氧化作用

由于$O_2$在糖液中的溶解度小于在$H_2O$中的溶解度，糖浓度越高，$O_2$的溶解度越低。如浓度为60%的蔗糖溶液，在20℃时，$O_2$的溶解度仅为纯$H_2O$含$O_2$量的1/6。由于糖液中$O_2$含量降低，有利于抑制好氧型微生物的活动，也有利于制品的色泽、风味和维生素的保持。

（4）加速原料脱水吸糖

高浓度糖液的强大渗透压，亦加速原料的脱水和糖分的渗入，缩短糖渍和糖煮时间，有利于改善制品的质量。然而，糖制的初期若糖浓度过高，也会使原料因脱水过多而收缩，降低成品率。蜜制或糖煮初期的糖浓度以不超过30%～40%为宜。

### 2.原料糖的种类及性质

（1）原料糖的种类

为保证制品品质，原料糖以蔗糖为主，其次为麦芽糖、淀粉糖浆、果葡糖浆、蜂蜜及转化糖，转化糖则从蔗糖转化而得。一般不使用葡萄糖。

原料糖以蔗糖为主，因为蔗糖的吸湿性最小。糖制品本身就是腐败微生物最好的养料，最易腐败、变质。制品所含游离水，是微生物发育的必要条件。当制品暴露在空气中时，它的强吸湿性正是造成制品中游离水分增加的主要原因，对制品变质起决定性作用。所以对制品要求低吸湿性，以保证有较长的保存期。蔗糖的低吸湿性，正符合制品要求。另一原因是蔗糖纯度高，色纯白，无异味。葡萄糖的纯度虽高，色也纯白，无异味，但甜度低，价也高，一般不采用。其余的糖多为混合物，而且是非结晶性，吸湿性都高，均不及蔗糖优越。

（2）糖的一般特性及其作用

糖的一般的特性，包括甜度、溶解度与结晶性、沸点与浓度、吸湿性与转化性、稳定性、黏稠性、渗透性、发酵性、抗氧化性及营养性。

① 甜度。食糖是食品的主要甜味剂，食糖的甜度影响着制品的甜度和风味。糖的甜度是主观的味觉判别，一般都以相同浓度的蔗糖为基准来比较，蔗糖甜度为1.0，其余各种糖及糖醇的相对甜度如表6-2所示。

表6-2　糖及糖醇的相对甜度

| 项目 | 蔗糖 | 麦芽糖 | 葡萄糖 | 果葡糖浆（转化率42%） | 木糖醇 | 麦芽糖醇 | 乳糖 | 果糖 |
|---|---|---|---|---|---|---|---|---|
| 相对甜度 | 1.0 | 0.5 | 0.7 | 1.0 | 1.0 | 0.9 | 0.4 | 1.5 |

② 溶解度与晶析。糖的溶解度与晶析对糖制品的保藏性影响很大。糖的溶解度指在一定的温度下，一定量的饱和糖液内溶有的糖量。当糖制品中液态部分的糖含量在某一温度下达到饱和时，糖会结晶析出，也称返砂，液态部分糖的浓度由此降低，也就削弱了产品的保藏性，制品的品质也因此受到影响。但在蜜饯加工中有些产品也正是利用了晶析的特点，来提高制品的保藏性，适当控制过饱和率，给干态蜜饯上糖衣。

任何食糖在溶液中都有一定的溶解度，并受温度的直接影响（表6-3）。一般的规律是随着温度的升高溶解度加大，如蔗糖在10℃时溶解度为65.6%，温度为90℃时，其溶解度上升为80.6%。糖制后贮温低于10℃，就会出现过饱和而晶析（返砂），降低制品的含糖量，削弱了保藏性。

表6-3　不同温度下食糖的溶解度　　　　　　　　　　　　　　　　　%

| 种类 | 温度 | | | | | | | | | |
|---|---|---|---|---|---|---|---|---|---|---|
| | 0℃ | 10℃ | 20℃ | 30℃ | 40℃ | 50℃ | 60℃ | 70℃ | 80℃ | 90℃ |
| 蔗糖 | 64.2 | 65.6 | 67.1 | 68.9 | 70.4 | 72.2 | 74.2 | 76.2 | 78.4 | 80.6 |
| 葡萄糖 | 35.0 | 41.6 | 47.7 | 54.6 | 61.8 | 70.9 | 74.7 | 78.0 | 81.3 | 84.7 |
| 果糖 | — | — | 78.9 | 81.5 | 84.3 | 86.9 | — | — | — | — |
| 转化糖 | — | 56.6 | 62.6 | 69.7 | 74.8 | 81.9 | — | — | — | — |

糖制加工中，为防止蔗糖的返砂，常加入部分饴糖、蜂蜜或淀粉糖浆。因为这些食糖中含有较多的转化糖、麦芽糖和糊精，这些物质在蔗糖结晶过程中，有抑制晶核的生成、降低结晶速度和增加糖液饱和度的作用。此外，糖制时加入少量果胶、蛋清等非糖物质，也同样有效。因为这些物质能增加糖液的黏度，抑制蔗糖的结晶过程，增加糖液的饱和度。一般糖液中转化糖含量达30%～40%时就可以防止蔗糖的结晶。

　　③ 吸湿性。食糖的吸湿性以果糖最大，葡萄糖和麦芽糖次之，蔗糖最小。糖制品吸湿回潮后使制品的糖浓度降低，降低制品的保藏性，甚至导致制品的变质和败坏。糖的吸湿性与糖的种类和相对湿度密切相关（表6-4），各种结晶糖的吸湿率（%）和环境中的相对湿度是呈正相关的，相对湿度越大，吸湿量就越多。当吸湿率达15%以上时，各种结晶糖便失去结晶状态而成为液态。

表6-4　不同的糖在25℃中7天内的吸湿率　　　　　　　　　　　　　　%

| 种类 | 空气相对湿度 | | |
| --- | --- | --- | --- |
| | 62.7% | 81.8% | 98.8% |
| 果糖 | 2.61 | 18.85 | 30.74 |
| 葡萄糖 | 0.04 | 5.19 | 15.02 |
| 蔗糖 | 0.05 | 0.05 | 13.53 |
| 麦芽糖 | 9.77 | 9.80 | 11.11 |

　　在生产中常利用转化糖吸湿性强的特点，让糖制品含适量的转化糖，这样便于防止产品发生结晶（或返砂）。但也要防止因转化糖含量过高而引起制品流汤变质。

　　④ 蔗糖的转化。蔗糖、麦芽糖等双糖在稀酸与热或酶的作用下，可以水解为等量的葡萄糖和果糖，称为转化糖。蔗糖转化的意义和作用：

　　a. 适当的转化可以提高蔗糖溶液的饱和度，增加制品的含糖量。

　　b. 抑制蔗糖溶液晶析，防止返砂。当溶液中转化糖含量达30%～40%时，糖液冷却后不会返砂。

　　c. 增大渗透压，减小水分活度，提高制品的保藏性。

　　d. 增加制品的甜度，改善风味。

　　糖转化不宜过度，否则，会增加制品的吸湿性，回潮变软，甚至使糖制品表面发黏，降低保藏性，影响品质。对缺乏酸的果蔬，在糖制时可加入适量的酸（多用柠檬酸），以促进糖的转化。另外，制作浅色糖制品时，要控制条件，勿使蔗糖过度转化。

　　⑤ 糖液的浓度和沸点。糖液的沸点随着糖液的浓度增大而升高。在101.325 kPa的条件下不同浓度果汁-糖混合液的沸点如表6-5所示。

表6-5　不同浓度果汁-糖混合液的沸点

| 可溶性固形物 /% | 沸点 /℃ |
| --- | --- |
| 50 | 102.2 |
| 52 | 102.5 |
| 54 | 102.8 |
| 56 | 103.0 |

| 可溶性固形物 /% | 沸点 /℃ |
| --- | --- |
| 58 | 103.3 |
| 60 | 103.7 |
| 62 | 104.1 |
| 64 | 104.6 |
| 66 | 105.1 |
| 68 | 105.5 |

　　糖制品糖煮时常用沸点估测糖浓度或可溶性固形物含量，确定熬煮终点。如干态蜜饯出锅时的糖液沸点达 104 ~ 105℃，其可溶性固形物在 62% ~ 66%，含糖量约 60%。

　　⑥ 糖的黏稠性。糖的黏稠性一方面给糖制品带来特殊的感官特性，另一方面也给生产带来不便。凡是与糖液接触的物品和器具均会黏附糖液，既浪费原料，又不卫生。当糖液中混有还原糖时，吸湿性会增强，这样会降低产品的保藏性。对于果脯、蜜饯产品，为便于包装和食用，都不采用湿态产品而采用半干态型，以使产品的表面黏性降至最低程度。

　　⑦ 糖液的发酵性。发酵是微生物在糖液中生长繁殖的结果，细菌、酵母菌、霉菌等都可在糖液中生长繁殖，所以各种糖液都有发酵性。稀糖液由于浓度较低，在常温下会很快发酵变质，浓度越低，发酵变质越快。糖类在发酵时，会产生各种极为复杂的变化，对产品质量有一定影响。糖液在受到微生物污染时，会有不同程度的变质，这种糖液应弃之不用。

## 二、果蔬糖制品加工工艺流程及操作要点

### （一）果脯蜜饯类

　　蜜饯类是在不改变果蔬原有组织状态下进行加工，利用食糖的性质完成原料组织中水分与糖分的交换而得到的产品。充分利用各种不同糖的甜度、溶解度、吸湿性以及蔗糖的转化等特性，合理使用糖类及配比量，采用适当的糖制工艺，使糖分或调味料充分渗入到果蔬组织内部，使制品形态饱满，风味浓郁，品质好。

### 1. 工艺流程

原料选择与处理 →
　　糖制 → 装罐 → 密封 → 杀菌 → 冷却 → 湿态蜜饯
　　蜜制 → 配料 → 烘干 → 凉果
　　糖制(糖渍) → 烘晒 → 上糖衣 → 干态蜜饯
→ 包装成品

### 2. 操作要点

（1）原料选择、分级

　　果蔬原料应选择大小和成熟度一致的新鲜原料，剔除霉烂变质、有病虫害的次果。如果采用级外果、落果、劣质果、野生果时，也必须保证原料质量。

（2）洗涤

采用人工洗涤或机械洗涤的方式将原料表面的污物及残留的农药清洗干净。

（3）原料预处理

① 去皮、去核、切分、划线等处理。有些原料不用去皮、切分，但需擦皮、划线、打孔或雕刻处理，一方面以便糖分更好渗透，另一方面使产品更美观。

② 护色、硬化处理。为防止褐变和糖制过程中不被煮烂，糖制前需对原料进行护色、硬化处理。

护色处理是用亚硫酸盐溶液（使用浓度为0.1%～0.15%）浸泡处理或用硫黄（使用量为原料的0.1%～0.2%）进行浸渍或熏蒸处理，防止褐变，使果块糖制后色泽明亮，同时具有防腐、增加细胞透性以及利于溶糖等作用。硬化处理是为了提高原料的硬度，其操作是将原料放在硫酸钙、氯化钙、氯化镁等硬化剂（使用浓度为0.1%～0.5%）溶液中浸渍适当时间，使果块适度变硬。如果采用浸硫护色处理，通常可与硬化处理同时进行，即用护色、硬化混合溶液同时浸渍处理。溶液用量一般与原料等量，浸泡时上压重物，防止原料上浮。果块硬化护色处理后，需经漂洗，除去多余硬化剂和硫化物。

③ 预煮。预煮也称热烫、烫漂，是将经过适当处理的新鲜原料在温度较高的热水或蒸汽中进行加热处理。烫漂处理常用的方法有热水烫漂和蒸汽烫漂两种：

a. 热水烫漂。在不低于90℃的温度下热烫2～5min。热水烫漂的优点是物料受热均匀，升温速度快，方法简便。缺点是部分维生素及可溶性固形物损失较多，一般损失10%～30%。

b. 蒸汽烫漂。将原料放入蒸锅或蒸汽箱中，用蒸汽喷射数分钟后立即关停蒸汽并取出冷却。采用蒸汽热烫，可避免营养物质的大量损失，但对设备要求较高，否则加热不均，热烫质量差。烫漂后的原料应立即冷却，防止热处理的余热对产品造成不良影响，并保持原料的脆嫩，一般采用冷水冷却或冷风冷却。

预煮的主要作用有破坏酶活性、稳定和改进制品色泽、软化组织、排除果蔬原料的不良气味、降低污染物和微生物数量等等。热烫后马上用冷水冷却，防止热烫过度。无不良风味的部分原料可结合糖煮直接用30%～40%糖液预煮，省去单独预煮工序。

（4）糖制

糖制是蜜饯加工的主要操作，大致分为糖渍法、糖煮和两者相结合三种方法。也可利用真空糖煮或糖渍，这样可加速渗糖速度和提高制品质量。

① 糖渍（蜜制）。分次加糖腌制，糖液浓度逐渐由低到高。蜜制法适用于肉质柔软、不耐煮制的制品，如蜜枇杷、蜜杨梅等。凉果类也不加热煮制，一般先用食盐及辅料腌渍，蜜制前用冷水浸泡和漂洗，进行脱盐，然后加辅料蜜制、日晒。糖渍由于不加热或加热时间短，能较好地保持原料原有质地、形态及风味，缺点是制作时间长，初期容易发酵变质。

② 糖煮。由于原料不同，糖煮要求也不同，可分为一次煮制、多次煮制、快速煮制和真空煮制等。

a. 一次煮制。适宜组织结构疏松的原料，如冬瓜、胡萝卜、苹果等。将原料与30%～40%糖液混合，一次煮制成功，快速省工。但因加热时间长，原料易被煮烂，糖分不易达到内部，原料因失水过多而干缩。生产上不常采用，一般把原料蜜制到一定程度后才煮制。

b. 多次煮制。分 2 ～ 5 次进行煮制，第一次煮制时糖液浓度约为 35%，煮至原料转软为度，放冷 8 ～ 24 h。以后糖煮时每次增加糖浓度，如此重复直至糖浓度达到要求为止。对不耐煮的原料，可单独煮沸糖液再行浸渍。这样冷热交替，有利糖分渗透，组织不至干缩。缺点是时间长，不能连续生产。

c. 快速煮制。将原料在糖液中煮沸，然后捞起立即投入高一档浓度的糖液中，这样反复加热和冷却，糖浓度依次递增，很快完成透糖过程。此法时间短，可连续生产，但所用糖量较多。

d. 真空煮制。利用一定的真空条件，一方面促进糖分向原料内部渗透，另一方面由于沸点下降，从而使原料在较低温度下只需加热较短时间即可达到要求的糖浓度。因此，产品能较好地保持果蔬原有的色、香、味、质地和营养成分。但需要减压设备，投资大，操作麻烦，实际生产应用较少。

糖制时糖液的浓度、温度和时间是蜜饯加工的三个重要因素。蜜饯品种虽多，但其生产工艺基本相同，只有少数产品、部分工序、造型处理上有些差异。

（5）干燥

糖制达到所要求的含糖量后，沥去糖液，可用热水淋洗，以洗去表面糖液，降低黏性和利于干燥。干燥时，烘房内的温度不宜过高，控制在 60 ～ 65℃，以防糖分结块或焦化。

（6）整理包装

干态蜜饯成品含水量一般为 18% ～ 20%。达到干燥要求后，进行回软、包装。在干燥的过程中，果块往往由于收缩而变形，甚至破裂，干燥后需要压平，如蜜枣、橘饼等。包装以防潮防霉为主，可采取果干的包装法，用 PE（聚乙烯）袋或 PA/PE（尼龙/聚乙烯）复合袋作为内包装，再用纸箱进行外包装。

## （二）果酱类

果酱是把水果、糖及酸度调节剂混合后，用超过 100℃ 的温度熬制而成的产品。果酱类加工主要是利用果胶的胶凝特性，使产品呈现为一定的黏稠状。果胶的胶凝特性根据其甲氧基含量不同而不同，甲氧基含量大于等于 7% 的果胶称为高甲氧基果胶，果胶、糖、酸在一定的比例条件下能形成凝胶，一般果胶含量 1% 左右，糖的含量大于 50%，pH2.0 ～ 3.5（pH 过低易引起果胶水解），温度在 0 ～ 50℃ 可形成凝胶。糖起脱水的作用，酸和果胶中的负电荷形成凝胶的结构。甲氧基含量小于等于 7% 的果胶称为低甲氧基果胶，只有在 $Ca^{2+}$、$Mg^{2+}$ 或 $Al^{3+}$ 存在的条件下，才能形成凝胶。

### 1. 工艺流程

果酱类产品有很多种，其工艺流程也有所区别。

原料选择、洗净 →
切分、粉碎 → 预煮 → 加糖浓缩 → 装罐 → 密封 → 杀菌 → 冷却 → 果酱
切分、粉碎 → 预煮 → 打浆 → 过滤 → 加糖浓缩 → 装罐 → 密封 → 杀菌 → 冷却 → 果泥
榨汁 → 过滤 → 加糖浓缩 → 入盘冷却成型 → 果冻
打浆 → 加糖浓缩 → 刮片 → 烘烤 → 揭皮 → 整形 → 包装 → 果丹皮

### 2. 操作要点

（1）果酱、果泥

① 原料选择。要求原料具有良好的色、香、味，成熟度适中，果胶及酸含量丰富。

一般成熟度过高的原料，果胶及酸含量降低；成熟度过低，则色泽风味差，且打浆困难。

② 原料处理。剔除霉烂、成熟度过低等不合格原料，清洗干净，有的原料需要经去皮、切分、去核、预煮和破碎等处理，再进行加糖煮制。

③ 加热软化。处理好的果块根据需要加水或加稀糖液加热软化，也有一小部分果实可不经软化而直接浓缩（如草莓）。加热软化时升温要快，沸水投料，每批的投料量不宜过多，加热时间根据原料的种类及成熟度加以控制，防止加热时间过长，影响风味和色泽。

④ 配料。所用配料如糖、柠檬酸、果胶或琼脂等，均应事先配制成浓溶液备用。砂糖应加热溶解过滤，配成70%～75%的浓糖浆；柠檬酸应用冷水溶解，配成50%溶液；果胶粉或琼脂等按粉量加2～6倍砂糖，充分拌匀，再以10～15倍的温水在搅拌下加热溶解。成品总酸量，0.5%～1%（不足可加柠檬酸）；成品果胶量，0.4%～0.9%（不足可加果胶或琼脂等）；果肉（汁）40%～50%，砂糖45%～60%。

⑤ 加热浓缩。将处理好的果酱投入浓缩锅中加热10～20min，除去一部分水分，然后分批加入浓糖液，继续浓缩到接近终点时，按次序加入果胶液或琼脂液、淀粉糖浆，最后加柠檬酸液，在搅拌下浓缩至可溶性固形物含量达到65%即可。浓缩加热时要不断搅拌，防止焦底和溅出。浓缩方法有常压浓缩和减压浓缩。常压浓缩的主要缺点是温度高，水分蒸发慢，芳香物质和维生素C损失严重，制品色泽差。要想获得优质果酱，宜选用减压浓缩法。

⑥ 装罐密封。装罐前容器先清洗消毒。果酱类大多用玻璃瓶或防酸涂料铁皮罐为包装容器，也可用塑料盒小包装；果丹皮、果糕等干态制品采用玻璃纸包装。酱类制品属于热灌装产品，出锅后，应及时快速装罐密封，密封时的酱体温度不低于80℃，封罐后应立即杀菌冷却。

⑦ 杀菌、冷却。果酱在加热浓缩过程中，微生物大多数被杀死，加上果酱的高糖、高酸对微生物也有很强的抑制作用。工艺卫生条件好的生产厂家，可在封罐后倒置数分钟，利用果酱体余热进行罐盖消毒。但为了安全，在封罐后还进行杀菌处理，在90～100℃下杀菌5～15min，依罐型大小而定。杀菌后马上冷却至38℃左右，玻璃瓶罐要分段冷却，每段温差不要超过20℃，以防炸瓶。

（2）果冻

① 原料处理。原料进行洗涤、去皮、切分、去心等处理。

② 加热软化。目的是便于打浆和取汁。依原料种类加水或不加水，多汁的果蔬可不加水。肉质致密的果实如山楂、苹果等则需要加果实质量1～3倍的水。软化时间为20～60 min，以煮后便于打浆或取汁为原则。

③ 打浆、取汁。取汁的果肉打浆不要过细，过细反而影响取汁。取汁可用压榨机榨汁或浸提汁。

④ 加糖浓缩。在添加配料前，需对所制得的果浆和果汁进行pH和果胶含量测定，形成果冻凝胶的适宜pH为3～3.5，果胶含量为0.5%～1.0%，如含量不足，可适当加入果胶或柠檬酸进行调整。一般果浆与糖的比例是1：（0.6～0.8）。浓缩到可溶性固形物含量65%以上，沸点温度达103～105℃。

⑤ 冷却成型。将达到终点的黏稠浆液倒入容器中冷却成果冻。

## 三、果蔬糖制品加工案例

以草莓果脯的生产制作为案例。

### （一）工艺流程

原料挑选→去除果柄萼片→清洗→护色硬化处理→糖渍和糖煮→
烘烤→包装→成品。

### （二）操作要点

#### 1. 原料挑选

应选择色泽深红，大小均匀，果肉硬度较大，果形完整，具有韧性，汁液少的草莓品种。剔除有病虫害的烂果以及未成熟的次果。

#### 2. 原料处理

去果柄、萼片，一般采用人工去除。加入食盐浸泡几分钟，再用流动清水冲洗干净，沥干备用。

#### 3. 护色硬化处理

将沥干水分的果实放入浓度为0.1%～0.7%的钙盐和亚硫酸盐溶液中，浸泡5～8小时。浸泡时间可根据草莓品种和成熟度适当调整。浸泡时间过长会导致果肉粗糙、口感差；浸泡时间过短，硬化和护色效果较差。

#### 4. 糖渍和糖煮

硬化处理后的果实用清水漂洗，再放入浓度约40%的稀糖液中浸泡10～12小时。捞出后加入高浓度（50%）热糖液，并加入适量柠檬酸，浸渍18～24小时后，加糖熬煮，煮到可溶性固形物含量大于65%时，浸泡20小时后将果实捞出沥干备用。

#### 5. 烘烤

沥干的果实置于55～60℃条件下烘烤至不粘手即可。

#### 6. 包装、成品

烘烤后的果脯整形成扁圆锥形，按大小、色泽分级，用塑料袋密封包装。

### （三）质量标准

色泽为暗红色，均匀一致，组织形态完整，充实饱满，质地柔软，无杂质，口感好，酸甜可口，具有草莓的滋味与香味，固形物为65%～70%。

# 第六节　果蔬腌制品加工

腌制是我国最为普遍、最常见的一种加工方法。新鲜果蔬经过预处理后，再用盐、香料等腌制，使其进行一系列的生物化学变化，制成鲜香嫩脆、咸淡或甜酸适中且耐保存的加工产品，统称腌制品。其中以蔬菜制品居多，水果只有少数品种适宜腌制。蔬菜腌制在我国历史悠久、分布广泛，如四川泡菜，重庆涪陵榨菜，北京冬菜、酱菜，浙江萧山萝卜干、小黄瓜，云南大头菜，潮汕贡菜等，均畅销国内外，深受消费者欢迎。

## 一、腌制品分类

腌制品原料以蔬菜为主，蔬菜腌制品加工方法各异，种类品种繁多。根据所用原辅料、腌制过程、发酵程度和成品状态的不同，可以分为两大类，即发酵性腌制品和非发酵性腌制品。

### （一）发酵性腌制品

发酵性腌制品的特点是腌制时食盐用量较低，在腌制过程中有显著的乳酸发酵现象，利用发酵所产生的乳酸、添加的食盐和香辛料等的综合防腐作用，来保存蔬菜并增进其风味。该类产品一般具有较明显的酸味。根据腌制方法和成品状态不同又分为下列两种类型。

#### 1. 湿态发酵腌制品

用低浓度食盐溶液浸泡蔬菜而制成的一类带有酸味的蔬菜腌制品。如泡菜、酸白菜等。

#### 2. 半干态发酵腌制品

先将菜体经风干或人工脱去部分水分，然后再进行盐腌让其自然发酵后熟而成的一类蔬菜腌制品。如半干态发酵酸菜。

### （二）非发酵性腌制品

非发酵性蔬菜腌制品的特点是腌制时食盐用量较高，使乳酸发酵完全受到抑制或只能极轻微地进行，其间加入香辛料，主要利用较高浓度的食盐、食糖及其他调味品的综合防腐作用，来保存和增进其风味。依其配料、水分多少和风味不同又分为下列三种类型。

#### 1. 咸菜类

咸菜类是一种腌制方法比较简单、大众化的蔬菜腌制品。只进行盐腌，利用较高浓度的盐液来保存蔬菜，并通过腌制来改进风味，在腌制过程中有时也伴随轻微发酵，同时配以调味品和各种香辛料，其制品风味鲜美可口，如咸大头菜。

#### 2. 酱菜类

把经过盐腌的蔬菜浸入酱内酱渍而成。经盐腌后的半成品咸坯，在酱渍过程中吸附了酱料浓厚的鲜美滋味、特有色泽和大量营养物质，其制品具有鲜、香、甜、脆的特点。如酱黄瓜、酱萝卜干、什锦酱菜等。

#### 3. 糖醋菜类

蔬菜经盐腌后，再放入糖醋香液中浸渍而成。其制品酸甜可口，并利用糖、醋的防腐作用来增强保存效果。如糖醋大蒜、糖醋薤头等。

## 二、腌制加工原理

蔬菜腌制的原理主要是利用食盐的高渗透压作用、微生物的发酵作用、蛋白质的分解作用以及其它生物化学作用抑制有害微生物的活动和增加产品的色、香、味。

## （一）食盐对微生物的抑制作用

有害微生物在蔬菜上大量繁殖是其腐败变质的主要原因，食盐通过产生高渗透压，降低水分活度，减少溶解氧等，抑制有害微生物正常的生理活动。

### 1. 食盐溶液对微生物细胞的脱水作用

食盐在溶液中完全解离为钠离子和氯离子时，其质点数比同浓度的非电解质溶液要高得多，以致食盐溶液有很高的渗透压。例如1%食盐溶液就可以产生61.7 kPa的渗透压，而通常大多数微生物细胞的渗透压只有$30.7 \sim 61.5$ kPa。蔬菜腌制时食盐用量大多在4%～15%，其产生的渗透压将远远超过微生物细胞渗透压，微生物细胞内水分就会外渗而使其脱水，最后导致微生物原生质和细胞壁发生质壁分离，从而使微生物活动受到抑制，甚至会因生理干燥而死亡。

### 2. 食盐溶液对微生物细胞的生理毒害作用

食盐溶液中的一些离子，如钠离子、镁离子、钾离子和氯离子等，在高浓度时对微生物发生毒害作用。钠离子能和细胞原生质中的阴离子结合，从而对微生物产生毒害作用，而且这种毒害作用随溶液pH的下降而加强。例如酵母菌在中性食盐溶液中，盐液的浓度要达到20%时才会受到抑制，但在酸性溶液中，浓度为14%时就能抑制其活动。

### 3. 食盐溶液降低微生物环境的水分活度

食盐溶于水后解离出的钠离子和氯离子与极性的水分子通过静电引力的作用形成水化离子，水化离子周围水分子的聚集量占水分总量的比例随食盐浓度的增加而增加，相应地溶液中自由水含量就减少。在饱和食盐溶液中，水分活度约0.75，细菌、酵母菌等微生物在此条件下都难以生存。

### 4. 食盐溶液中氧气浓度下降

果蔬腌制使用的盐水或由食盐渗入组织中形成的盐液浓度较高，与纯水相比，氧气难以溶解其中，形成了缺氧的环境，抑制好气型微生物的活动。

### 5. 食盐溶液影响酶活力

微生物对果蔬原料中营养物质的利用，是先在其分泌的酶的作用下，分解成小分子的物质后才能利用。而微生物分泌出来的酶，常常在低浓度盐液中就遭到破坏，可能的原因是钠离子和氯离子分别与酶蛋白的肽键和氨基相结合，从而使酶失去催化能力。

## （二）微生物的发酵作用

发酵是微生物活动引起的一系列生化变化，蔬菜腌制正是对微生物发酵作用的利用与控制。

### 1. 有利的发酵作用

蔬菜腌制过程中，由微生物引起的正常的发酵作用不但能抑制有害微生物的活动，还能使制品产生良好的风味。这类发酵以乳酸发酵为主，并伴有轻度的酒精发酵和极轻微的醋酸发酵。

（1）乳酸发酵

乳酸发酵是蔬菜腌制过程中最主要的发酵作用，是在乳酸菌的作用下将糖类物质转化成主要产物——乳酸的生物化学过程。由于菌种不同，代谢途径不同，生成的产物有所不同，将乳酸发酵又分为同型乳酸发酵、异型乳酸发酵和双歧杆菌发酵。乳酸发酵是严格的厌氧发酵，发酵产物导致酸度升高，这样的环境不利于病原微生物的生长。

（2）乙醇发酵

蔬菜在腌制过程中，酵母菌利用蔬菜中的糖分，将其转化为乙醇的过程为乙醇发酵。乙醇产生量为0.5%～0.7%（体积分数），对乳酸发酵并无影响。乙醇发酵除生成乙醇外，还能生成异丁醇和戊醇等高级醇。另外腌制初期蔬菜的无氧呼吸及发生的异型乳酸发酵也生成少量的乙醇。这些醇类对于腌制品在后熟期中品质的改善及芳香物质的形成起到重要作用。

（3）醋酸发酵

异型乳酸发酵中会产生微弱的醋酸。但醋酸的主要来源是由醋酸菌氧化乙醇而生成的，这一作用称为醋酸发酵。醋酸菌为好气型细菌，仅在有氧气的条件下才可能将乙醇氧化成醋酸，因而发酵作用多在腌制品的表面进行。正常情况下，醋酸积累量为0.2%～0.4%，作为呈味的基本物质可以提高产品的品质，但过多的醋酸对风味不利，如榨菜制品中，若醋酸含量超过0.5%，则表示产品酸败，品质下降。醋酸菌无芽孢，对热的抵抗力很弱，最适宜的繁殖温度为30℃左右，能耐受的食盐浓度为1%～1.5%。

### 2. 有害的发酵及腐败作用

在蔬菜腌制过程中有时会出现变味发臭、长膜、生花、起旋生霉，甚至腐败变质的现象，这主要是下列有害发酵及腐败作用所致。

（1）丁酸发酵

由丁酸菌引起，该菌为嫌气型细菌，寄居于空气不流通的污水沟及腐败原料中，可将糖、乳酸发酵成丁酸、二氧化碳和氢气，使制品产生强烈的不愉快气味。

（2）细菌的腐败作用

腐败菌分解原料中的蛋白质，产生吲哚、甲基吲哚、硫化氢和胺等具有恶臭气味的有害物质，有时还产生毒素，不可食用。

（3）有害酵母的作用

有些酵母长在酸菜或盐水表面，引起制品长膜、生花。表面上长一层灰白色、有皱纹的膜，沿器壁向上蔓延的称长膜；而在表面上生长出乳白光滑的"花"，不聚合，不沿器壁上升，振动搅拌就分散的称生花。它们都是由好气型的产膜酵母繁殖所引起的，以糖、乙醇、乳酸、醋酸等为碳源，分解生成二氧化碳和水，使制品酸度降低，品质下降。

（4）起旋生霉

蔬菜腌制品若暴露在空气中，因吸水而使表面盐度降低，水分活度增大，就会受到各种霉菌危害，产品就会起旋、生霉。导致起旋生霉的多为好气性的霉菌，它们在腌制品的表面生长，耐盐能力强，能分解糖、乳酸，使得产品品质下降，还能分泌果胶酶，使产品组织变软，失去脆性，甚至发软腐烂。

### （三）蛋白质的分解作用

腌制用的蔬菜除含糖分外，还含有一定量的蛋白质和氨基酸。不同蔬菜所含蛋白质及氨基酸的总量和种类不同。蔬菜所含的蛋白质受微生物的作用和本身所含的蛋白质水解酶的作用而逐渐被分解为氨基酸，这一变化在蔬菜腌制和后熟期中是十分重要的，也是腌制品色、香、味的主要来源，但其变化是缓慢而复杂的。蛋白质水解生成的某些氨基酸本身就具有一定的鲜味和甜味，如果氨基酸进一步与其它物质起作用，就可以形成更为复杂的物质。蔬菜腌制品色、香、味的形成都与氨基酸有关。

### 1. 鲜味的形成

由蛋白质水解所生成的各种氨基酸都具有一定的鲜味，但蔬菜腌制品鲜味的主要来源是谷氨酸与食盐作用生成的谷氨酸钠。蔬菜腌制品中不只含有谷氨酸，还含有其它多种氨基酸，这些氨基酸均可生成相应的盐类。此外，在乳酸发酵作用中产生的乳酸及某些氨基酸（如氨基丙酸）水解生成的微量乳酸，也是腌制品鲜味的来源。

### 2. 香气的形成

腌制蔬菜香气的形成是比较复杂且缓慢的生物化学过程。成因主要有以下几方面。

（1）酯类物质

蔬菜原料中的有机酸或发酵过程中产生的有机酸与发酵中形成的醇类相互作用，发生酯化反应，能产生乳酸乙酯、乙酸乙酯、氨基丙酸乙酯、琥珀酸乙酯等不同的芳香物质。

（2）芥子苷类水解物

有些蔬菜含有糖苷类物质（如黑芥子苷或白芥子苷），具有不愉快的苦辣味，在腌制过程中糖苷类物质经酶解后生成有芳香气味的芥子油而苦味消失。如十字花科的芥菜类含有黑芥子苷（硫代葡萄糖苷）较多，原料在腌制时经揉搓或挤压使细胞破裂，黑芥子苷被水解，苦味消失，生成异硫氰酸酯类、腈类和二甲基三硫等芳香物质，称为"菜香"。

（3）烯醛类芳香物质

氨基酸与戊糖或甲基戊糖的还原产物4-羟基戊烯醛作用，会生成含有氨基的烯醛类芳香物质。由于氨基酸的种类不同，生成的烯醛类芳香物质的香型、风味也有差异。

（4）丁二酮

在腌制过程中乳酸菌类将糖发酵生成乳酸的同时，还生成具有芳香气味的丁二酮（双乙酰）。

（5）外加辅料的香气

蔬菜腌制过程中一般都加入某些香辛料，这些香辛料呈香和呈味的化学成分不同，如花椒中含异茴香醚、牻牛儿醇，八角含茴香脑，桂皮含水芹烯、丁香油酚等芳香物质，使制品表现出不同的风味特点。

### 3. 色泽的变化

腌制蔬菜的色泽是制品感官质量的重要指标之一。保持天然色泽或改变色泽是在加工过程中需要特别注意的问题。腌制蔬菜的色泽变化主要由以下几方面因素引起。

（1）酶褐变引起的色泽变化

蛋白质水解生成的酪氨酸在微生物或原料组织中所含的酪氨酸酶的作用下，同时在有氧的条件下，经过一系列复杂而缓慢的生化反应，逐渐变成黄褐色或黑褐色的黑色素，又称黑蛋白。此反应中，氧的来源主要依靠戊糖还原为丙二醛时所放出的氧。所以，蔬菜腌制品装坛后即使装得十分紧实缺少氧气，但腌制品仍然会因为氧化而逐渐变黑。

（2）非酶褐变引起的色泽变化

蔬菜中的蛋白质水解生成的氨基酸与还原糖发生美拉德反应，生成褐色至黑色物质。由非酶褐变形成的这种褐色物质不但色深而且还有香气。其褐变程度与温度和后熟时间有关。一般说来，后熟时间越长，温度越高，则色泽越深，香味越浓。如四川冬菜装坛后还要经过三年的后熟，结合夏季晒坛，其成品冬菜色泽乌黑而有光泽，香气浓郁而纯正，滋味鲜美而回甜，组织结实而脆嫩。

（3）叶绿素破坏引起的色泽变化

鲜绿的蔬菜在腌制过程中会逐渐失去其色泽。特别是在腌制的后熟过程中，由于pH的下降，叶绿素在酸性条件下脱镁，失去绿色，变成黄褐色或黑褐色。咸菜类装坛后在其发酵后熟的过程中，叶绿素消退后也会逐渐变成黄褐色或黑褐色。

（4）由辅料的色素引起的色泽变化

辅料如辣椒、花椒、八角、茴香等所带有的色素渗入蔬菜内部是一种物理的吸附作用。蔬菜细胞在盐液的作用下，原生质膜遭到破坏，蔬菜细胞能够吸附辅料中的色素而改变原来的色泽。如用甜面酱、黄酱、酱油、食醋等调味品加工出来的盐腌菜吸附了辅料中的色素而变成金黄色或红褐色的制品。

### （四）影响腌制的因素

影响腌制的因素有食盐浓度、酸度、温度、气体成分、香辛料、原料含糖量与质地和腌制卫生条件等。

#### 1. 食盐浓度

食盐浓度对微生物有抑制作用。一般说来，对腌制有害的微生物对食盐的抵抗力较弱，可以利用适当浓度的食盐溶液来抑制腌制过程中有害微生物的活动。但是盐浓度过高，会影响制品的口感。例如，泡菜采用的盐水浓度为3%～6%，这个盐水的浓度刚好适合乳酸菌的生长，对杂菌又有明显的抑制作用。盐水的浓度再高一些，乳酸菌也会受到抑制，泡菜产酸就会很慢，同时制品会太咸，口感较差。

#### 2. 酸度

有害菌（如丁酸菌、大肠埃希菌）抗酸能力弱，在pH3～4时不能生长。而乳酸菌抗酸能力强，在酸度很高（pH为3时）的介质中仍可生长繁殖。霉菌抗酸能力很强，但其为好气性微生物，缺氧条件下不能繁殖。pH4.5以下，能在一定程度上抑制有害微生物的活动。控制酸度可以控制发酵作用。

#### 3. 温度

各种微生物都有适宜的生长温度，蔬菜在腌制过程中由于有几种菌种参与发酵作用，据此，通过控制温度来使某一种发酵占优势，不仅可以缩短时间，而且抑制有害微生物的活动，使制品有良好的品质。对于大部分微生物来说，最适宜生长的温度在20～32℃，乳酸菌在10～43℃范围内仍可生长繁殖，为了抑制腐败微生物的活动，生产上一般采用12～22℃发酵。

#### 4. 气体成分

霉菌是完全需氧性的，在缺氧条件下不能存活，控制缺氧条件可控制霉菌的生长。酵母是兼性厌氧菌，氧气充足时，酵母会大量繁殖，缺氧条件下，酵母则进行乙醇发酵，将糖分转化成乙醇。乳酸菌则为兼性厌氧。蔬菜腌制过程中由于乙醇发酵以及蔬菜本身呼吸作用会产生大量二氧化碳，部分二氧化碳溶解于腌渍液中对抑制毒菌的活动与防止维生素C的损失都有良好的作用。

### 5. 香辛料

腌制蔬菜常加入一些香辛料与调味品，一方面改进风味，另一方面也不同程度地抑制微生物的活动，如芥子油、大蒜油等具极强的抑菌作用。

### 6. 原料含糖量与质地

在一定范围内，含糖量与发酵作用呈正相关。含糖量在1%时，植物乳杆菌与发酵乳杆菌的产酸量明显受到限制；含糖量在2%以上时，各菌株的产酸量均不再明显增加。供腌制用蔬菜的含糖量应以1.5%～3.0%为宜，偏低可适量补加食糖。原料体积过大，质密坚韧，不利于渗透和脱水作用，应采取揉搓、切分等方法使蔬菜表皮组织与质地适度破坏，改变表皮的渗透性，同时促进可溶性物质外渗，从而加速发酵作用进行。

### 7. 腌制卫生条件

原料应洗涤干净，腌制容器要消毒，盐液要杀菌，腌制场所要保持清洁卫生。

## （五）蔬菜腌制与亚硝酸盐

腌制类蔬菜因其独特风味受到越来越多的消费者喜爱，但同时腌制类食品中的亚硝酸盐超标带来的食品安全问题也引起人们关注。腌制蔬菜中的亚硝酸盐主要是由于蔬菜容易富集硝酸盐，而硝酸盐会在发酵过程中经硝酸盐还原酶大量转化为亚硝酸盐。硝酸盐本身对人体无直接危害，但它被还原为亚硝酸盐后就会危害人体健康。亚硝酸盐进入人体后会与血红蛋白反应，造成人体缺氧，严重时可致死；亚硝酸盐与胺类化合物反应生成一类具有N—N＝O结构的N-亚硝基化合物，具有强致癌性，可诱发消化道系统癌变。新鲜蔬菜亚硝酸盐含量一般在0.7mg/kg以下，而咸菜、酸菜亚硝酸盐含量可上升至13～75 mg/kg。随食盐浓度的不同，亚硝酸盐会有所差别，通常在5%～10%的食盐溶液中腌制，会形成较多的亚硝酸盐。腌制过程中的温度状况也明显影响亚硝酸盐峰出现的时间、峰值水平及全程含量。在较低的温度下，亚硝酸盐峰形成慢，但峰值高，持续时间长，全程含量高。我国GB 2762—2022《食品安全国家标准　食品中污染物限量》规定，蔬菜制品的亚硝酸盐含量应当≤20mg/kg。

亚硝酸化合物虽然会对人体健康造成很大威胁，但只要在蔬菜腌制时，选用新鲜蔬菜原料，腌制前经清水洗涤，适度晾晒脱水，严格掌握腌制条件，防止好气性微生物污染，避开高峰期食用，或适量加入维生素C、茶多酚等抗氧化剂，就可以减少或阻断N-亚硝基化合物前体物质的形成，减少其摄入量。

## 三、腌制品加工案例

### （一）泡酸菜类

### 1. 工艺流程

配制泡菜水<br>
↓<br>
原料 → 预处理 → 预腌 → 入坛发酵 → 成品

## 2. 操作要点

（1）原料预处理

选用无腐烂、无病虫害的蔬菜，洗净控干水分备用。体积较大的蔬菜需进行切分修整。

（2）预腌

按晾干原料量3%～4%的食盐与蔬菜混合均匀，称预腌。为增强硬度，常同时加入0.05%～0.1%的氯化钙。预腌24～48h，有大量菜水渗出时，取出沥干备用。

（3）泡菜水的配制

泡菜水可采用纯净水或煮沸冷却的饮用自来水。配制时，按水量加入食盐6%～8%。按需要加入调味料。老泡菜水或人工乳酸菌培养液按盐水量的3%～5%加入。

（4）入坛发酵

原料入坛，泡菜水浸没蔬菜，于阴凉处发酵。一般新配制的盐水在夏天泡制时约需5～7天成熟，冬天需12～16天成熟。

（5）包装

成熟泡菜应及时包装。可以先整形、配调味液，然后包装，真空封口，杀菌、冷却。

## （二）咸菜类

### 1. 工艺流程

原料选择→晾晒→洗涤→晒干→整理→加盐（揉搓）→入缸→倒缸→成品

### 2. 操作要点

（1）原料选择

制作咸菜原料，必须符合两点标准：一是新鲜，符合卫生标准；二是品种必须合适，不是任何蔬菜都适合腌制咸菜。有些蔬菜含水量很高，怕挤怕压，例如，熟透的番茄就不宜腌制。有一些蔬菜含有大量纤维质，如芹菜、韭菜，一经腌制榨出水分，只剩下粗纤维，口感较差。因此，腌制咸菜，要选择那些耐贮藏、不怕挤、压，肉质坚实的品种，如白菜、萝卜、大头菜等。

（2）加盐

一般盐液浓度应在10%～25%，这样既能抑制微生物的活动，又能抑制蔬菜的呼吸作用。

（3）倒缸

倒缸也叫翻缸或换缸。由于蔬菜集中，呼吸作用加强，生成大量水分和热量，如不及时排出热量，就会使绿色蔬菜的叶绿素变为植物黑素而失去其绿色。

## （三）酱制菜类

### 1. 工艺流程

原料选择→处理→腌制→脱盐→酱渍→成品

### 2. 操作要点

（1）原料的选择与处理

原料经充分洗净修整后，然后根据原料的种类和大小形态可对剖成两半或切成条状、片状或颗粒状，体积较小的材料可保持原状。

（2）盐腌

① 干腌法。占原料鲜质量约15%～20%的干盐，层料层盐，3～5天"倒缸"。适合于含水量较大的蔬菜如萝卜、莴苣及菜瓜等。

② 湿腌法。使用15%～20%的食盐溶液浸泡原料。适合于含水量较少的蔬菜如大头菜、藠头及大蒜头等，盐腌处理的期限因蔬菜种类不同而异，一般为20～30天。要求菜坯表面柔熟透亮，富有韧性，内部质地脆嫩，切开后内外颜色一致。

（3）脱盐

有的半成品盐分高，不易吸收酱汁，需要在流动清水中浸泡脱盐，一般1～3天，每天换水1～3次。含盐量大约在2%～2.5%即为合适。

（4）压榨脱水

咸坯的含水量50%～60%。

（5）酱渍

将盐腌的菜坯脱盐后浸渍于甜酱或豆酱（咸酱）或酱油中，使配料中的色香味物质扩散到菜坯内。菜坯与酱层层相间，酱的用量：菜坯=1：1，酱的比例越大，成品风味越好。酱制期间，间隔一段时间搅拌一次，均匀酱渍，提高酱制效率。

## （四）糖醋菜类

### 1. 工艺流程

原料选择→自然发酵→脱盐→浸渍（糖醋液）→包装→成品

### 2. 操作要点

（1）原料选择整理

适用糖醋加工的原料广泛，例如黄瓜，萝卜，子姜，未成熟的番木瓜、芒果等。原料要清洗干净，按需要去皮或去根、去核等，再按食用习惯切分。

（2）盐渍处理

整理好的原料用8%左右食盐腌制至原料呈半透明为止，可以排除原料中不良风味（如苦涩味），增强原料组织细胞膜的渗透性，以利糖醋液渗透。如果以半成品保存原料时，则需补加食盐至15%～20%。

（3）浸渍

① 糖醋液配制。一般选用白砂糖，糖醋液含糖30%～40%，含醋酸2%左右，砂糖加热溶解过滤后煮沸，待温度降低至80℃时，加入醋酸。

② 浸渍。用腌好的原料做糖醋菜，原料要在清水中脱盐至稍有咸味捞起，并沥去水分，随即转入已配制好的糖醋液内，糖醋液用量一般与原料等量，1周左右即可成熟。

（4）杀菌包装

如要较长期保存，需进行罐藏。包装容器可用玻璃瓶、塑料瓶或复合薄膜袋，进行热装罐包装或抽真空包装，如密封温度≥75℃，不再进行杀菌也可长期保存。也可包装后进行杀菌处理，在70～80℃热水中杀菌10min。热装罐密封或杀菌后都要迅速冷却，否则制品容易软化。

# 第七节　果蔬其它加工

## 一、果蔬速冻加工

果蔬速冻制品的加工就是果蔬原料经过一系列处理后，在-35～-30℃的低温条件下进行快速冻结，并在持续保持果蔬冻结状态的低温下进行冷冻保藏。我国的果蔬速冻加工在20世纪60年代已开始发展，在商品供应上以速冻蔬菜较多，速冻水果则多用于做其它食品（如果酱、蜜饯、冰淇淋等）的半成品、辅料或装饰物。近年来由于"冷链"设施设备的不断完善，速冻业发展迅速，果蔬速冻制品技术和产品质量不断提高。

### （一）加工原理

所谓速冻，就是使食物中的水在短时间内通过最大冰晶生成带，使果蔬中80%以上的水分变成微小的冰晶的过程。

#### 1. 冷冻对微生物的影响

冷冻不是杀菌措施，食品在冻结及冻藏过程中，对致病细菌有抑制作用，而杀伤效应则很慢。防止微生物繁殖的临界温度是-12℃，酵母菌和霉菌比细菌耐低温能力强。冷冻食品的冻藏温度一般要求不高于-12℃，通常是-18℃或更低。

#### 2. 低温对酶的影响

低温对多数酶的活力都有抑制作用，但食品冷冻对酶的活力只是起抑制作用，降低其活力，一旦解冻酶活力会骤然增强，仍能催化各种反应，影响产品品质。有效地抑制酶的活力及各种生物化学反应，要求温度低于-18℃，因为在-18℃以上仍然有不少未冻结的水分存在，这为酶提供了活动的条件。

#### 3. 冷冻过程

（1）冰点温度

① 纯水开始结冰的温度称冰点（冻结点），为0℃。

② 果蔬组织中的水不是纯水，而是呈溶液状态，其冰点温度比纯水低，而且溶液浓度越高，冰点温度越低。果蔬组织的冰点多为-3.8～-0.6℃，结合水的冰点更低。

（2）冻结过程

食品的冻结过程可以分为三个阶段。

① 初阶段。即从初温至冰点（冻结点）。放出的热称为"显热"，量较少，降温较快。

② 中阶段。即从冰点下降至其中心温度为-5℃时。此时食品内已有80%以上的水分被冻结，由于水转变成冰时需要排除大量"潜热"，整个冻结过程中总热量大部分在此阶段排除。

③ 终阶段。从成冰后到终温（一般是从-5℃至-18℃）。

（3）冷冻速度与冰晶的形成

① 冻结速度。影响冻结速度的因素很多，一方面食品性质（食品的空隙率、含水率、含脂量）会影响，因为不同食品比热不同，导热性也不同；另一方面如传热介

质、物品体积、放热系数（空气流速、搅拌）以及与冷却介质接触程度等也会影响冻结速度。传热介质与物体温差越大，冻结速度越快。空气或制冷剂循环的速度越快，冻结速度越快。冷冻物品与制冷介质接触程度越大，冻结速度越快。每小时冻结冰层大于5cm，即5cm/h，或者30 min内食品中心温度由−1℃降至−5℃，为快速冻结。

② 水结冰后，冰的体积比水增大约9%；含水量多的果蔬冻品，体积有所膨大。

③ 当温度下降至冰点，潜热被排除后，果蔬组织的水分开始结冰。冻结是由外部向内部冻结。

## （二）工艺流程及操作要点

### 1. 工艺流程

选料→前处理→烫漂→冷却→沥干（包装或装盘）→速冻→包装或装箱→冻藏

### 2. 操作要点

（1）原料选择

选适宜速冻加工的品种，主要看解冻后的食用品质及价值。大多数的果蔬都适合速冻处理，如豆角、玉米、豌豆、榴莲等。原料要求达到采收成熟度，质地坚脆，色、香、味已形成。

（2）前处理

主要包括清洗、挑选、整理、去皮、切分、护色等。

（3）烫漂与冷却

烫漂主要是为了使酶失活、软化纤维组织、去掉辛辣涩味、防止褐变及营养物质的氧化损失。主要用于蔬菜速冻加工，如钝化过氧化物酶、过氧化氢酶、多酚氧化酶、维生素C氧化酶等。一般沸水烫漂1～5min，然后投入冷水中冷却。

（4）沥干

自然晾干或离心甩干或振动筛沥干，避免表面水分结块。

（5）速冻

温度变化：常温→0℃→−1℃→−5℃→−35～−18℃。

（6）包装

作用是防止冰晶升华，防止氧化变色，防止污染，便于运销食用。

（7）冻藏

一般冻藏温度为−20～−18℃或更低。

## （三）速冻草莓加工案例

### 1. 原料的质量验收标准

原料新鲜，成熟度80%～90%以上，过熟果原则上不用，具有草莓应有的色、香、味。果形完整，无病虫害、无机械伤以及腐烂变质。不同品种分开验收存放，不可混装。

### 2. 加工工艺流程

原料→去蒂→分级→复检→清洗→晾干→速冻→分选→包装→成品→冻藏

### 3. 操作要点

**（1）去蒂**

将验收好的原料放在操作台上，人工去掉根部和萼片，保持果形完整。

**（2）分级**

按草莓直径分成不同规格级别，如L级，25～35 mm；M级，20～25 mm；S级，20 mm以下。

**（3）复检**

将分级后的草莓放在自动传送带上，进行人工挑选，挑出杂质如毛发等，挑出残留叶、残留蒂、畸形果、青果、过熟果等不合格产品。

**（4）清洗**

将复检好的草莓放入自动清洗机清洗。清洗机中的水要勤换，以免影响清洗效果。清洗速率不宜过快，以免造成机械损伤。

**（5）晾干**

自然晾干或振动筛沥干。

**（6）速冻**

晾干后进入温度低于-23℃的急冻间速冻。

**（7）精选**

将冻好的草莓出库，用滚筒式分选机再次精确分选，挑选出不合格产品。

**（8）包装**

将挑选的草莓按要求定量包装，不同品种不同规格要有明确标识。

**（9）冷藏**

合格的产品及时放入低于-18℃的冷藏库中冷藏。

## 二、果酒加工

果酒是以果品为原料经过发酵、陈酿、调配而制成的低度酒精饮料。果酒营养丰富，在色、香、味上别具风韵，可以满足不同消费者的饮酒享受，深受广大消费者喜爱。

### （一）加工原理

果酒的制造是用新鲜的果品为原料，利用自然的或人工添加的酵母分解糖分并产生酒精及其它副产物。发酵期间，果酒内部发生一系列复杂的生化反应，最终赋予果酒独特风味及色泽。因此，果酒酿造是微生物参与的，涉及复杂生化反应的结果。本节对果酒的酒精发酵、苹果酸-乳酸发酵、酯化反应和氧化还原反应进行简单的介绍。

#### 1. 酒精发酵

果酒中的酒精来源于酵母的酒精发酵，酵母利用发酵醪内的糖分，通过体内酶的作用，把它分解成乙醇和$CO_2$，并释放出能量。酒精发酵的主要副产物有甘油、醋酸、乳酸和高级醇。

#### 2. 苹果酸-乳酸发酵

苹果酸-乳酸发酵是在果酒发酵结束后，在乳酸菌的作用下，将苹果酸分解成乳酸的过程。这一发酵改善有些果酒酸涩、粗糙等特点，使酒体变得柔软。经苹果酸-

乳酸发酵后的果酒，酸度降低，果香、醇香加浓，质量提高，同时酒的生物稳定性增加。

### 3. 酯化反应

果酒中含有机酸和醇，酸与醇可以发生反应合成酯，酯是果酒芳香味的主要来源之一。酯主要在果酒发酵和陈酿时期产生。例如，葡萄酒中的酯类物质可分为两类：第一类为生化酯类，是在发酵过程中形成的，其中最主要的为乙酸乙酯；第二类为化学酯类，是在陈酿过程中形成的，种类很多。酯的含量决定于葡萄酒的成分和年限，新酒一般含 176～264mg/L，陈酒含 792～880mg/L，酯的生成在葡萄酒贮存的前两年最快，以后变慢。

### 4. 氧化-还原反应

氧化-还原反应是果酒加工中的一个重要反应，果酒的氧化和还原是同时进行的两个方面，酒内有成分被氧化，那么必然有成分被还原。氧化还原作用与果酒的芳香和风味密切相关。以葡萄酒为例，在酒的成熟阶段，需要氧化作用，以促进单宁与花青素的缩合，促进某些不良风味物质的氧化，以沉淀形式去除。而在酒的老化阶段，则希望处于还原状态，以促进酒中芳香物质的产生。此外，氧化还原作用还与果酒的腐败变质有关，果酒暴露在空气中，常有混浊、沉淀、褪色等现象。

## （二）工艺流程及操作要点

### 1. 工艺流程

鲜果→分选→破碎、除梗→果酱→分离取汁→澄清→清汁→发酵→倒桶→
贮酒→过滤→冷处理→调配→过滤→成品

### 2. 操作要点

（1）发酵前的处理

前处理包括水果的选择、破碎、压榨，果汁的澄清、改良等。破碎要求果皮破裂，但不能将种子破碎，否则种子内的油脂、糖苷类物质会增加酒的苦味。

（2）渣汁分离

破碎后不加压自行流出的果汁称作自流汁；加压之后才流出的汁液称作压榨汁，一般压榨 2～3 次。自流汁质量好，宜单独发酵制取优质酒。压榨一般分两次进行，第一次逐渐加压，尽可能压出果肉中的汁，可以分别酿造，也可与自流汁合并。将残渣疏松，加水或不加，进行第二次压榨，压榨汁杂味重，质量低，宜作蒸馏酒或其它用途。

（3）果汁的澄清

压榨汁中的一些不溶性物质在发酵中会产生不良效果，给酒带来杂味，需进行澄清。此外，澄清汁制取的果酒胶体稳定性高，对氧的作用不敏感，芳香稳定，酒质爽口。

（4）二氧化硫处理

二氧化硫在果酒中的作用有杀菌、澄清、抗氧化、增酸、使色素和单宁物质溶出、还原等作用。可使用二氧化硫气体及亚硫酸盐，前者可用管道直接通入，后者则需溶于水后加入。

（5）果汁的调整

① 糖的调整：酿造酒精含量为10%～12%的酒，果汁的糖度需要17～20°Bé。如果糖度达不到要求则需加糖，实际加工中常用蔗糖或浓缩汁。

② 酸的调整：酸可抑制细菌繁殖，让发酵顺利进行，使酒味清爽，并具有柔软感，保持酒体颜色稳定，增加酒的贮藏性和稳定性。酸在酒中的含量宜适度，干酒酸含量宜在0.6%～0.8%，甜酒0.8%～1%。一般pH大于3.6或可滴定酸低于0.65%时应该加酸。

（6）酒精发酵

① 酒母的制备：酒母即扩大培养后加入发酵醪的酵母菌，生产上需经三次扩大后才可加入。

② 发酵设备：发酵设备有发酵桶、发酵池，也有专门的发酵罐。发酵设备要求能控温，易清洗、排污，通风换气良好等。使用前先进行清洗，用$SO_2$熏蒸消毒处理。

③ 果汁发酵过程：分主（前）发酵和后发酵。主发酵即将果汁倒入容器内，装入量为容器容积的4/5，然后加入3%～5%的酵母，搅拌均匀，温度控制在20～28℃，发酵时间随酵母的活性和发酵温度而变化，一般为3～12天。残糖降为0.4%以下时主发酵结束。后发酵即将酒容器密闭并移至酒窖，在12～28℃条件下放置1个月左右。发酵结束后要进行澄清。

（7）成品调配

果酒的调配主要有勾兑和调整。勾兑一般先选一种质量接近标准的原酒作基础原酒，据其缺点选一种或几种另外的酒作勾兑酒，加入一定的比例后进行感官和化学分析，从而确定比例。调整的主要有酒精含量、糖、酸等指标。

（8）过滤、杀菌、装瓶

过滤有硅藻土过滤、薄板过滤、微孔薄膜过滤等，果酒常用玻璃瓶包装。装瓶时，空瓶用2%～4%的碱液在50℃以上温度浸泡后，清洗，沥干后杀菌备用。果酒可先经巴氏杀菌再进行热装瓶或冷装瓶，含酒精低的果酒，装瓶后还应进行杀菌。

## （三）果酒加工案例

以桑葚果酒的生产为例。

### 1. 工艺流程

新鲜桑葚→挑选→清洗→原料破碎→添加焦亚硫酸钾、果胶酶→静置→
成分调整→接入酵母菌→主发酵→分离，去果渣→倒瓶→加$SO_2$→后发酵→倒瓶→陈酿

### 2. 操作要点

（1）选料挑选

选取成熟度高、含糖量高、无霉变及病虫害的新鲜桑葚为原料。

（2）破碎、加硫

将桑葚原料破碎并加入70～90 mg/L的焦亚硫酸钾和0.05 g/kg的果胶酶处理。处理后的桑葚果浆在16℃放置24h。

（3）接入酵母菌

将活性干酵母以10%浓度加入5%的蔗糖溶液中搅拌均匀，隔5～10min搅拌一次，

约30min，按原干酵母质量以100mg/kg加入桑葚果浆中。

（4）主发酵

采用密闭式发酵，发酵液温度控制在25℃左右。主发酵期间，跟踪监测发酵液的可溶性固形物、pH值、总酸和还原糖等含量变化，待发酵液的残糖量降至4g/L时，主发酵结束。

（5）后发酵

主发酵结束后，将分离压榨去除果渣的发酵液转入后发酵容器中，同时补加30～50 mg/L的$SO_2$，于16°C进行后发酵。

（6）密封陈酿

待还原糖不再变化时结束发酵，发酵后的果酒虹吸至发酵罐内（装满罐），密封，放置于16°C环境中陈酿3个月后经澄清、过滤得到桑葚果酒。

### 3. 感官质量

色泽：呈深红色，有光泽。

香气：有淡淡的桑葚果香，酒的香味纯正，浓郁优雅。

滋味：酒体丰满，醇厚协调，回味绵长，风格独特。

## 三、果醋加工

果醋是以果蔬或果蔬加工下脚料为主要原料，经过酒精发酵和醋酸发酵酿造而成的集保健、食疗、营养等功能于一体的新型食醋产品。果醋富含有机酸、矿物质、维生素、氨基酸以及功能活性成分如多酚、黄酮等，被称作"21世纪的食品"。果醋分为调味醋和饮料醋，用鲜果和果汁直接发酵制成的果醋适合作调味果醋，其酸度为3.5%以上，可溶性固形物低于2.0%。采用鲜果浸泡在一定浓度酒精溶液中调配进行醋酸发酵或者直接浸入粮食醋中制得的果醋、将果汁和粮食醋勾兑制得的果醋、发酵酿造成果醋后再添加果汁等食品添加剂勾兑的果醋都适合制成饮用果醋，其酸度为1.0%以下，可溶性固形物在30%左右。

### （一）加工原理

果醋发酵，如以含糖果品为原料，需经过两个阶段，先为酒精发酵阶段，其次为醋酸发酵阶段，利用醋酸菌将酒精氧化为醋酸。如以果酒为原料则只需进行醋酸发酵。

### 1. 醋酸发酵

醋酸菌大量存在于空气中，种类较多，对酒精的氧化速度有快有慢，醋化能力有强有弱，性能各异。目前工业上应用的醋酸菌有许氏醋酸杆菌及其变种，产醋力强，对醋酸没有进一步氧化的能力。

醋酸发酵的生物化学变化，首先，酒精氧化成乙醛：

$$CH_3CH_2OH + 1/2O_2 \longrightarrow CH_3CHO + H_2O$$

其次，乙醛吸收一分子水生成水合乙醛：

$$CH_3CHO + H_2O \longrightarrow CH_3CH(OH)_2$$

最后，水合乙醛再氧化成醋酸：

$$CH_3CH_2(OH)_2+1/2O_2 \longrightarrow CH_3COOH+H_2O$$

醋酸实际产率一般只能达到理论数的85%左右。有些醋酸菌醋化时将酒精完全氧化成醋酸后，为了维持其生命活动，能进一步将醋酸氧化成二氧化碳和水：

$$CH_3COOH+2O_2 \longrightarrow 2CO_2+2H_2O$$

### 2. 影响醋酸菌发酵的因素

（1）乙醇、醋酸浓度

酒精度超过14%（体积分数），醋酸菌繁殖迟缓，醋酸产量甚少；而酒精度在12%～14%，醋化作用进行较好。醋酸菌可忍受8%～10%的醋酸浓度。

（2）氧气

醋酸菌为好氧菌。发酵初期，发酵力较弱，酸量低；发酵中期，醋酸菌旺盛产酸，应增加氧气供给；发酵后期，进入醋酸菌衰老死亡期，可少量供氧。

（3）$SO_2$

果酒中的二氧化硫对醋酸菌的繁殖有抑制作用。

（4）温度

在10℃以下，醋化作用进行困难。20～32℃为醋酸菌繁殖的适宜温度，30～35℃其醋化作用最快，达到40℃，醋酸菌停止活动。

## （二）工艺流程及操作要点

### 1. 工艺流程

水果→挑选→清洗→榨汁→果汁→加糖→调整成分→澄清（加麸曲或果胶酶）→
酒精发酵→醋酸发酵→过滤→调节成分→杀菌→包装→成品

### 2. 操作要点

（1）水果处理

水果去除腐烂变质部分，清洗干净，沥干水分备用。

（2）榨汁

根据原料特点，先进行适当处理，如柑橘去皮、苹果切分等，然后用压榨机榨汁。

（3）调整成分

果汁中可发酵性糖的含量常常达不到工艺要求，需要提高含糖量，一般添加蔗糖。

（4）澄清

将调配好的果汁装入澄清设备中，加入黑曲霉麸曲2%，或加果胶酶0.01%，在45～50℃下保温2～3h，使单宁和果胶分解，提高澄清度。

（5）酒精发酵

果汁澄清后，冷却至30℃左右，接入1%的酵母进行酒精发酵。发酵温度控制在22～30℃为宜，经5～7天发酵，发酵醪酒精含量为5%～8%，酸度为1%～1.5%，表明酒精发酵基本完成。

（6）醋酸发酵

果醋发酵分为固态发酵和液态发酵，其中以液态发酵效果最佳。固态发酵时，成品醋有辅料的味道，使香气变差。液态发酵有利于保持水果固有的香气，使成品醋风味十足。

（7）陈酿

醋醅陈酿有两种方法，即成熟醋醅加盐压实陈酿和淋醋后的醋液陈酿。醋醅陈酿：将加盐后熟的醋醅，含酸达7%以上，移入缸中压实，上面盖上一层食盐，封盖，放置15～20天，倒醅一次再封缸，陈酿数月后淋醋。醋液陈酿：陈酿的醋液含醋酸应大于5%，否则容易变质。贮入大缸中陈酿1～2月即可。

（8）过滤、灭菌

陈酿后的果醋经澄清处理后，用过滤设备进行精滤，在60～70℃下杀菌10min，即可装瓶保藏。

## （三）加工案例

以液态发酵法加工苹果醋的生产为例。

### 1. 工艺流程

原料选择预处理→破碎、榨汁→果汁调配→酒精发酵→粗滤→醋酸发酵→
粗滤→陈酿→精滤、调配→杀菌、包装

### 2. 操作要点

（1）原料的选择与处理

一般选择成熟的残次果实酿制果醋，要求果实不能腐败变质。将果实去杂，切去病斑、烂点与果柄，然后用自来水清洗，切分后去心备用。

（2）破碎、榨汁

采用打浆机破碎果实。为了提高榨汁率，破碎的果浆用果胶酶处理后，压榨取汁。

（3）果汁调配

我国食醋质量标准规定，一级食醋的醋酸含量为5.0g/100mL，二级食醋的醋酸含量为3.5g/100mL。生产一级醋要求果汁的含糖量为92.4 g/L，生产二级醋要求果汁的含糖量为64.7 g/L。

根据生产的食醋等级调整果汁的含糖量，特别是含糖量不足时，要求添加糖、浓缩果汁或糖浆来调整果汁的含糖量，以确保产品中醋酸的含量达到质量标准要求；如果果汁中糖含量达到或超过潜在发酵力的要求，果汁的糖含量可不调整。

一般果汁中的氮源不足，不能满足酵母和醋酸菌生长繁殖的要求，所以，发酵前在果汁中添加铵盐，一般添加12g/100L的硫酸铵和磷酸铵。

酒精发酵前，在果汁中添加15～20g/100L的$SO_2$，可防止酒精发酵过程中杂菌的侵染，确保酒精发酵的顺利进行。

（4）酒精发酵

果汁在发酵前需添加酒母，酒母的添加量为3%～5%，若用活性干酵母代替酒母，则活性干酵母的添加量为15g/100L。同时向果汁中添加果胶酶，使果胶分解，有利于成品果醋的澄清与过滤。在发酵罐或发酵池中进行酒精发酵，酒精发酵的温度为25～30℃，时间为5～7天，发酵醪中的残糖降至0.5%以下，酒精发酵结束。

（5）粗滤

酒精发酵后，过滤澄清。传统的加工方法是发酵后不再澄清。但完全由浓缩苹果汁制作苹果醋时，为了得到澄清的产品，必须进行离心分离或过滤。

（6）醋酸发酵

酒精发酵结束后，若不能及时进行醋酸发酵，在发酵醪中加入10%的新鲜苹果醋，降低pH，预防有害菌的侵染，可贮存1个月。在醋酸发酵前，将酒精发酵醪的酒精含量调整为7%～8%，再添加12g/100L的铵盐。酒精发酵醪中接入10%～20%醋母，在35～38℃的条件下进行发酵15～20天。

（7）粗滤、陈酿

醋酸发酵结束后，用压榨机或硅藻土过滤机将醋酸发酵醪过滤，然后将产品泵入木桶或不锈钢罐内陈酿。陈酿时间为1～2个月。未经过滤的醋酸发酵醪也可直接陈酿，陈酿结束后，吸取上清液，沉淀部分进行压榨取汁。

（8）精滤、调配

为了避免醋在装瓶后发生混浊，将充分陈酿的苹果醋用水稀释到要求的浓度，然后精滤。精滤的方法有添加澄清剂法和超滤膜过滤法。超滤膜法将酵母菌、细菌和高分子成分滤去，起到过滤和杀菌的双重作用。所以，超滤后的醋液采用无菌灌装，可免于杀菌。

（9）杀菌、包装

精滤后的醋液用板式热交换器杀菌，杀菌温度在65～85℃，杀菌10min。玻璃瓶可采取杀菌后趁热灌装，而塑料瓶（袋）则要求杀菌冷却后灌装。

# 第七章

## 长江上游特色果蔬贮藏及加工

长江上游是指长江源头至湖北宜昌这一江段，长江上游经济区包括重庆、宜宾、内江、自贡、泸州、六盘水、毕节、昭通、乐山九个地区。因其特殊的地理位置和气候条件，该地区形成了特色的果蔬产业链，其中重庆涪陵榨菜闻名中外。

## 第一节　榨菜贮藏及加工

榨菜是以青菜头原料，添加适量食用盐，添加或不添加香辛料混合腌制发酵并经压榨等特殊工艺处理的一种酱腌菜。榨菜与法国酸黄瓜、德国甜酸甘蓝并称为世界三大名腌菜。榨菜是我国特产，1898年创始于涪陵城西邱寿安家，是一款家喻户晓的食品。经过一百多年的发展，榨菜凭借其独特的风味和方便食用的特点，已成为日常生活中不可缺少的佐餐食品。榨菜行业具有明显的地域性特征，主要集中在重庆、浙江及四川等地。

### 一、青菜头的贮藏

榨菜作物学名 *Brassica juncea* var. *tumida* Tsenet et Lee，即：芸薹属，膨大茎芥菜变种。青菜头是榨菜作物的膨大茎，是榨菜加工的初始原料，具有肉嫩汁多、口感爽脆等特点。青菜头有纺锤形、近圆形、扁圆形等，因品种类型而异。一般单个重0.5kg左右，大的能有1kg左右。皮部为淡绿色或绿色，表面有光泽或披蜡粉，肉质为白色，皮、肉之间有维管束，其木质部细胞强烈木质化就会形成"老筋"。水分一般为93%～95%，因品种、收割期不同，水分会有差异。

青菜头在田间生长过程中容易感染病原微生物，采收后因含水量较高，伤口较多，呼吸代谢旺盛，极易失水、衰老和感染病菌，有些品种甚至出现开裂和空心，从而导致变质和腐烂，自然保鲜期仅 3 ～ 5 天，不利于鲜食、加工和贮藏，更不利于长途运输。适当的贮藏保鲜技术能减少榨菜的损耗，提高其利用率。

### （一）低温贮藏

低温贮藏是利用降温设备产生的低温抑制果蔬采后的各项生理代谢过程以及微生物的生长繁殖，从而延缓果蔬组织的成熟衰老和病原菌侵染引起的腐烂过程。青菜头采收后经分选、清洗整理后，将青菜头置于消毒晾干的果筐中，以塑料薄膜袋套住果筐，置于 0 ～ 4℃的冷库中贮藏，可显著延长保鲜期。

### （二）化学防腐保鲜贮藏

生产上可利用不同类型的防腐剂处理青菜头，以达到保鲜效果。重庆市渝东南农业科学院的研究结果表明，柠檬酸对茎瘤芥的保鲜效果极显著，合适浓度为 0.1%；抑霉唑保鲜效果显著，合适浓度为 500mg/kg。此外，l-甲基环丙烯也经常用于青菜头的防腐保鲜。

### （三）气调保鲜贮藏

可采用气调库贮藏或简易气调保鲜。气调保鲜通过调节贮藏环境中的氧气和二氧化碳，抑制青菜头呼吸作用，达到保鲜作用。也可以结合包装袋一起联合使用，例如塑料薄膜袋限气贮藏是利用薄膜袋良好的透气性进行气体交换，果蔬经过一定时间贮藏后，袋内二氧化碳及氧气含量就会自然调节到适宜的比例，利于青菜头贮藏保鲜。

### （四）复合生物保鲜贮藏

单一的保鲜方法各有优缺点，综合利用各保鲜技术能达到更好的保鲜效果。重庆市渝东南农业科学院针对新鲜涪陵青菜头（茎瘤芥）保鲜，研制出一种复合生物保鲜方式。首先新鲜青菜头在复合保鲜液（二氧化氯 $100 \times 10^{-6}$+纳他霉素 0.01%+脱氢醋酸钠 0.02%）中浸没预处理 10min，晾干后装入专用气调保鲜袋［PVC（聚氯乙烯）硅橡胶窗气调袋，规格为长 × 宽=950mm×650mm，厚度 0.045mm，硅窗口 110mm×75mm］内，装量 15kg/袋，待菜头中心温度预冷达到控制温度范围时，再扎口，在最适贮藏温度 -0.5 ～ 1℃条件下贮藏。在该条件下青菜头贮藏保鲜期达到 95 天，青菜头外观无明显变化，其水分保存率为 92.0%，维生素 C 保存率 82.5%，产品保存率大于 92%。

## 二、榨菜的加工

脱水是榨菜制作的重要环节，根据脱水方式的不同，分为风脱水榨菜和盐脱水榨菜。近年来，由于劳动力成本较高，涪陵榨菜也多采用盐脱水，只有部分质优价贵的品种才采用风脱水。

### （一）风脱水工艺

#### 1. 工艺流程

搭架→原料选择→剥皮串串→晾晒脱水→下架→腌制→
修剪除筋、整形分级和淘洗→存放后熟→成品运销

## 2. 操作要点

（1）搭架

风脱水榨菜是借助自然风力脱去大部分水分再进行腌制，青菜头采收后先置于菜架上晾晒。

（2）原料选择

应选用组织细嫩、皮薄、粗纤维少、肉瘤突起钝圆、凹沟浅而小以及菜形呈近圆形、扁圆形或纺锤形，单个瘤茎重不低于150 g，含水量低于95%，可溶性固形物含量5%以上，无腐烂、黑疤、空心以及无机械损伤的青菜头。榨菜加工质量与采收期密切相关，采收过早，产量低，采收过晚，加工品质下降，一般以刚"冒顶"采收为宜，严禁在"冒顶"后才采收。

（3）剥皮串串

用菜刀将每个菜头基部的粗皮老筋剥去，但不伤及上部的青皮。一般要求每块菜重150～250g，根据菜头质量适当切分，切分的菜块应大小均匀，青白齐全，老嫩兼并，以保证晾晒后成品比较整齐美观。切块有利于加快脱水速度。切块后，用2m长的篾丝将菜块串成串，一般每串重4～5kg。

（4）晾晒脱水

菜架应搭在山脊或河谷风力大、地势平坦宽敞处。将菜串置于菜架两侧晾晒。菜块切面向外，青面向内，搭放疏密均匀，让自然风吹日晒脱水。

晾晒脱水的优点是可以使菜块组织柔软，盐腌搓揉不破碎，易保持完整形状；盐腌时营养物质随水分流失少，相对可溶性固形物含量高；用盐量减少。缺点是晾晒脱水受自然气候影响很大。

（5）下架

晾晒脱水不能过度，也不能脱水不够，否则都影响品质。脱水过度，菜块表皮皱缩太重，难以恢复饱满，菜心出现"棉花包"软绵不脆；脱水不够，盐腌用盐量多，可溶性固形物流失增多。风脱水菜块合格的标准是：手捏周身柔软无硬心，表面皱缩不干枯，无黑斑烂点、黑黄空花、发梗生芽及棉花包等。鲜菜块失重55%～65%，含水量下降至90%左右，可溶性固形物由原4.5%～5.5%上升至10%～11%。

（6）腌制

下架菜块应及时修整，腌制。腌制在腌制池中进行，腌制池在地平面以下，大小规格各地不一，池子内壁应做耐酸处理。涪陵榨菜的腌制采用三次加盐法。

① 第一次腌制。将干菜块称重分层铺在腌制池中，腌制时以菜盐交替的形式填池直至装满。菜块每层厚40～50cm，每100kg菜块用盐3～4kg，将盐均匀撒在每层菜块上，分层用踩池机反复压紧搓揉，使盐接触到菜块溶化，并减少空隙。池底1～5层菜块可适当少加盐，预留10%的底盐作为盖面盐。装满池后，在表层菜块上撒盖面盐，以免菜块暴露空气中，并保持紧密，早晚踩池一次。腌制72h后，盐全部溶化，约有菜块原重20%菜水渗出即可起池。

在第一次腌制期间，应经常检查腌制池气温变化及有无气泡产生，以防菜块腐败变质。由于第一次腌制用盐比例较小，若气温高、踩压不紧、环境清洁卫生差，易发生"烧池"现象。

② 第二次腌制。将第一次腌制的半熟菜块再次称重入池进行第二次腌制，盐用量为半熟菜块的8%～9%，其它方法与第一次腌制相同。约经7天，盐全部溶化，食盐成

分扩散入菜体内部，菜体内外盐分达到平衡，又有约为原半熟菜块8%～10%菜水渗出，即可再淘洗起池上囤。囤压24h成为毛熟菜块。

第二次腌制后如果拌料装坛做成坛装榨菜，则囤压的毛熟菜块必须进行修剪除筋，再进行拌料装坛完成后熟，如果毛熟菜块进行大池贮存后熟保酸，可直接入池不必修剪除筋。

（7）修剪除筋、整形分级和淘洗

第二次腌制后的毛熟菜块在进入第三次装坛腌制之前进行的一道工序。

① 修剪除筋。用剪刀剥去菜块上的老皮，削净黑斑烂点，抽去老筋。

② 整形分级。将长形、不规则菜块修剪成圆形或椭圆形，按大、中、小块及碎菜分级。

③ 淘洗。将分级菜块用澄清的盐水或新配制的盐水进行淘洗，并上囤压紧，24h后表面盐水流尽，即为净熟菜块。切忌用普通水或变质卤水淘洗菜块，以免冲淡菜块的含盐量，或带入不良气味和杂菌，给存放后熟造成危害。

（8）贮存后熟（第三次腌制）

在贮存后熟工序中，因为要加入适量的食盐，因此又称为第三次腌制。

贮存后熟的方式有装坛贮存后熟和大池贮存后熟。坛装榨菜因菜坛笨重不便运输、附加产值低、含盐量高需再次加工等缺点，生产上用得少，只有少量全形成品榨菜品种用小坛盛装，属可直接食用的成品榨菜。当前榨菜加工厂用于生产方便榨菜一般都是采用大池贮存后熟，成本低，占地少，便于管理。三盐入池依然为"层菜、层盐"，每层20～30cm。三盐加工时，要对入池二盐菜块的含盐量进行精确化验以确定基础盐量，并按三盐贮藏含盐量的要求给予相应补足，三盐含盐量一般为12%左右。

（9）成品销运

大池贮存后熟菜块可用于榨菜的再加工，生产方便榨菜运销。

## （二）盐脱水工艺

### 1. 工艺流程

原料选择→剥皮→腌制脱水→修剪整形→淘洗上榨→存放后熟→成品运销

### 2. 操作

（1）原料选择

方法同风脱水。

（2）剥皮去筋

方法同风脱水。目前该步骤主要采用人工剥皮去筋。将每个菜头基部的粗皮老筋剥去，但不伤及上部的青皮。

（3）腌制脱水

① 第一次腌制脱水。腌制池同风脱水。菜头称重分层入池，每层厚30～40cm，每100kg菜块用盐4～5kg，菜头装满池后，表面应再添加适量盖面盐，并以食品塑料薄膜覆盖，上加压板，压板质量以腌制盐水不溢出为适合。腌制7～15天后，将菜块捞出，边淘洗边上囤，层层踩紧，囤高约2m，加石板压之或靠自重排水，约有菜块原重50%菜水渗出。第一次腌制期，由于用盐量较少，微生物易大量繁殖而引起酸败，应加强管理。

② 第二次腌制脱水。第一次脱水后，菜头仍含有大量的水分。用盐量为上囤后盐菜块重的6%～8%，腌制方法与第一次相同。腌制时间以菜头细胞内外盐浓度平衡为宜，即可起池，一般腌制10～20天，起池过早含盐量较低，过晚易引起酸败。

（4）修剪除筋、整形分级

方法同风脱水，如用大池后熟保藏，可不修剪除筋，只剪去黑斑烂点，形体过大，进行整形，并按大小要求归入相应的等级。

（5）淘洗上榨

将整形分级的菜块用盐水充分淘洗干净，榨去水分，使菜头达到一定的干度。加压宜缓缓增加，不使菜头变形或破裂。

（6）拌料装坛或入池后熟

方法同风脱水，入池贮藏后熟与前面相同。加盐用量要达到盐浓度12%及以上。

（7）成品运销

榨菜后熟完成，可用于方便榨菜的再加工。

风脱水工艺与盐脱水工艺的主要区别在于风脱水工艺多了一个风脱水环节，其它各工序基本相同，分三次腌制加盐，用盐浓度逐渐增大，直到菜块后熟时盐浓度不低于12%。第一次腌渍管理是关键，因第一次加盐浓度较低，微生物易大量繁殖，如果出现"烧池"现象，应立即补救起池上囤第二次加盐腌制。第二次腌渍后盐浓度可达到6%以上，大多数微生物难以生存，一般不容易出现"烧池"现象，但也要经常检查。

# 第二节　青脆李贮藏及加工

李子是李属植物李结的果实，栽培历史悠久，品种多样，种植范围遍及全国。李子中含有丰富的糖、有机酸、氨基酸、维生素C等，具有较高的食用价值。据《齐名要术》记载，青脆李一直是四川、重庆、贵州等长江上游地区的特色李品种。早年间青脆李中栽培较多的品种为四川江安大白李，是江安地方特色农产品，因肉质细腻、清香脆嫩而广受消费者的喜爱，但其熟期与"梅雨季"重叠，并有易裂果、口感淡、不耐贮藏等多种缺陷。

近年来，青脆李新的优良品种不断地涌现，如在重庆巫山县发现的"巫山脆李"，具有果大、早结、丰产、抗逆性强等优点。巫山脆李已经成为重庆巫山地理标志产品，是巫山县特色效益农业的支柱产业和农民增收的主要来源。重庆巫山脆李被中国果品流通协会授予"中华名果"称号，其产地巫山县也被授予"中国脆李之乡"称号。

## 一、青脆李的贮藏

青脆李属于呼吸跃变型果实，常温下贮藏期只有3～5天，大量的腐败变质对果农造成了很大的经济损失。采用适当的贮藏保鲜技术能延长青脆李的保质期，提高其经济价值。

### （一）低温贮藏

低温贮藏是目前最常见且成本最低的一种贮藏方式，其能够有效地降低李果实的呼吸强度，抑制李果实中相关酶的活性，抑制氧化反应，减少李果实中微生物的繁殖，减少因李果实中病原菌所导致的果实腐烂或者变质。

有研究表明，若贮藏温度为8.0℃，青脆李的贮藏期可以达到30天，之后青脆李的果实硬度开始下降，果肉软化现象明显，酸味逐渐消失，已经没有任何贮藏的价值。若贮藏温度为-1.0℃，青脆李的贮藏期可以高达70天，此时果实质地良好，风味正常，仍然保持原有的新鲜品质。不适宜的低温天气，很容易造成青脆李果实出现冷害，进而对贮藏品质产生影响。因此，在贮藏过程中需对冷库温度进行严格控制，防止青脆李果实遭受冷害。

### （二）气调保鲜贮藏

气调贮藏也是常用于李果实贮藏的方法。李的气调保存方式主要有气调库贮藏和自发气调包装贮藏。气调库贮藏李子最适宜温度为0℃，要注意库内温度稳定，安全贮藏温度应控制在±0.5℃，库温上下波动不宜超过1℃，温度波动过大易造成霉菌滋生、果实腐烂的概率增大。李子冷库适宜的相对湿度为80%～95%。如果库内湿度不足时，可用普通空气加湿器或微波空气加湿器进行加湿，以保持库内湿度稳定。李子贮藏适宜的氧气浓度为3%～5%，二氧化碳浓度为2%～5%。在这样的条件下，李子可以保存2个月左右。

此外，自发气调包装作为一种投资小、使用方便的贮藏技术也逐渐用于李的贮藏保鲜。自发气调包装的原理主要是人为地将配制好的混合气体置换掉果蔬包装内原来的空气，并利用包装材料特有的透气性和阻气性，使果蔬处于较适宜的气体环境中，在包装内形成高 $CO_2$、低 $O_2$ 浓度环境，由此抑制果蔬代谢。研究发现，聚乙烯（PE）、聚氯乙烯（PVC）和高渗出二氧化碳保鲜袋3种自发气调包装袋均可减缓青脆李果实硬度和可滴定酸含量的下降，延缓果实衰老。

### （三）化学防腐保鲜贮藏

同大部分呼吸跃变型果实一样，可以通过化学试剂抑制青脆李乙烯的生理效应来达到保鲜效果。1-甲基环丙烯（1-MCP）作为乙烯竞争性抑制剂可以与乙烯受体蛋白的金属离子牢固地结合，对乙烯信号转导造成占位性阻断。有研究表明1-MCP处理能推迟李果实贮藏期间呼吸高峰的来临、降低呼吸峰值，并抑制过氧化物的产生。1-MCP处理还可以抑制李果实可溶性固形物和可溶性总糖含量的快速上升，减缓可滴定酸的快速下降，减少冷藏期间果实风味物质的消耗；同时能延缓果实硬度下降，推迟果实软化。

此外，L-半胱氨酸是具有抗褐变和抗氧化的巯基化合物，有研究发现半胱氨酸处理能够激活青脆李果实中苯丙烷代谢途径，同时减缓青脆李果实中可溶性固形物含量以及可滴定酸的下降，从而延缓其贮藏品质的下降。

### （四）涂膜保鲜贮藏

涂膜保鲜技术是利用可食性材料制成无色无味、透明的薄膜，通过浸涂、喷洒或涂抹等方式覆盖于食品表面，形成的薄膜能有效阻隔外界环境，降低食品氧化率，防止食品中水分、气体、溶质等成分的迁移，而且还能阻隔外界微生物，防止食品腐败变质。除常用的涂膜材料壳聚糖以外，越来越多的研究发现阿拉伯半乳聚糖、绿豆淀粉、大豆蛋白等可制作天然可食性复合膜，用于李子贮藏保鲜。天然涂膜保鲜剂处理青脆李能降低果实在贮藏期间的呼吸强度，减少水分的损失，并保持较高的维生素C、有机酸及可溶性固形物含量。

除了以上常见的贮藏保鲜技术，变温、臭氧、减压、喷钙或浸钙、一氧化氮熏蒸等处理方法都是具有较大潜力的可用于青脆李贮藏保鲜的方法。

## 二、青脆李的加工

新鲜李子水分含量高，采收后呼吸作用旺盛，在常温条件下贮藏期短，果实很快发生褐变，随后软化腐烂，失去商品价值。而对李果实进行初加工或深加工能延长产品贮藏期，提高其商业价值。

青脆李的加工产品繁多，除了制成果干、果脯、蜜饯和罐头，也可被加工成果汁、果酒、果醋等液态产品。

### （一）李子干的加工

#### 1. 工艺流程

原料选择→擦皮→预晒→腌制→复晒→糖渍→晒干→分级→包装

#### 2. 操作要点

（1）原料选择

采摘成熟度在85%～90%之间的果实，若太早采收，鲜果质地硬、酸度大、涩味强，制作成的李子干味酸、色差、有硬涩感；若太迟采收，果实在擦皮时果肉易变软腐烂。

（2）擦皮

擦皮是将李果皮蜡质擦破，利于晒干，可手动擦皮也可机械擦皮。擦皮要适度，如果擦皮破蜡不够，则不易晒干；若擦皮过度，会造成表皮破损、果肉变软，在晾晒过程中易腐烂，造成李干不离核、口感软烂，变为"倒囊"干。

（3）预晒

擦皮后，清洗掉果实表面杂质进行预晒，用日晒法和烘烤法结合。天气好可采用日晒，阴雨天采用烘烤法。为保证脱水均匀，预晒期间需要时常翻动，当果实表面可见皱纹，质量减轻65%～75%时，预晒完成。

（4）腌制

将预晒过的李坯放在腌制筐中，按2%的食盐添加量，均匀涂膜在李坯表面，进行腌制。经过一夜盐分渗入李坯内，同时水分渗析出来，捞出李坯复晒，剩下卤水备用。

（5）复晒

腌制过后的李坯，复晒一天左右，可进行白糖卤制。

（6）糖渍

在腌制过后的卤水中按每50kg鲜李加入0.3kg的白砂糖制成卤糖液。将半成品李子干放在卤糖液中浸渍大概24h。

（7）晒干

经过两次腌制，盐分和糖分已经溶入李子内部，再经过晒干即可。为了保证李子干的贮藏期，制干率在18%～20%为宜。

（8）分级包装

根据果干大小进行分级包装。

## （二）李子果酒加工

目前，李子果酒的加工方法主要有发酵法和浸泡法。浸泡法是用食用酒精或高浓度白酒浸泡新鲜李子，此果酒中有效成分的溶出率较低。发酵法是将鲜李果制成果浆或果汁，再经酵母发酵获得含低浓度酒精的李果酒，其工艺流程包括：果实挑选→清洗破碎→添加抑菌剂→调整成分（pH值、含糖量）→酵母接种→发酵→澄清→陈酿→杀菌→装瓶。详细步骤请参照本书第六章第七节。

# 第三节　枇杷贮藏及加工

枇杷是蔷薇科枇杷属枇杷的果实，原产于中国，栽培历史悠久，栽培地区较广。据宋代寇宗奭《本草衍义》记载，"枇杷"之名源于其叶子外形与乐器琵琶相似，所谓枇杷叶"以其形如琵琶，故名之"。枇杷素有"黄金果"之称，它的胡萝卜素的含量在各类水果中位居第三，还含有丰富的糖、B族维生素、维生素C等，营养价值高。中医食疗理论认为枇杷具有清肺、生津与止渴的作用，为极具养生功效的春季水果。近年来，长江上游地区如四川攀枝花、成都天府新区等地种植的枇杷品质好，受到市场青睐，已成为全国农产品地理标志产品。

## 一、枇杷的贮藏

枇杷果实采后在常温下极易失水皱缩和变质腐烂，合适的贮藏保鲜方式可有效控制果实的腐烂和机械伤，减少果实的损耗率。枇杷与青脆李的贮藏方式异曲同工，主要集中在低温贮藏、气调保鲜贮藏、化学防腐保鲜贮藏、生物防腐保鲜贮藏等。

### （一）低温贮藏

温度是影响枇杷果实品质的重要因素，低温贮藏是枇杷保鲜中最普遍也是最常用的方法。不同的枇杷品种能适应的低温环境有所不同，取决于不同品种对冷害的敏感性。不适宜的低温冷藏会使枇杷出现果皮难剥、果肉质地生硬、粗糙少汁及果心褐变等现象。研究发现，五星枇杷适宜存储在1℃，解放钟枇杷一般储藏在6～8℃环境中，而早钟枇杷的最适温度是8～10℃。为了降低枇杷果实的冷害损伤，有研究表明，先将洛阳青枇杷贮存在5℃预冷6d，再在0℃下贮运，能有效减轻木质化，降低枇杷果实损耗。在实际生产中，往往将低温贮藏和其它保鲜技术结合运用。

### （二）气调保鲜贮藏

同其它果蔬一样，枇杷也可以采用气调库贮藏和自发气调包装贮藏。气调的缺点是设备造价高，人工维护成本高。自发气调包装是目前最值得推广的保鲜手段，对枇杷保鲜有一定效果，结合低温使用，能有效延长枇杷的贮藏期。研究表明，用20μm厚的聚乙烯（PE）袋，向袋内充入约4kPa $O_2$ 和5kPa $CO_2$，放置在5℃环境中，可以有效减少枇杷水分流失，枇杷高质量贮存期高达两个月。

## （三）化学防腐保鲜贮藏

常用于枇杷保鲜的化学试剂有 1-MCP、二氧化氯（$ClO_2$）等。当新鲜枇杷用 50nL/L 1-MCP 在 20℃环境中处理 24h 后，再在 5℃条件下保存 6 周，结果能有效控制果实内部褐变长达 5 周。二氧化氯（$ClO_2$）具有强氧化性，是公认的高效、广谱、安全、无毒、无害的绿色消毒剂，已经广泛用于各类果蔬保鲜。目前，固态 $ClO_2$ 缓释保鲜剂用于枇杷的保鲜还处于初步研究阶段。此外，西南大学梁国鲁教授团队发现褪黑素能显著延长枇杷货架期，降低果实失重率，维持果实硬度和糖酸含量，减少果实中木质素的积累。

## （四）其他贮藏

壳寡糖和生物涂膜保鲜，臭氧、减压处理等也可用于枇杷贮藏保鲜。

## 二、枇杷的加工

由于枇杷的采收期短，含水率较高，不便贮藏和长途运输，因此枇杷除鲜食外，可加工成果干、果酱、果汁、果酒和果醋等产品，提高其经济价值。

### （一）枇杷果干

枇杷果干的加工工艺同大部分果蔬干的制作方法一致。枇杷制成果干不仅可以很好地保持枇杷的原味，延长枇杷的保质期，而且加工过程中无需添加剂或者只需要少量的柠檬酸护色即可。一般说来真空干燥和真空冷冻干燥能较好地保持枇杷果干色泽，并形成脆和酥两种不同的口感。

### （二）枇杷果酱

枇杷果肉中果胶含量高，很适合用于制作果酱。工艺流程大致为：将成熟的枇杷用热水淋烫，趁热手工剥皮去核，再把果肉浸泡在砂糖、柠檬酸、琼脂配成的浓糖液中，加热使其浓缩，最后出锅、装罐、灭菌和封口。

### （三）枇杷果汁

早在 20 世纪 90 年代就有学者研究出枇杷果汁饮料，其基本制作流程到现在也没有发生太大变化。果汁的基本制作流程如下：

枇杷→浸泡→清洗→去核→热烫→打浆→酶解→过滤→澄清枇杷汁→调配→
脱气→灌装杀菌→冷却→产品

### （四）枇杷果酒

枇杷果酒采用新鲜枇杷为原料，经过破碎、榨汁、发酵等工艺酿造的一种果香幽雅、营养丰富的饮料酒。目前枇杷果酒的研究主要集中在工艺参数优化、护色、抗氧化等方面。有研究发现发酵温度 15℃，起始糖浓度 20Brix，pH3.6，酵母接种量 0.4%，前期发酵时间 6 天为枇杷果酒发酵的最佳工艺条件。对于果酒的澄清，有研究发现以蛋清粉 - 明胶和单宁 - 明胶复配物的澄清效果是比较理想的。而近年来也开发了枇杷与贡梨或雪梨的复合果酒发酵工艺，为枇杷果酒的多样化发展提供了全新的思路。

## （五）枇杷果醋

枇杷果醋的制作主要采用液态发酵法。具体工艺流程如下：

原辅料验收→分选、去蒂、清洗→去核、打浆→（果胶酶）酶解→榨汁→
过滤→调整糖度→酒精发酵→下胶澄清→过滤→原酒→醋酸发酵→原醋→
陈酿（或人工催陈）→调配→过滤→均质→超高温瞬时灭菌→热灌装→
冷却→包装→成品

# 参考文献

陈林，2019. 果蔬贮藏与加工 [M]. 四川：四川大学出版社.

程运江，2011. 园艺产品贮藏运销学 [M]. 北京：中国农业出版社.

董建华，1991. 油梨和芒果的呼吸、成熟与乙烯生成的变化规律 [J]. 热带农业科学, (3): 78-85.

高愿军，2002. 软饮料工艺学 [M]. 北京：中国轻工业出版社.

韩冬梅，苏美霞，2000. 龙眼贮藏保鲜及加工新技术 [M]. 北京：中国农业出版社.

胡相云，2016. 榨菜加工与质量控制 [M]. 北京：化学工业出版社.

励建荣，2022. 生鲜食品保鲜与加工 [M]. 北京：科学出版社.

林海，郝瑞芳，2017. 园艺产品贮藏与加工 [M]. 北京：中国轻工业出版社.

刘会珍，刘桂芹，2015. 果蔬贮藏与加工技术 [M]. 北京：中国农业科学技术出版社.

刘新社，易诚，2009. 果蔬贮藏与加工技术 [M]. 北京：化学工业出版社.

刘新社，杜保伟，2014. 果蔬贮藏与加工技术 [M]. 北京：中国轻工业出版社.

罗云波，生吉萍，2011. 园艺产品贮藏加工学 [M]. 第2版. 北京：中国农业大学出版社.

秦文，王明力，2012. 园艺产品贮藏运销学 [M]. 北京：科学出版社.

饶景萍，2009. 园艺产品贮运学 [M]. 北京：科学出版社.

饶景萍，毕阳，2021. 园艺产品贮运学. [M]. 第2版. 北京：科学出版社.

单体奎，李桂清，2012. 农产品保鲜加工与贮运实用技术 [M]. 北京：中国农业科学技术出版社.

宋远平，2011. 果蔬保鲜贮运与加工 [M]. 北京：中国农业科学技术出版社.

王丽琼，2008. 果蔬贮藏与加工 [M]. 北京：中国农业大学出版社.

王丽琼，徐凌，2018. 果蔬保鲜与加工 [M]. 第2版. 北京：中国农业大学出版社.

夏文水，2007. 食品工艺学 [M]. 北京：中国轻工业出版社.

严佩峰，2013. 果蔬加工与保鲜技术 [M]. 北京：中国科学技术出版社.

叶兴乾，2011. 果品蔬菜加工工艺学 [M]. 第3版. 北京：中国农业出版社.

尹明安，2010. 果品蔬菜加工工艺学 [M]. 北京：化学工业出版社.

赵丽芹，张子德，2011. 园艺产品贮藏加工学 [M]. 第2版. 北京：中国轻工业出版社.

张存莉，2008. 蔬菜贮藏与加工技术 [M]. 北京：中国轻工业出版社.

祝战斌，2010. 果蔬贮藏与加工技术 [M]. 北京：科学出版社.

Biale J B, 1964. Growth, Maturation, and Senescence in Fruits: Recent knowledge on growth regulation and on biological oxidations has been applied to studies with fruits [J]. Science, 146(3646): 880.

Thompson A K, 2010. Controlled Atmosphere Storage of Fruits and Vegetables [M]. Second Edition. UK CAB International.